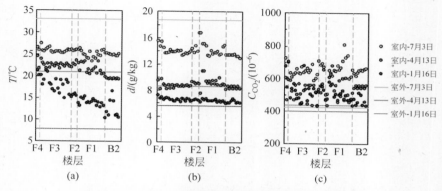

图 2.6　M2 航站楼室内各楼层人员活动区的环境参数

（a）空气温度；（b）含湿量；（c）CO_2 浓度

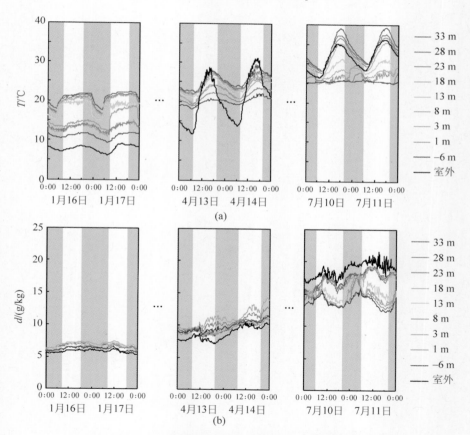

图 2.7　M2 航站楼室内 40 m 垂直连通空间的环境参数

（a）空气温度；（b）含湿量

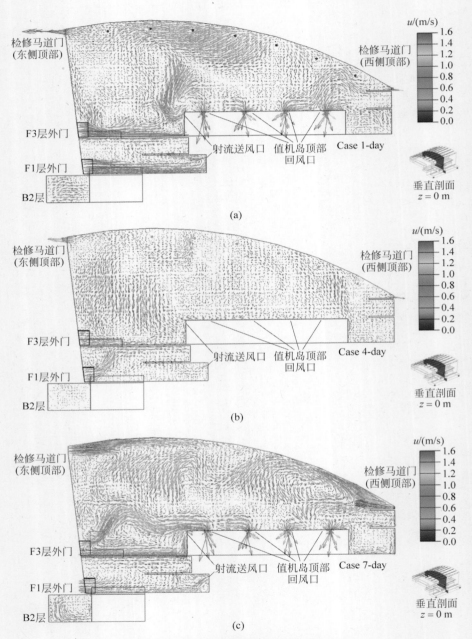

图 2.17　M2 航站楼室内流速场模拟结果

（a）冬季；（b）过渡季；（c）夏季

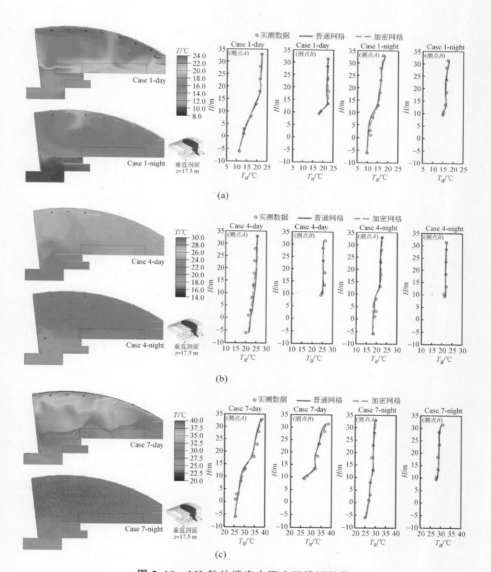

图 2.18　M2 航站楼室内温度场模拟结果

（a）冬季；（b）过渡季；（c）夏季

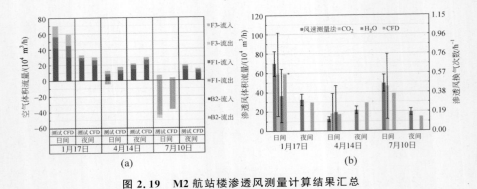

图 2.19　M2 航站楼渗透风测量计算结果汇总

（a）不同楼层渗透风量；（b）不同方法测量计算渗透风量对比

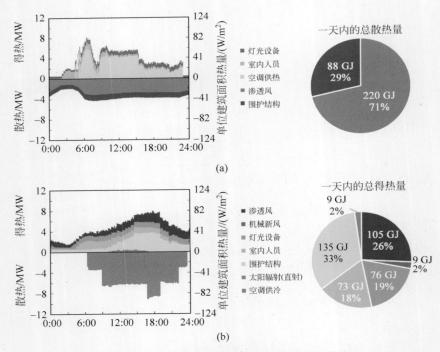

图 2.20　M2 航站楼冬夏季典型日热量平衡校核

（a）冬季典型日（1 月 17 日）；（b）夏季典型日（7 月 10 日）

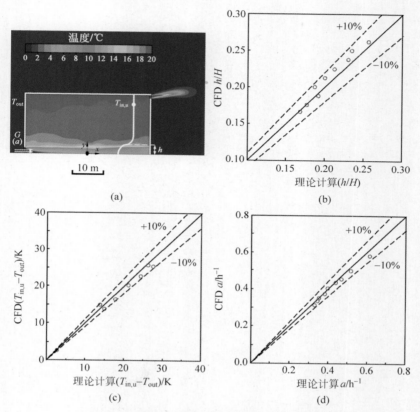

图 4.7　室内-室外 CFD 模型检验（算例详见表 4.2）

（a）B3 算例空气温度云图（$z=0$ m）；（b）无量纲热分层高度（h/H）；

（c）室内空间上部温度与室外温度差（$T_{in,u}-T_{out}$）；（d）换气次数 a

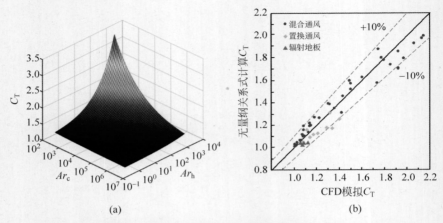

(a)

(b)

图 5.4　冬季供暖工况渗透风驱动力的无量纲关系式 $C_T = f(Ar_c, Ar_h)$

(a) 拟合曲面；(b) C_T 计算结果对比

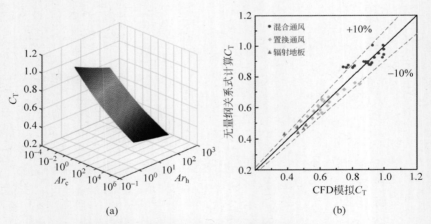

(a)

(b)

图 5.6　夏季供冷工况渗透风驱动力的无量纲关系式 $C_T = f(Ar_c, Ar_h)$

(a) 拟合曲面；(b) C_T 计算结果对比

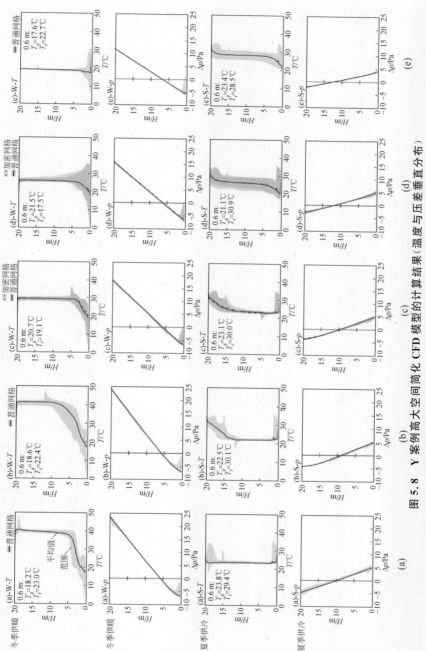

图 5.8　Y 案例高大空间简化 CFD 模型的计算结果（温度与压差垂直分布）

(a) 19 m 高处射流送风（MV19）；(b) 12 m 高处射流送风（MV12）；(c) 5 m 高处射流送风（MV5）；(d) 置换通风（DV）；(e) 辐射地板＋置换通风（RF＋DV）

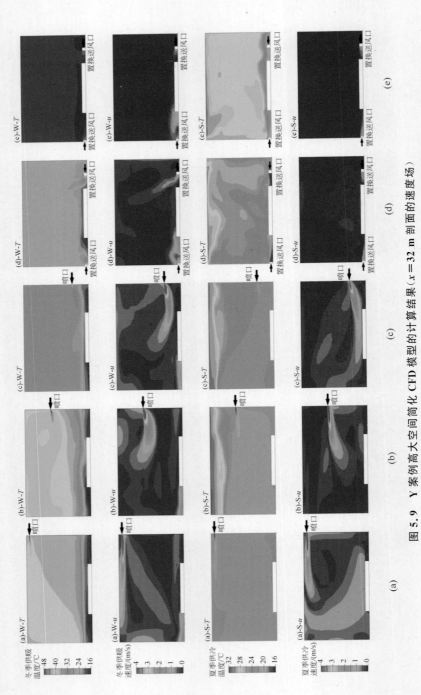

图 5.9 Y 案例高大空间简化 CFD 模型的计算结果（$x=32$ m 剖面的速度场）

(a) 19 m 高处射流送风（MV19）；(b) 12 m 高处射流送风（MV12）；(c) 5 m 高处射流送风（MV5）；

(d) 置换通风（DV）；(e) 辐射地板＋置换通风（RF＋DV）

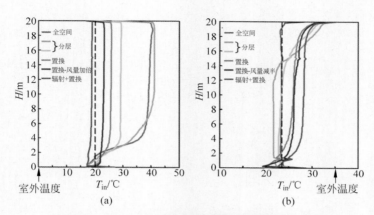

图 5.12　不同空调末端作用下垂直温度分布的比较

（a）冬季供暖工况；（b）夏季供冷工况

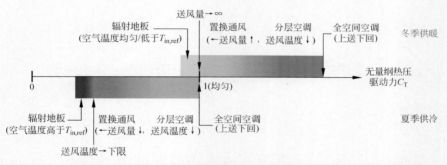

图 5.13　供暖供冷工况下空调末端与渗透风无量纲热压驱动力 C_T 之间的关系

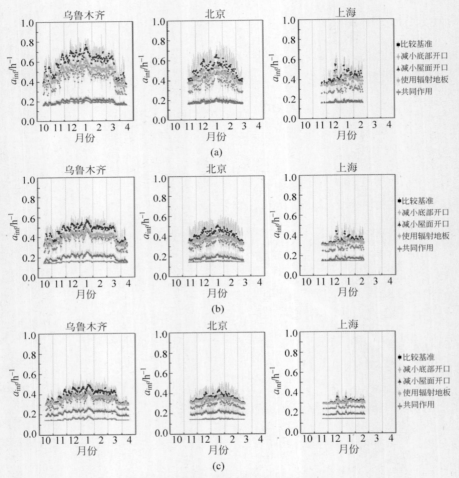

图 7.15　不同方法作用下的供暖季渗透风量

（a）单体空间建筑；（b）二层楼建筑；（c）三层楼建筑

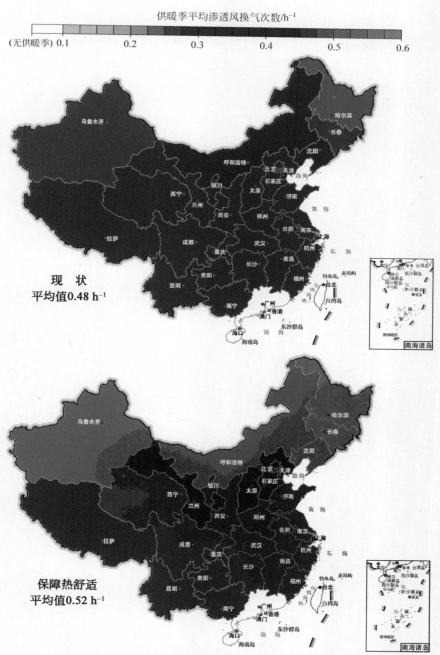

供暖季平均渗透风换气次数/h⁻¹

(无供暖季) 0.1　　0.2　　0.3　　0.4　　0.5　　0.6

图 7.18　采用不同方法降低渗透风量的效果（以二层楼建筑为例）

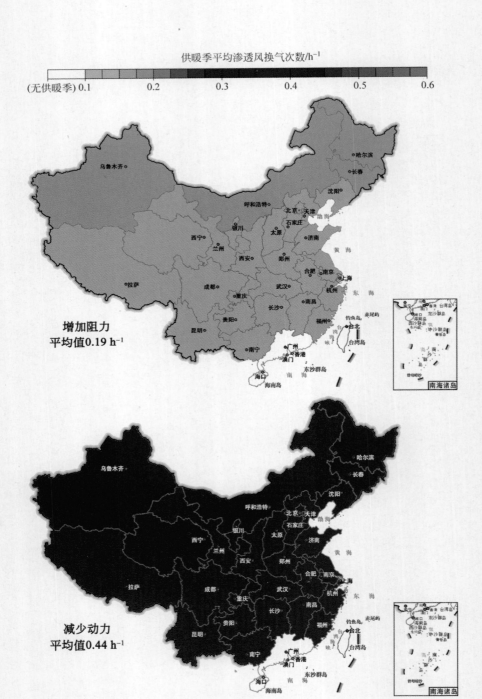

图 7.18 （续）

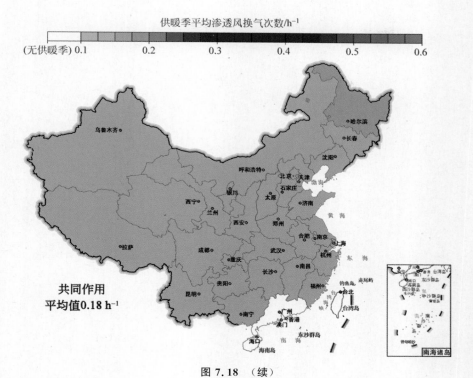

图 7.18 （续）

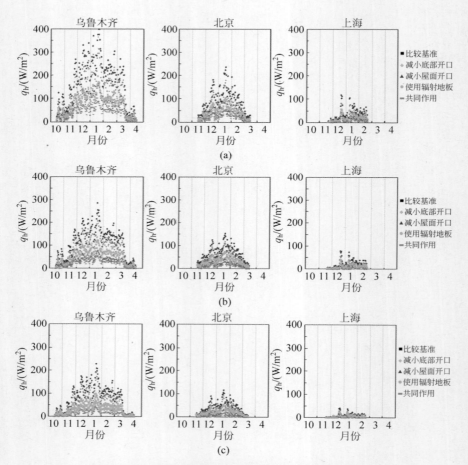

图 7.19   不同方法作用下的供暖季日均空调热负荷

（a）单体空间建筑；（b）二层楼建筑；（c）三层楼建筑

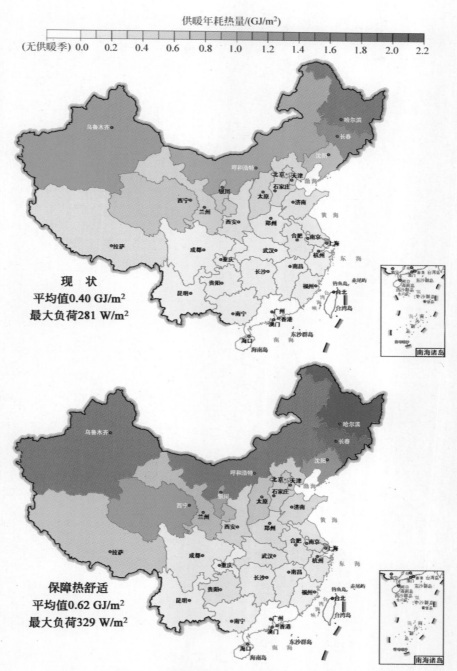

供暖年耗热量/(GJ/m²)

(无供暖季) 0.0 0.2 0.4 0.6 0.8 1.0 1.2 1.4 1.6 1.8 2.0 2.2

现 状
平均值0.40 GJ/m²
最大负荷281 W/m²

保障热舒适
平均值0.62 GJ/m²
最大负荷329 W/m²

图 7.21　采用不同方法降低供暖年耗热量的效果（以二层楼建筑为例）

供暖年耗热量/(GJ/m²)

(无供暖季) 0.0 0.2 0.4 0.6 0.8 1.0 1.2 1.4 1.6 1.8 2.0 2.2

增加阻力
平均值0.12 GJ/m²
最大负荷89 W/m²

减少动力
平均值0.27 GJ/m²
最大负荷131 W/m²

图 7.21 （续）

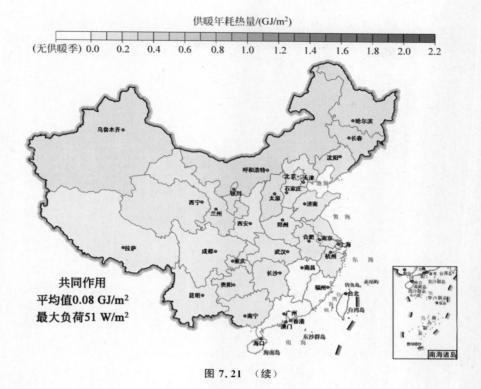

供暖年耗热量/(GJ/m²)

(无供暖季) 0.0 0.2 0.4 0.6 0.8 1.0 1.2 1.4 1.6 1.8 2.0 2.2

共同作用
平均值0.08 GJ/m²
最大负荷51 W/m²

图 7.21 （续）

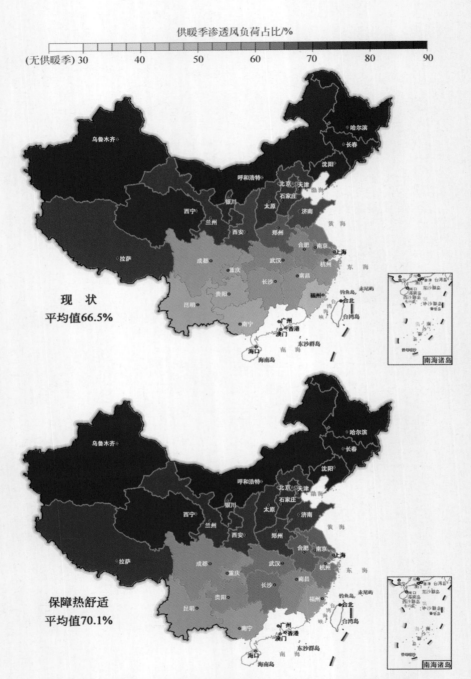

供暖季渗透风负荷占比/%

(无供暖季) 30   40   50   60   70   80   90

现　状
平均值66.5%

保障热舒适
平均值70.1%

图 7.22　采用不同方法降低渗透风负荷占比的效果(以二层楼建筑为例)

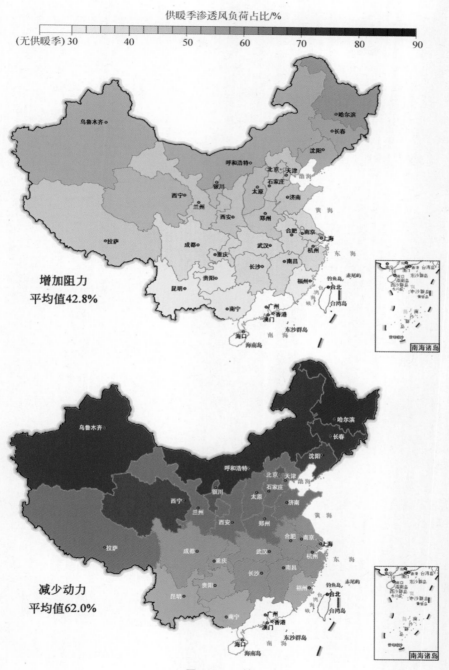

供暖季渗透风负荷占比/%

(无供暖季) 30　　40　　50　　60　　70　　80　　90

增加阻力
平均值42.8%

减少动力
平均值62.0%

图 7.22 （续）

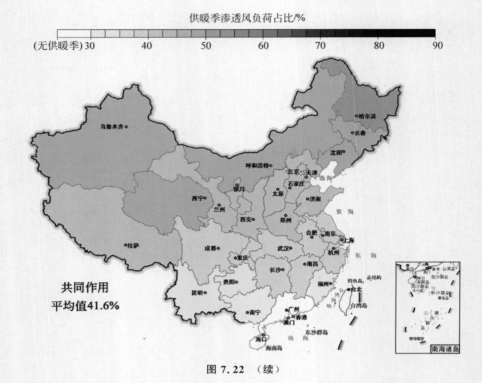

图 7.22 （续）

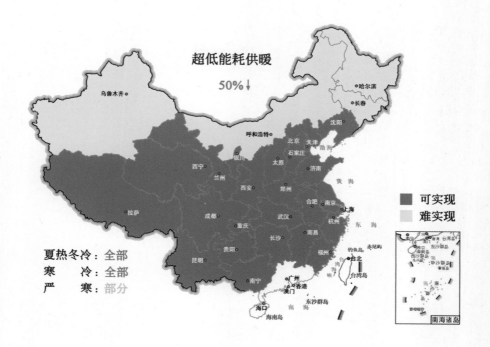

超低能耗供暖

50%↓

可实现
难实现

南海诸岛

夏热冬冷：全部
寒　冷：全部
严　寒：部分

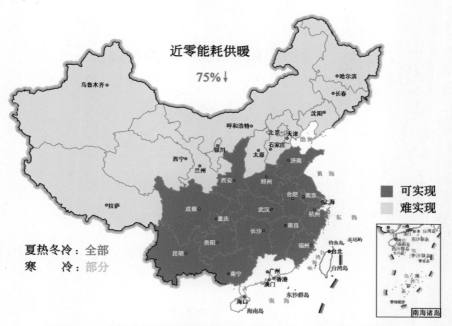

近零能耗供暖

75%↓

可实现
难实现

南海诸岛

夏热冬冷：全部
寒　冷：部分

图7.23　通过降低渗透风量实现交通建筑高大空间近零能耗供暖

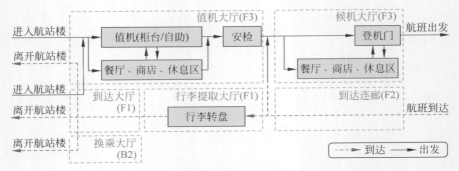

图 A.1　M2 航站楼室内旅客流动示意图

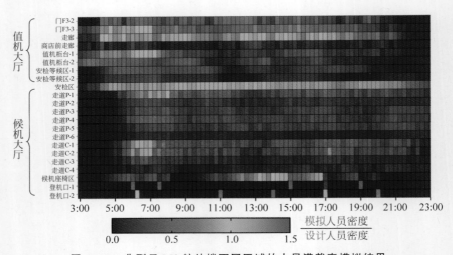

图 A.12　典型日 M2 航站楼不同区域的人员满载率模拟结果

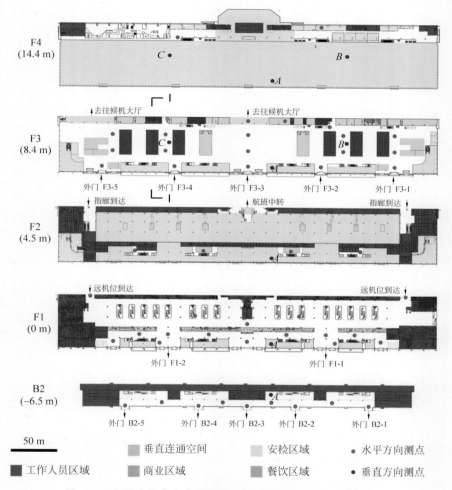

F4
(14.4 m)

C •　　　　　　　　　　B •

•A

去往候机大厅↑　　　　去往候机大厅

F3
(8.4 m)

C •　　　　　　B •

•A

外门 F3-5　　外门 F3-4　　外门 F3-3　　外门 F3-2　　外门 F3-1

↑指廊到达　　　　航班中转　　　　指廊到达↑

F2
(4.5 m)

•A

远机位到达↑　　　　　　　　远机位到达↑

F1
(0 m)

外门 F1-2　　　　　　外门 F1-1

B2
(−6.5 m)

•A

外门 B2-5　　外门 B2-4　　外门 B2-3　　外门 B2-2　　外门 B2-1

50 m

　垂直连通空间　　　　安检区域　　　•水平方向测点

■工作人员区域　　　商业区域　　　　餐饮区域　　　•垂直方向测点

图 B.1　交通建筑高大空间室内环境测点（以 M2 航站楼为例）

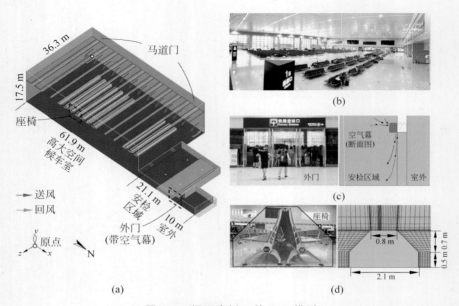

图 C.1　调研案例 Y 的 CFD 模型

（a）半空间建筑模型；（b）高大空间候车室照片；（c）外门（含空气幕）；（d）座椅

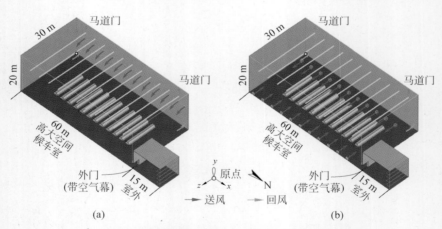

图 C.4　调研案例 Y 的高大空间简化 CFD 模型

（a）混合通风子模型（MV）；（b）置换通风/辐射地板子模型（DV 或 RF＋DV）

清华大学优秀博士学位论文丛书

交通建筑高大空间渗透风特征研究

刘效辰（Liu Xiaochen）著

Research on the Characteristics of Air Infiltration
in Large Spaces of Transportation Buildings

清华大学出版社
北京

内 容 简 介

本书通过广泛的实测调研揭示了高大空间交通建筑中冬季和夏季渗透风的特征（包含33座机场航站楼和3座高铁客站），通过深入的理论分析刻画其影响因素和作用机理，提出从阻力和动力两方面出发降低高大空间渗透风量的分析方法，有效应对实际工程中普遍存在的交通建筑高大空间渗透风问题。

本书适合高等院校建筑环境与能源应用工程等专业的师生以及建筑设计院相关专业人员阅读，也可供相关领域的技术人员以及该类建筑的运行管理人员参考。

图书在版编目（CIP）数据

交通建筑高大空间渗透风特征研究/刘效辰著.—北京：清华大学出版社，2023.5
（清华大学优秀博士学位论文丛书）
ISBN 978-7-302-63173-6

Ⅰ.①交…　Ⅱ.①刘…　Ⅲ.①交通运输建筑－建筑设计－节能设计
Ⅳ.①TU248

中国国家版本馆 CIP 数据核字（2023）第 052628 号

审图号：GS 京（2023）1556 号

责任编辑：李双双
封面设计：傅瑞学
责任校对：欧　洋
责任印制：宋　林

出版发行：清华大学出版社
　　　网　　址：http://www.tup.com.cn，http://www.wqbook.com
　　　地　　址：北京清华大学学研大厦 A 座　　　邮　　编：100084
　　　社 总 机：010-83470000　　　　　　　　邮　　购：010-62786544
　　　投稿与读者服务：010-62776969，c-service@tup.tsinghua.edu.cn
　　　质量反馈：010-62772015，zhiliang@tup.tsinghua.edu.cn
印 装 者：三河市东方印刷有限公司
经　　销：全国新华书店
开　　本：155mm×235mm　　印　张：16.5　　插　页：12　　字　数：301 千字
版　　次：2023 年 7 月第 1 版　　　　　　　　印　　次：2023 年 7 月第 1 次印刷
定　　价：129.00 元

产品编号：096584-01

一流博士生教育
体现一流大学人才培养的高度（代丛书序）①

人才培养是大学的根本任务。只有培养出一流人才的高校，才能够成为世界一流大学。本科教育是培养一流人才最重要的基础，是一流大学的底色，体现了学校的传统和特色。博士生教育是学历教育的最高层次，体现出一所大学人才培养的高度，代表着一个国家的人才培养水平。清华大学正在全面推进综合改革，深化教育教学改革，探索建立完善的博士生选拔培养机制，不断提升博士生培养质量。

学术精神的培养是博士生教育的根本

学术精神是大学精神的重要组成部分，是学者与学术群体在学术活动中坚守的价值准则。大学对学术精神的追求，反映了一所大学对学术的重视、对真理的热爱和对功利性目标的摒弃。博士生教育要培养有志于追求学术的人，其根本在于学术精神的培养。

无论古今中外，博士这一称号都和学问、学术紧密联系在一起，和知识探索密切相关。我国的博士一词起源于 2000 多年前的战国时期，是一种学官名。博士任职者负责保管文献档案、编撰著述，须知识渊博并负有传授学问的职责。东汉学者应劭在《汉官仪》中写道："博者，通博古今；士者，辩于然否。"后来，人们逐渐把精通某种职业的专门人才称为博士。博士作为一种学位，最早产生于 12 世纪，最初它是加入教师行会的一种资格证书。19 世纪初，德国柏林大学成立，其哲学院取代了以往神学院在大学中的地位，在大学发展的历史上首次产生了由哲学院授予的哲学博士学位，并赋予了哲学博士深层次的教育内涵，即推崇学术自由、创造新知识。哲学博士的设立标志着现代博士生教育的开端，博士则被定义为独立从事学术研究、具备创造新知识能力的人，是学术精神的传承者和光大者。

---

① 本文首发于《光明日报》，2017 年 12 月 5 日。

博士生学习期间是培养学术精神最重要的阶段。博士生需要接受严谨的学术训练，开展深入的学术研究，并通过发表学术论文、参与学术活动及博士论文答辩等环节，证明自身的学术能力。更重要的是，博士生要培养学术志趣，把对学术的热爱融入生命之中，把捍卫真理作为毕生的追求。博士生更要学会如何面对干扰和诱惑，远离功利，保持安静、从容的心态。学术精神，特别是其中所蕴含的科学理性精神、学术奉献精神，不仅对博士生未来的学术事业至关重要，对博士生一生的发展都大有裨益。

独创性和批判性思维是博士生最重要的素质

博士生需要具备很多素质，包括逻辑推理、言语表达、沟通协作等，但是最重要的素质是独创性和批判性思维。

学术重视传承，但更看重突破和创新。博士生作为学术事业的后备力量，要立志于追求独创性。独创意味着独立和创造，没有独立精神，往往很难产生创造性的成果。1929年6月3日，在清华大学国学院导师王国维逝世二周年之际，国学院师生为纪念这位杰出的学者，募款修造"海宁王静安先生纪念碑"，同为国学院导师的陈寅恪先生撰写了碑铭，其中写道："先生之著述，或有时而不章；先生之学说，或有时而可商；惟此独立之精神，自由之思想，历千万祀，与天壤而同久，共三光而永光。"这是对于一位学者的极高评价。中国著名的史学家、文学家司马迁所讲的"究天人之际，通古今之变，成一家之言"也是强调要在古今贯通中形成自己独立的见解，并努力达到新的高度。博士生应该以"独立之精神、自由之思想"来要求自己，不断创造新的学术成果。

诺贝尔物理学奖获得者杨振宁先生曾在20世纪80年代初对到访纽约州立大学石溪分校的90多名中国学生、学者提出："独创性是科学工作者最重要的素质。"杨先生主张做研究的人一定要有独创的精神、独到的见解和独立研究的能力。在科技如此发达的今天，学术上的独创性变得越来越难，也愈加珍贵和重要。博士生要树立敢为天下先的志向，在独创性上下功夫，勇于挑战最前沿的科学问题。

批判性思维是一种遵循逻辑规则、不断质疑和反省的思维方式，具有批判性思维的人勇于挑战自己，敢于挑战权威。批判性思维的缺乏往往被认为是中国学生特有的弱项，也是我们在博士生培养方面存在的一个普遍问题。2001年，美国卡内基基金会开展了一项"卡内基博士生教育创新计划"，针对博士生教育进行调研，并发布了研究报告。该报告指出：在美国和欧洲,培养学生保持批判而质疑的眼光看待自己、同行和导师的观点同样非常不容易,批判性思维的培养必须成为博士生培养项目的组成部分。

对于博士生而言,批判性思维的养成要从如何面对权威开始。为了鼓励学生质疑学术权威、挑战现有学术范式,培养学生的挑战精神和创新能力,清华大学在 2013 年发起"巅峰对话",由学生自主邀请各学科领域具有国际影响力的学术大师与清华学生同台对话。该活动迄今已经举办了 21 期,先后邀请 17 位诺贝尔奖、3 位图灵奖、1 位菲尔兹奖获得者参与对话。诺贝尔化学奖得主巴里·夏普莱斯(Barry Sharpless)在 2013 年 11 月来清华参加"巅峰对话"时,对于清华学生的质疑精神印象深刻。他在接受媒体采访时谈道:"清华的学生无所畏惧,请原谅我的措辞,但他们真的很有胆量。"这是我听到的对清华学生的最高评价,博士生就应该具备这样的勇气和能力。培养批判性思维更难的一层是要有勇气不断否定自己,有一种不断超越自己的精神。爱因斯坦说:"在真理的认识方面,任何以权威自居的人,必将在上帝的嬉笑中垮台。"这句名言应该成为每一位从事学术研究的博士生的箴言。

提高博士生培养质量有赖于构建全方位的博士生教育体系

一流的博士生教育要有一流的教育理念,需要构建全方位的教育体系,把教育理念落实到博士生培养的各个环节中。

在博士生选拔方面,不能简单按考分录取,而是要侧重评价学术志趣和创新潜力。知识结构固然重要,但学术志趣和创新潜力更关键,考分不能完全反映学生的学术潜质。清华大学在经过多年试点探索的基础上,于 2016年开始全面实行博士生招生"申请-审核"制,从原来的按照考试分数招收博士生,转变为按科研创新能力、专业学术潜质招收,并给予院系、学科、导师更大的自主权。《清华大学"申请-审核"制实施办法》明晰了导师和院系在考核、遴选和推荐上的权力和职责,同时确定了规范的流程及监管要求。

在博士生指导教师资格确认方面,不能论资排辈,要更看重教师的学术活力及研究工作的前沿性。博士生教育质量的提升关键在于教师,要让更多、更优秀的教师参与到博士生教育中来。清华大学从 2009 年开始探索将博士生导师评定权下放到各学位评定分委员会,允许评聘一部分优秀副教授担任博士生导师。近年来,学校在推进教师人事制度改革过程中,明确教研系列助理教授可以独立指导博士生,让富有创造活力的青年教师指导优秀的青年学生,师生相互促进、共同成长。

在促进博士生交流方面,要努力突破学科领域的界限,注重搭建跨学科的平台。跨学科交流是激发博士生学术创造力的重要途径,博士生要努力提升在交叉学科领域开展科研工作的能力。清华大学于2014年创办了"微沙龙"平台,同学们可以通过微信平台随时发布学术话题,寻觅学术伙伴。3年来,博士生参与和发起"微沙龙"12 000多场,参与博士生达38 000多人次。"微沙龙"促进了不同学科学生之间的思想碰撞,激发了同学们的学术志趣。清华于2002年创办了博士生论坛,论坛由同学自己组织,师生共同参与。博士生论坛持续举办了500期,开展了18 000多场学术报告,切实起到了师生互动、教学相长、学科交融、促进交流的作用。学校积极资助博士生到世界一流大学开展交流与合作研究,超过60%的博士生有海外访学经历。清华于2011年设立了发展中国家博士生项目,鼓励学生到发展中国家亲身体验和调研,在全球化背景下研究发展中国家的各类问题。

在博士学位评定方面,权力要进一步下放,学术判断应该由各领域的学者来负责。院系二级学术单位应该在评定博士论文水平上拥有更多的权力,也应担负更多的责任。清华大学从2015年开始把学位论文的评审职责授权给各学位评定分委员会,学位论文质量和学位评审过程主要由各学位分委员会进行把关,校学位委员会负责学位管理整体工作,负责制度建设和争议事项处理。

全面提高人才培养能力是建设世界一流大学的核心。博士生培养质量的提升是大学办学质量提升的重要标志。我们要高度重视、充分发挥博士生教育的战略性、引领性作用,面向世界、勇于进取,树立自信、保持特色,不断推动一流大学的人才培养迈向新的高度。

清华大学校长

2017 年 12 月 5 日

丛书序二

以学术型人才培养为主的博士生教育，肩负着培养具有国际竞争力的高层次学术创新人才的重任，是国家发展战略的重要组成部分，是清华大学人才培养的重中之重。

作为首批设立研究生院的高校，清华大学自 20 世纪 80 年代初开始，立足国家和社会需要，结合校内实际情况，不断推动博士生教育改革。为了提供适宜博士生成长的学术环境，我校一方面不断地营造浓厚的学术氛围，一方面大力推动培养模式创新探索。我校从多年前就已开始运行一系列博士生培养专项基金和特色项目，激励博士生潜心学术、锐意创新，拓宽博士生的国际视野，倡导跨学科研究与交流，不断提升博士生培养质量。

博士生是最具创造力的学术研究新生力量，思维活跃，求真求实。他们在导师的指导下进入本领域研究前沿，吸取本领域最新的研究成果，拓宽人类的认知边界，不断取得创新性成果。这套优秀博士学位论文丛书，不仅是我校博士生研究工作前沿成果的体现，也是我校博士生学术精神传承和光大的体现。

这套丛书的每一篇论文均来自学校新近每年评选的校级优秀博士学位论文。为了鼓励创新，激励优秀的博士生脱颖而出，同时激励导师悉心指导，我校评选校级优秀博士学位论文已有 20 多年。评选出的优秀博士学位论文代表了我校各学科最优秀的博士学位论文的水平。为了传播优秀的博士学位论文成果，更好地推动学术交流与学科建设，促进博士生未来发展和成长，清华大学研究生院与清华大学出版社合作出版这些优秀的博士学位论文。

感谢清华大学出版社，悉心地为每位作者提供专业、细致的写作和出版指导，使这些博士论文以专著方式呈现在读者面前，促进了这些最新的优秀研究成果的快速广泛传播。相信本套丛书的出版可以为国内外各相关领域或交叉领域的在读研究生和科研人员提供有益的参考，为相关学科领域的发展和优秀科研成果的转化起到积极的推动作用。

感谢丛书作者的导师们。这些优秀的博士学位论文，从选题、研究到成文，离不开导师的精心指导。我校优秀的师生导学传统，成就了一项项优秀的研究成果，成就了一大批青年学者，也成就了清华的学术研究。感谢导师们为每篇论文精心撰写序言，帮助读者更好地理解论文。

感谢丛书的作者们。他们优秀的学术成果，连同鲜活的思想、创新的精神、严谨的学风，都为致力于学术研究的后来者树立了榜样。他们本着精益求精的精神，对论文进行了细致的修改完善，使之在具备科学性、前沿性的同时，更具系统性和可读性。

这套丛书涵盖清华众多学科，从论文的选题能够感受到作者们积极参与国家重大战略、社会发展问题、新兴产业创新等的研究热情，能够感受到作者们的国际视野和人文情怀。相信这些年轻作者们勇于承担学术创新重任的社会责任感能够感染和带动越来越多的博士生，将论文书写在祖国的大地上。

祝愿丛书的作者们、读者们和所有从事学术研究的同行们在未来的道路上坚持梦想，百折不挠！在服务国家、奉献社会和造福人类的事业中不断创新，做新时代的引领者。

相信每一位读者在阅读这一本本学术著作的时候，在吸取学术创新成果、享受学术之美的同时，能够将其中所蕴含的科学理性精神和学术奉献精神传播和发扬出去。

清华大学研究生院院长

2018 年 1 月 5 日

导师序言

　　机场航站楼、铁路客站等现代化交通建筑是 21 世纪我国开展大规模基础设施建设的重要组成部分,对国民经济发展具有重大推动作用。交通建筑的室内环境与人们出行过程中的安全、健康和舒适息息相关。同时,室内环境营造系统对建筑的运行能耗有重要影响,其能耗占比普遍高达 40%～80%。交通建筑室内环境营造已成为建筑、交通交叉领域节能低碳发展的关键问题。针对这类复杂的工程问题,如何从实际出发厘清关键影响因素,通过理论研究揭示其作用规律,进而提出切实有效的工程应对方法? 这个课题的研究具有相当的综合性和难度,兼具重要的理论价值和重大的现实意义。

　　为了能够清晰回答上述问题,刘效辰博士抓住春夏秋冬不同季节的典型工况,多年来走遍我国各地及多个海外国家,对机场航站楼、铁路客站这类高大空间交通建筑进行了大量细致的测试和调研,积累了丰富的第一手数据,揭示了该类建筑室内环境和能耗的特征;在此基础上,聚焦实地测试中发现的最为关键的影响因素——高大空间渗透风,利用多种科学方法开展深入的理论研究,探寻其中的基本规律和室内环境控制原则;在深入认识客观现象和规律的基础上再回归到实际工程中,提出解决问题的方法,并通过示范项目的改造、运行和实测,证实提出的理论和方法。

　　在前人研究的基础上,刘效辰博士的课题在如下几个方面对交通建筑室内环境营造有了全新的认识:

　　(1) 揭示了不同季节交通建筑高大空间的渗透风特征,建立了高大空间渗透风理论模型,指出垂直温度分布是影响高大空间渗透风驱动力的关键因素。

　　(2) 提出了最小化渗透风量的室内垂直温度分布控制原则,揭示了高大空间空调末端对渗透风的作用机理并给出无量纲关系式,指出辐射地板在供冷和供暖工况均能满足上述原则,可大幅降低渗透风量和空调负荷。

　　(3) 建立了从阻力和动力两方面出发降低高大空间渗透风量的系统分

析方法,为该类建筑的节能设计与运行调控提供重要支撑。

这是一部理论与实践相结合、内容丰富、深入浅出的专著。它可以作为建筑环境与能源应用工程专业研究人员的学术参考读物,也可以为我国交通建筑的节能设计和运行提供借鉴。

更重要的是,这本书正是聚焦国家大规模城镇化建设中不断涌现出的亟待解决的工程问题,真正做到"把论文写在祖国大地上"。面对这样的实际工程问题,建筑环境与能源应用工程专业的学者应该从何处突破? 在何处创新? 这本书的研究内容正是这类研究工作的一个典型案例。

江亿

中国工程院院士　清华大学建筑学院教授
2022 年春于清华园

摘　要

　　我国机场航站楼、高铁客站等高大空间交通建筑正处于高速建设阶段。渗透风给该类建筑的热湿环境营造带来了巨大挑战,目前已成为该类建筑运行能耗的关键影响因素。研究交通建筑高大空间的渗透风特征及其应对方法对于该类建筑的节能低碳运行具有重大意义。本书通过广泛的实地测试揭示了该类建筑中冬季和夏季渗透风的特征,通过深入的理论分析刻画其影响因素和作用机理,据此提出一套系统的方法来有效应对实际工程中普遍存在的交通建筑高大空间渗透风问题。其中主要的学术贡献如下。

　　首先,本书对我国典型高大空间交通建筑开展了广泛的测试调研(包含33座机场航站楼和3座高铁客站),揭示了其中冬季和夏季热压主导的渗透风流动模式。实地测试发现该类建筑的冬季渗透风问题尤为突出:长时间开启的外门、天窗等各类开口造成了巨大的渗透风量(换气次数为$0.06\sim0.56\ h^{-1}$),冬季室内CO_2浓度维持在极低的水平(平均值为$478\times10^{-6}\sim682\times10^{-6}$),渗透风耗热量占供热量的比例为23%~92%,因此渗透风几乎成为供暖能耗和室内环境的最大影响因素。

　　然后,本书分析了单体高大空间中热压主导和热压风压共同作用的渗透风特征,分别定义了无量纲热压驱动力C_T和无量纲风压驱动力C_w,建立了高大空间渗透风的理论模型。从主导的热压驱动力出发,提出最小化渗透风量的垂直温度分布控制原则:冬季供暖工况缓解上热下冷,夏季供冷工况实现有效分层。通过无量纲分析揭示了冷量/热量的供给方式对于室内垂直温度分布的作用机理,给出C_T与冷/热流体阿基米德数(Ar_c和Ar_h)的无量纲关系式。进而对比常见高大空间空调末端的冷量/热量供给方式及其在渗透风影响下营造的室内垂直温度分布,发现辐射地板可最大程度满足上述原则,在供暖和供冷工况下均可实现最低的渗透风量和空调负荷。

　　最后,在上述理论的指导下,本书针对渗透风最为严重的冬季供暖工况,提出了交通建筑高大空间冬季渗透风的简化计算方法,为实际工程提供了量化分析冬季渗透风及其影响的工具。建立从"阻力"和"动力"两方面出发降低交通建筑高大空间渗透风量的系统分析框架。基于实地测试结果，确定"阻力"和"动力"的关键影响参数及建议取值，并给出一系列冬季渗透风的应对方法。从"增加阻力"和"减少动力"两方面出发降低高大空间交通建筑的冬季渗透风量，可在保证室内新风量和热舒适的前提下，将高大空间交通建筑的供暖年耗热量平均值降至 $0.08\,\mathrm{GJ/m^2}$，为高大空间交通建筑实现近零能耗供暖目标提供理论支撑。

关键词：交通建筑；高大空间；渗透风；驱动力；暖通空调系统

Abstract

Large-space transportation buildings, like airport terminals and high-speed railway stations, are in the stage of rapid construction in China. Air infiltration has brought considerable challenges to the indoor built environment in this type of buildings and has become a key factor influencing their energy consumption. The research on characteristics and effective countermeasures of air infiltration will contribute greatly to the energy-saving and low-carbon operation of large-space transportation buildings. This book reveals the characteristics of air infiltration during the heating and cooling seasons in this type of buildings by large-scale field measurements, depicts its influencing factors and mechanism by in-depth theoretical analysis, and finally proposes a series of feasible methods to effectively deal with the air infiltration problem in large-space transportation buildings. The main conclusions and contributions are summarized as follows.

Firstly, large-scale field measurements and investigations were carried out in typical large-space transportation buildings (including 33 airport terminals and 3 high-speed railway stations), which reveal the dominant buoyancy-driven air infiltration during the heating and cooling seasons. The field investigations also discover that winter air infiltration during the heating season is particularly prominent: various openings (such as external doors and skylights) lead to a massive amount of air infiltration (air changes rate: $0.06 \sim 0.56 \ \mathrm{h}^{-1}$); the CO_2 concentrations in indoor occupant zones are maintained at an extremely low level (average $478 \times 10^{-6} \sim 682 \times 10^{-6}$); the ratios of the heat loss caused by air infiltration to the heat supply by HVAC systems reach $23\% \sim 92\%$, making it almost the most significant factor influencing the heating capacity and the indoor thermal environment in this type of buildings.

Secondly, air infiltration induced by buoyancy driving force and combined driving forces of buoyancy and wind is analyzed, respectively. The dimensionless buoyancy driving force (C_T) and the dimensionless wind driving force (C_w) are defined to establish the theoretical model of air infiltration in large-space buildings. Focusing on the dominant buoyancy driving force revealed by the field measurements, the control principle of indoor temperature vertical distribution to minimize the air infiltration rate is proposed: creating a uniform indoor thermal environment in the heating condition and realizing an effective indoor thermal stratification in the cooling condition. Then, the dimensionless analysis is adopted to reveal the mechanism of the cold/heat supply modes on the indoor temperature vertical distribution, which gives the dimensionless equations of the C_T and the Archimedes numbers of the cold/hot fluid (Ar_c and Ar_h). Furthermore, the commonly applied HVAC terminal devices (i. e. , typical cold/heat supply modes) in large-space buildings are compared in detail to indicate their actual indoor temperature vertical distribution under the influence of air infiltration. The radiant floor can best meet the above-mentioned control principle, thereby achieve the lowest air infiltration rate and the lowest HVAC loads under both the heating and cooling conditions.

　　Finally, based on the above study, a simplified calculation method is proposed to quantitatively analyze the severe winter air infiltration and its impact in large-space transportation buildings, which provides a practical tool for engineering purposes. A systematic analysis framework to reduce air infiltration rate in large-space transportation buildings is established from the aspects of the resistance force and the driving force. Then, the field measurement results are used to determine and quantify the critical influencing parameters of the resistance force and the driving force, which helps to develop a series of feasible methods to deal with the air infiltration problem during the heating season. By increasing the resistance force and decreasing the driving force of air infiltration, the average annual heat consumption for space heating can be reduced to 0. 08 GJ/m^2 in large-space transportation buildings under the premise of ensuring outdoor air supply and indoor thermal comfort, which provides theoretical support for the realization of "near-zero energy for heating" in large-space transportation buildings.

Keywords: transportation building; large space; air infiltration; driving force; heating, ventilation, and air-conditioning (HVAC) systems

符号和缩略语说明

物理量

A	开口面积	m^2
Ar	阿基米德数	—
a	换气次数	h^{-1}
C	CO_2 浓度	$\times 10^{-6}$
C_d	开口流量系数	—
$\overline{C_d A}$	建筑有效开口面积	m^2
$C_{d,r}$	屋面开口流量系数	—
$C_{d,c}$	围护结构缝隙流量系数	$m/(s \cdot Pa^n)$
C_p	建筑表面风压系数	—
C_T	渗透风无量纲热压驱动力	—
C_w	渗透风无量纲风压驱动力	—
c_p	比定压热容	$J/(kg \cdot K)$
d	空气含湿量	g/kg
F	地面/围护结构/屋面面积	m^2
G	体积流量	m^3/s 或 m^3/h
Gr	格拉晓夫数	—
g	重力加速度	m/s^2
g_T	垂直温度梯度	K/m
$g_{\Delta p}$	垂直室内外压差梯度	Pa/m
H	最大室内高度	m
H_{out}	建筑总高度	m
h	高度	m
h_{AC}	射流送风口高度	m

h_0	零压面高度	m
$h_{w,1}$	开口低处边缘高度	m
$h_{w,2}$	开口高处边缘高度	m
K_a	机械新排风量不等无量纲系数	—
K_{C_d}	开口无量纲系数	—
K_T	垂直温度分布无量纲系数	—
K_ρ	空气密度无量纲系数	—
K_g	玻璃幕墙传热系数	$W/(m^2 \cdot K)$
K_r	屋面传热系数	$W/(m^2 \cdot K)$
L	长度	m
l_{env}	围护结构长度(F_{env}/H)	m
l_o	开口宽度($A/(h_{w,2}-h_{w,1})$)	m
m	质量流量	kg/s
N_{oc}	室内人数	人
n_{oc}	单位空间体积室内人数	人/m^3
n	缝隙空气流量与压差关系的幂指数	—
n_w	室外风速垂直分布幂指数	—
p	空气压力	Pa
Δp	室内外压差	Pa
Δp_T	热压作用的室内外压差	Pa
Δp_w	风压作用的室内外压差	Pa
Q	热量/空调负荷	W
q	单位面积热量/单位面积空调负荷	W/m^2
R	室内示踪气体释放总量	mg/s
Re	雷诺数	—
r	室内人均示踪气体释放量	mg/(s·人)
S	建筑体形系数	m^{-1}
T	温度	℃ 或 K
ΔT	温度差	K
$T_{in,ref}$	室内参考温度(人员活动区空气温度)	℃ 或 K
T_r	平均辐射温度	℃ 或 K
T_{op}	操作温度	℃ 或 K

$T_{sa,out}$	室外综合温度	℃ 或 K
u	空气流速	m/s
u_w	室外风速	m/s
$u_{w,ref}$	室外参考风速	m/s
V	建筑体积	m^3
W	宽度	m
X,Y,Z	方程系数	—
x,y,z	坐标轴	—

希腊字母

α_c	对流换热系数	$W/(m^2 \cdot K)$
α_r	辐射换热系数	$W/(m^2 \cdot K)$
β	空气体积膨胀系数	K^{-1}
γ_{inf}	渗透风负荷占比	%
ε	发射率	—
ρ	密度	kg/m^3
σ	斯特藩-玻尔兹曼常数(5.67×10^{-8})	$W/(m^2 \cdot K^4)$
τ	时间	s
φ	相对湿度	%
ψ	建筑内热源强度占室内总发热量的比例	%

下标

a	空气
b	底部开口
t	顶部开口
c	缝隙
o	开口
in	室内
out	室外
oa	室外空气供给总量(渗透风+机械新风)
inf	室外空气渗透流入(渗透风)
exf	室内空气渗透流出

f	机械新风
e	机械排风
s	空调送风
r	空调回风
AC	空调
oc	室内人员
L&E	室内设备灯光
env	建筑围护结构
sol	太阳辐射
cl	服装
c	冷流体
h	热流体
B,1,2	建筑楼层

目　录

插图清单

附表清单

第1章 概　　述

1.1　研究背景

1.1.1　交通建筑的现状与发展

机场、铁路等交通基础设施是现代城市的关键组成部分,与人们的生活和出行息息相关,同时对社会经济发展具有重大推动作用。随着我国城镇化的快速发展和"一带一路"倡议对基础设施建设的推动,各类现代化综合交通枢纽建筑正处于高速建设阶段[1]。其中以机场航站楼和铁路客站为典型代表。

近年来,我国民航业保持高速稳定发展。我国民航年旅客周转量在世界各国及地区中位列第二,并保持最大增量[2]。如图1.1所示,民航年旅客运输量在近十年内保持高速稳定增长。截至2019年年底,我国大陆共有颁证运输机场238座[3];依照规划布局,该数量将在2030年超过400座[4]。

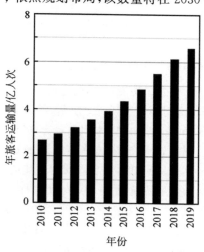

图 1.1　我国民用航空旅客运输量

铁路作为国民经济大动脉和重大民生工程,也处在高速建设阶段。如图 1.2 所示,铁路年旅客发送量在近十年内保持高速稳定增长。截至 2019 年年底,我国铁路总里程达到 13.9×10^4 km,其中高速铁路达到 3.5×10^4 km[5]。《中长期铁路网络规划》[6]指出,到 2025 年我国铁路总里程将达到 17.5×10^4 km,其中高速铁路总里程将达到 3.8×10^4 km;到 2030 年,我国将基本实现省会高铁连通、地市快速通达、县域基本覆盖。其中,高铁客站的建设发展尤为迅速。自 2009 年年底第一座高铁客站建成启用以来,截至 2020 年年底,我国已开通运行高铁客站达 768 座[7]。

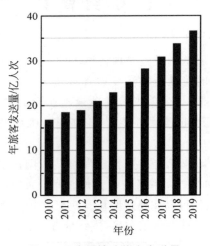

图 1.2　我国铁路旅客发送量

1.1.2　交通建筑的建筑特征与能耗状况

交通建筑是一类具有特殊功能的公共建筑。其主要满足人们使用不同交通工具过程中的基本需求,如进出站、办票、等候等;同时存在各种商业活动以提升服务品质,如餐饮、购物、休闲等[8]。多种需求造就了交通建筑的建筑特征:机场航站楼、高铁客站的单体建筑面积往往达到几万至几十万平方米;同时出于视觉体验和建筑美学要求,其通常设计为高大空间建筑[9]。如图 1.3 所示,在机场航站楼中,值机大厅室内高度通常在 10~30 m,候机大厅室内高度在 5~20 m;在高铁客站中,候车厅室内高度通常在 10~40 m,到达换乘厅室内高度在 10 m 左右。其中还存在大量跨层连通空间(如出发层和到达层之间的扶梯走道、建筑内的中庭等),使建筑内垂直连通的高度甚至达到 40 m 以上[8]。然而人员往往只在各楼层近地面 2 m 以内活动。

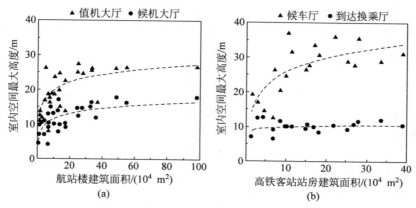

图 1.3　典型高大空间交通建筑的建筑特征
(a) 机场航站楼；(b) 高铁客站

由于交通建筑巨大的体量、特殊的建筑形式和全年连续的运行模式，因此其通常拥有庞大复杂的能源系统，包含多种类型能源输入以满足不同的功能需求，如电能、燃气、燃油、燃煤、冷/热水等[8,10-11]。大量研究指出，交通建筑是一类具有极高能耗强度的建筑。中国[12]、北美地区[13]、日本[14]和希腊[15]的机场航站楼建筑综合能耗强度分别为 206 kW · h/(m² · a)（电力单位，2014—2016 年）、615 kW · h/(m² · a)（热力学单位，2003—2012 年）、834 kW · h/(m² · a)（一次能耗，2015 年）和 234 kW · h/(m² · a)（电力单位，1995—1998 年），分别为同时期当地商业办公建筑能耗强度的 2.0 倍、2.1 倍、1.7 倍和 1.3 倍。在机场航站楼各部分能耗组成中，暖通空调系统（以下简称"空调系统"）的能耗通常在建筑运行能耗中占据最大比例，达 40%～80%[8,16-17]。

多位学者也对我国不同地区铁路客站的能耗情况开展了深入调研。对我国 83 座大型铁路客站在 2011 年进行的能耗调查表明，空调系统的能耗占建筑运行能耗的比例高达 68%[18]。宋歌等[19]对我国 5 个气候区 8 座典型铁路客站 2009—2010 年的能耗进行了调研，结果显示电耗强度为 71～272 kW · h/(m² · a)，其中夏季空调电耗占全年总电耗的 35%～60%。佟松贞[20]对上海铁路局所辖 23 座大型铁路客站 2013 年的能耗进行了分析，结果显示平均电耗强度为 117 kW · h/(m² · a)，空调系统的能耗占比高达 72%。孙建明等[21]对 4 座铁路客站进行了能耗分析与节能诊断，其中 2014 年夏季某铁路客站的电耗拆分结果表明，空调系统电耗占比达到 57%。

　　总结交通建筑的能耗状况可以得到,空调系统是造成该类建筑能耗高的重要原因。因此,在当前各类交通建筑高速建设的背景下,有效降低其中空调系统的运行能耗是实现交通建筑节能可持续发展的重要途径。

1.1.3　交通建筑高大空间热湿环境营造存在的问题

　　交通建筑的空调系统通常由能源站(冷/热站)、输配系统和室内空调末端组成[22]。能源站通常设置在交通建筑内部或主体建筑以外 0.3～2.0 km 处,输配系统将能源站制备的冷热量输送至交通建筑内的空调末端并释放到室内。作为和室内环境需求侧直接交互的设备,空调末端是实现室内热湿环境营造的关键环节。如图 1.4 所示,笔者[22-23]总结了国内外交通建筑高大空间中典型的空调末端方式。早年建设的交通建筑通常采用全空间空调,即通过射流送风的方式以期得到完全均匀的室内热湿环境;目前最常见的空调末端方式是分层空调,即将射流送风口设置在高大空间内房中房侧墙或单独设置罗盘箱/送风亭等,来控制 4～6 m 高度以下的室内环境参数;近年来也出现了多个将人员活动区空调方式应用于交通建筑高大空间的案例,即采用置换通风或辐射地板的空调方式,仅控制各楼层近地面 2 m 高度范围内的室内环境参数。

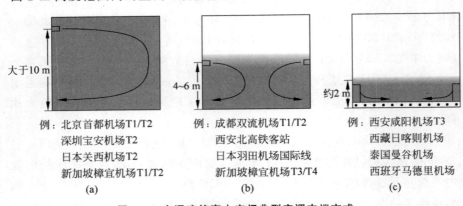

图 1.4　交通建筑高大空间典型空调末端方式
(a) 全空间空调(射流送风);(b) 分层空调(射流送风);
(c) 人员活动区空调(置换通风/辐射地板)

　　很多学者[8,16,22,24]指出,高大空间空调末端的能耗(风机水泵电耗)通常是空调系统实际运行能耗中占比最大的部分(20%～74%),甚至高于冷机能耗。虽然消耗了大量能源,交通建筑高大空间的热湿环境营造效果却不尽如人意。Wang 等[25-26]在我国不同气候区 8 座机场航站楼中进行的室内环境测试结果显示：冬、夏季室内温度均存在长时间偏离设计温度的情况，偏差甚至可达 5℃ 以上；在机械新风几乎关闭的情况下，室内 CO_2 浓度维持在 $350 \times 10^{-6} \sim 700 \times 10^{-6}$，甚至接近室外值（$300 \times 10^{-6} \sim 400 \times 10^{-6}$），远低于一般室内空气质量标准中要求的 1000×10^{-6} 限值[27]。由此可见，交通建筑高大空间的实际室内环境与设计存在较大差异，同时很大程度受到室外环境的影响。

室内环境实测结果实质上体现出渗透风的严重影响。交通建筑中旅客流量大，其功能特点使出入口开启频繁；同时交通建筑通常采用大面积玻璃幕墙和天窗，可能存在大量围护结构缝隙和开口。不少学者通过实地测试，在我国不同气候区的机场航站楼[28-29]和高铁客站[30-31]中都发现了严重的渗透风。在大量室外空气侵入的情况下，虽然空调系统消耗了大量能源，但室内环境并未得到全面有效控制。以冬季为例，渗透风可占机场航站楼供暖负荷的 60% 以上，然而实测室内人员活动区温度甚至低至 $5 \sim 10℃$[8]。目前应对交通建筑高大空间渗透风的方法通常是改善建筑气密性，如改变门窗开启方式[31-32]、设置门斗[29-30]、使用外门空气幕等[29-30,33]。然而在实际工程中，密集的客流及交通建筑的特殊需求（如建筑入口处的前置安检、与其他交通工具的换乘连接等）经常导致建筑气密性难以达到上述方法预想的效果。再者，目前对于交通建筑高大空间渗透风的应对方法多数停留在简单的"关门""堵漏"层面，尚且缺乏一套系统的理论框架来分析其中的主要矛盾，从而对症下药。具体而言，高大空间渗透风的影响因素和作用规律是什么？和普通空间建筑的渗透风相比有什么异同？对于给定建筑是否存在降低渗透风量的理论极限？如何通过可行的方法来趋近这个理论极限从而有效降低供暖供冷季的渗透风量？如何能够在设计、运行和管理中对渗透风及其影响进行定量分析？以上问题与交通建筑高大空间的热湿环境营造密切相关，但是目前的研究难以给出确定的回答。

综上所述，虽然交通建筑的空调系统消耗了大量能源，但是室内热湿环境营造的现状往往偏离设计工况，难以满足实际需求。大量实地测试结果显示，高大空间渗透风是其中最为关键的影响因素，然而目前尚缺乏对其特征的清晰认识和系统的应对方法。因此，本书将聚焦交通建筑高大空间渗透风开展理论和应用研究。

1.2   文 献 综 述

本书的研究对象"高大空间渗透风"所属的研究领域是建筑室内外间空气流动。研究对象包含两个关键词,即"渗透风"与"高大空间"。在开展文献综述前,有必要在所属研究领域内对上述概念进行界定与辨析。

渗透风与通风的流体力学机理相同,均可由自然或机械产生的压差驱动[34]。不同的是,通风的目的是让室外空气无阻碍地流入室内,带走室内热量和污染物,因此通常希望增加通风量;而渗透风通过围护结构缝隙或无意开启的门窗等流入室内,在供暖供冷季会成为空调系统的负荷,因此通常希望减少渗透风量。

高大空间指室内空间高度远高于人员活动区的建筑(高度大于 5 m,体积大于 10 000 m³)[35],如机场航站楼、铁路客站、体育场馆、影剧院、工业厂房、会展场馆、中庭等。此概念与空间高度 2.5~5 m 的普通空间形成对比,如住宅、办公室、教室等。相较于普通空间,高大空间通常具有非均匀的室内热湿环境和复杂的空气流动,因此其室内环境的精准预测和节能设计通常更加困难[36-38]。

以上两组概念构成了目前关于建筑室内外间空气流动的主要研究内容,如图 1.5 所示。聚焦研究对象,下文将主要从建筑渗透风和高大空间热湿环境营造两方面综述国内外相关研究成果。

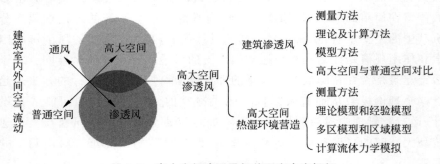

图 1.5   高大空间渗透风相关研究内容框架

1.2.1   建筑渗透风研究

国内外对建筑渗透风的研究可追溯至 20 世纪 70 年代[39-41],学者们更多关注普通空间建筑的渗透风,如住宅[42-61](公寓房、独户/多户住宅、住宅卧室等）、办公室[62-64]、教室[65-67]等；随着建筑形式变得日益复杂,学者们也逐渐开始关注高大空间建筑的渗透风[28-33,68-76]。本节将从测量方法、理论及计算方法、模型方法,以及高大空间与普通空间的对比四方面进行文献综述。

1.2.1.1 测量方法

最直接、快速测量渗透风量的方法是风速测量法[77],即在判定空气流向的基础上,直接测量流动断面上的平均流速,再乘以断面面积得到空气流量。然而在实际建筑中,通常难以找全所有空气流通通道,同时多数通道的断面风速难以直接测量(如缝隙、半开的门窗等),因此该方法适用于开口明确、规则且流动稳定的情况。近年来也有一些研究对风速测量法进行改进,以使其能够适应更复杂的测量情景：Tian 等[78]用多台热线风速仪测量方形开口上多点的流速变化曲线,结合对渗透风流动模式的认识采用线性拟合的方法计算冷库门突然开启后逐时变化的渗透风量；Hayati 等[79]和Caciolo 等[80]分别采用发烟实验和粒子图像测速系统(PIV)来更加清晰地描述开口断面上的空气流动模式,从而更加精确地计算渗透风量。

一般而言,渗透风可以通过两类标准方法进行测量,即风扇压力法(或鼓风门法)[81]和示踪气体法[82]。风扇压力法是将鼓风门安装在建筑外门上,在维持室内外一定压差的情况下(一般为 $10\sim75$ Pa)测量鼓风门提供的风量,以此来表征建筑的气密性。目前有大量研究采用压力风扇法测量整体建筑的气密性[52-53,62-63,75]或局部构件的气密性[71,83-84]。近年来也有一些研究对风扇压力法进行了拓展,如采用建筑自身的空调系统作为室内加压的方式来测量多层建筑[72]及单体高大空间建筑[73]的气密性。然而,风扇压力法有以下几个潜在缺点：①加压测试时的渗透风流动状态与实际室内外压差($1\sim4$ Pa)作用下的不同,难以体现实际运行中的渗透风量；②加压测量时人员需离场,因此难以反映人员使用过程中(包含开关门窗等动作)的渗透风量；③当建筑空间过大时难以维持均匀的室内压力[76]；④无法确定空气渗漏位置的分布。

相比之下,示踪气体法可以测量得到更加接近建筑实际运行中的渗透风量,因此也被广泛应用于实地测试[42-44,46-49,51,54-55,57-59]和实验室测量[89]。该方法采用大气中含量较低的气体作为示踪气体(常用 SF_6、PFT和 CO_2 等),基于质量平衡方程计算得到室内外之间的换气量,具体分为上升法、下降法、恒定浓度法、脉冲法等。除了采用标准方法中人工释放的示踪气体,也有学者尝试采用自然存在的某些气体或物质作为示踪气体,如室内人员产生的 CO_2[85]和 H_2O[86]、室外 $PM_{2.5}$[74,87]等。此外,Remion

等[88]综述了近年来示踪气体法的发展,其中的创新主要包括采用瞬态质量平衡法测量真实情景下连续变化的换气量、利用环境 CO_2 浓度自然的周期性变化测量换气量、与数据驱动方法结合从而提高测量精度等。然而,示踪气体法有以下几个潜在缺点:①对于密度较大的示踪气体,室内混合不均匀可能造成较大的测量误差[89];②室内外示踪气体浓度差过小或示踪气体释放量不够均可能造成较大的测量误差[90];③无法确定空气渗漏位置的分布,无法区分进入被测空间的空气来自室外还是来自相邻房间或走廊[43]。

近年来,学者们也提出了多种新方法以期精确测量建筑渗透风:采用红外热成像技术的方法(如将红外热成像与鼓风门测试结合来同时获取渗透风量和渗漏位置[91],对带缝隙的墙体进行传热学和流体力学理论分析从而求解渗透风量[92],以红外热成像数据作为输入的神经网络[93]等)、利用室内环境监测数据(温度、湿度和 CO_2 浓度等)的反问题算法[94]等。

应用上述测量方法,不同国家和地区的学者们开展了大量的实地测试来揭示建筑实际运行中的渗透风量,从而给出某类建筑渗透风量的分布并建立数据库,其中部分典型文献如表 1.1 所示。学者们利用以上建立的数据库研究渗透风对建筑能耗和室内空气品质的影响,并在建筑设计和运行中对渗透风及其影响进行量化分析。

1.2.1.2　理论及计算方法

渗透风与通风的驱动力相同,依据室内外压差来源可分为热压驱动力、风压驱动力和机械驱动力[34],如图 1.6 所示。在通风情景下,热压和风压均为自然驱动力,引发自然通风;机械驱动力引发机械通风。在渗透风情景下,当气象条件、建筑类型和空调系统不同时,三种驱动力都可能成为主导因素,如热压主导的冬季高层住宅渗透风[60]、风压主导的开阔地带建筑渗透风[95]、机械排风主导的商业综合体渗透风[96]。在以上驱动力作用下,建筑开口(如门窗等)和围护结构缝隙都是空气流动的阻力环节,分别采用开口流量系数和缝隙流量系数描述[34]。

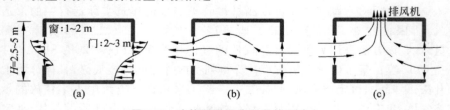

图 1.6　建筑通风及渗透风的驱动力
(a) 热压作用(例:冬季);(b) 风压作用(例:穿堂风);(c) 机械作用(例:排风)

表 1.1　世界各地建筑渗风量分布实测的部分典型文献

文献	国家或地区	测试年份	建筑类型	测试季节	测试方法	样本数量	研究关注点
Hou 等[42]	中国	2017	住宅卧室	春夏秋冬	示踪气体 CO_2	294	通风方式（是否开窗）
Shi 等[43]	中国北京	2013—2014	公寓房间	春夏秋冬	示踪气体 CO_2	34	换气次数分布, 与模拟比对
Huang 等[44]	中国东北	2016—2017	公寓房间	春夏秋冬	示踪气体 CO_2	21	通风方式, 室内空气品质
Cheng 等[46]	中国广州	2016	住宅卧室	夏	示踪气体 CO_2	202	换气次数分布, 影响因素
Murray 等[47]	美国	1982—1987	住宅	春夏秋冬	示踪气体 PFT	2844	换气次数分布
Yamamoto 等[48]	美国新泽西州	1999—2001	住宅	春夏秋冬	示踪气体 PFT	96	换气次数分布, 污染物暴露
Yamamoto 等[48]	美国得克萨斯州	1999—2001	住宅	春夏秋冬	示踪气体 PFT	99	换气次数分布, 污染物暴露
Yamamoto 等[48]	美国加利福尼亚州	1999—2001	住宅	春夏秋冬	示踪气体 PFT	105	换气次数分布, 污染物暴露
Liu 等[49]	美国加利福尼亚州北部	2016—2017	住宅	冬夏	三种示踪气体	1	住宅内各房间/区域间换气
Langer 等[51]	法国	2003—2005	住宅卧室	春夏秋冬	示踪气体 CO_2	567	换气次数分布, 室内环境品质
Beko 等[54]	丹麦欧登塞	2008	住宅卧室	春冬	示踪气体 CO_2	500	儿童卧室换气次数, 空气品质
Ruotsalainen 等[55]	芬兰赫尔辛基	1988—1989	住宅	冬	示踪气体 PFT	242	通风方式, 室内空气品质
Bornehag 等[57]	瑞典	2001—2002	独户住宅	冬	示踪气体 PFT	323	卧室通风与儿童过敏
Bornehag 等[57]	瑞典	2001—2002	多户住宅	冬	示踪气体 PFT	44	卧室通风与儿童过敏
Langer 等[58]	瑞典	2007—2008	独户住宅	冬	示踪气体 PFT	157	室内空气品质
Langer 等[58]	瑞典	2007—2008	公寓房间	冬	示踪气体 PFT	148	室内空气品质
Hong 等[59]	韩国	2007—2014	公寓房间	夏秋冬	示踪气体 SF_6	45	室内空气品质, 冷热负荷

　　基于以上建筑渗透风的基本理论,国内外学者提出了多种渗透风的计算方法,以期在建筑设计中考虑渗透风带来的影响。高甫生[40]综述了国内外常用的渗透风简化计算方法,其中大多考虑风压主导通过外窗渗透的情景,主要可分为三类:①风压作用(如换气次数法、面积法、缝隙法、百分比法等);②风压和热压共同作用(在风压作用方法的基础上增加热压的修正,多应用在高层建筑中);③考虑建筑物内部隔断对风压和热压的影响(在前述方法的基础上增加对建筑内部空气流动压降的修正)。此外,杨建刚等[68]通过对高大空间建筑渗透风计算方法进行综述发现,计算方法主要借鉴了高层建筑渗透风的研究成果,聚焦在给出准确的风压系数、热压系数和中和面高度。

　　以上计算方法多数基于高度简化的建筑形式和经验公式,因此适用范围和计算精度有限。但是,这些计算方法能够快速批量计算不同条件下的渗透风量,因此广泛应用在建筑能耗模拟软件中(如 DeST、Energyplus、DOE-2 等[97]),用于计算全年连续变化的空调负荷。随着研究不断深入,学者们采用各类渗透风模型来提升建筑能耗模拟软件中渗透风计算的准确度[98]。

1.2.1.3　模型方法

　　丁立行等[41]综述了渗透风气流模型的研究概况。这类模型基本遵循开口/缝隙流量公式(power law,建立流量和压差的关系),并以质量平衡方程为基础进行迭代求解。模型可归纳为单区模型和多区模型两类。

　　单区模型将计算建筑简化为单一空间,归纳合并多种参数,以便进行快速计算,如 Lawrence Berkeley Model 和 Alberta Air Infiltration Model(两者均需要使用来自风扇压力法的测试数据作为输入参数)[34]。近年来,学者们也提出了一些新的单区模型或对传统模型进行修正,来更加精确地计算渗透风量:Shadi 等[99]对带缝隙的墙体微元进行流体力学和传热学理论分析,来建立考虑渗透风影响的建筑能耗模型;Baracu 等[100]通过拆分层流和湍流的影响,对计算渗透风的缝隙流量公式进行修正;Shi 等建立考虑机械新风影响的窗缝渗透风理论模型,来研究单扇窗[101]和多扇窗[102]情况下维持房间正压所需提供的机械新风量。单区模型虽然形式简单、计算快,但其通常假设室内温度均匀,且多数仅考虑通过建筑围护结构缝隙的渗透风,因此该类模型一般只适用于普通空间建筑。

　　多区模型将建筑划分为压力不同的多个区域,可以计算空间形式复杂的建筑,如公寓楼[43]、独户/多户住宅[103]、办公楼[104]、医院和餐厅[98]等。最典型的多区模型是美国劳伦斯伯克利国家实验室(LBNL)和国际空气渗透与通风研究中心(AIVC)开发的 COMIS 模型[105],以及美国国家标准与技术研究院(NIST)开发的 CONTAM 模型[106]。经过多年的模型迭代升级,两者被广泛应用于建筑渗透风相关的学术研究和工程问题。

随着计算流体力学(computational fluid dynamics,CFD)方法在建筑室内空气流动领域的发展和应用[107],学者们也尝试采用 CFD 模拟对建筑渗透风开展研究,如通过开启门的渗透风[108]、通过二维墙体缝隙的渗透风[109]、通过三维墙体缝隙的渗透风[110]等。CFD 模拟的优点是可以揭示建筑渗透风的详细流动特征,但是由于渗透风流通通道(如缝隙、开口等)的几何尺寸和建筑整体几何尺寸差异较大,往往造成几何建模过程复杂和模型计算量庞大。因此,目前对渗透风的 CFD 模拟多集中在学术研究,较少应用于实际工程。

1.2.1.4　高大空间与普通空间对比

通过总结前几节的内容可以发现,目前对于建筑渗透风的学术研究和工程考量主要集中在普通空间建筑中通过围护结构缝隙/门窗开口的渗透风,对于高大空间建筑中渗透风的深入研究较为缺乏。但是通过对比分析已有的实测数据可以发现,高大空间和普通空间的渗透风实际存在诸多相同与不同有待深入分析。

如 1.2.1.2 节所述,两类空间中渗透风的流体力学机理相同。如 1.2.1.1 节所述,普通空间渗透风有标准的测量方法;然而由于高大空间体量较大,标准测量方法中保证精度的条件往往难以实现,因此目前仅有少数研究对高大空间渗透风量进行测量。以冬季为例,笔者[111]综述了文献中高大空间渗透风换气次数的测量结果,并与表 1.1 中部分普通空间渗透风数据进行对比,如图 1.7 所示。实际上,两类空间中的实测渗透风换气次数量级相当,上下四分位数主要集中在 $0.1 \sim 1.0 \ \mathrm{h}^{-1}$。

然而在建筑能耗方面,两类空间中渗透风的影响却有所不同。国内外许多学者对普通空间建筑中渗透风的能耗影响开展了深入的研究。张明春和高甫生[61]分析了我国北方多层住宅的冬季供暖负荷,其中渗透风负荷占热负荷的比例为 $10\% \sim 60\%$;Emmerich 和 Persily[62]用多区模型分析了美国办公建筑能耗,其中渗透风负荷占热负荷的比例为 $13\% \sim 25\%$;Jones 等[50]用蒙特卡罗法分析了英国住宅的供暖季热损失,其中渗透风影响建筑能耗的 11%～15%；Meiss 和 Feijó-Muñoz[52]基于鼓风门测试模拟分析了西班牙中北部住宅的建筑能耗，其中渗透风影响能耗需求的 11%～27%；Jokisalo 等[56]基于鼓风门测试模拟分析了芬兰寒冷气候作用下独栋住宅的能耗和影响因素，其中渗透风影响供暖能耗的 15%～35%；Yoon 等[60]模拟分析了韩国多层公寓的空气流动模式和冬季供暖能耗，其中渗透风负荷占热负荷的 10%。在此基础上，笔者[112]整理了文献中高大空间冬季渗透风负荷的占比，并与普通空间建筑进行对比，如图 1.8 所示。虽然两类空间渗透风换气次数相近，但是高大空间中冬季渗透风负荷占比（66%～85%）显著高于普通空间（9%～54%）。

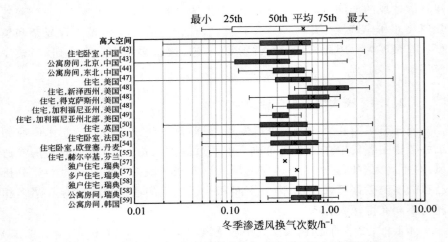

图 1.7　高大空间与普通空间建筑冬季渗透风换气次数对比

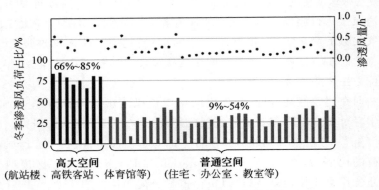

图 1.8　高大空间与普通空间能耗对比

在室内空气品质方面,两类空间中渗透风的影响同样也有所不同。住宅、教室等普通空间通常仅通过渗透风(或称自然通风)提供所需的新风。以 CO_2 浓度作为室内空气新鲜度的指标[113],大量实测结果显示普通空间室内空气品质经常无法满足要求(小于 $1000\times10^{-6[27]}$),如中国住宅($500\times10^{-6}\sim2500\times10^{-6[42]}$,$400\times10^{-6}\sim1400\times10^{-6[43]}$,$400\times10^{-6}\sim1600\times10^{-6[44]}$)和学生宿舍($600\times10^{-6}\sim5500\times10^{-6[45]}$)、英国教室($400\times10^{-6}\sim4000\times10^{-6[65]}$,$500\times10^{-6}\sim2400\times10^{-6[66]}$)、法国住宅($400\times10^{-6}\sim4000\times10^{-6[51]}$)、丹麦住宅($400\times10^{-6}\sim4500\times10^{-6[54]}$)和日本教室($400\times10^{-6}\sim2400\times10^{-6[67]}$)。然而,高大空间中虽然冬季机械新风几乎关闭,但在与普通空间相近的渗透风换气次数作用下,极少有实测结果显示室内 CO_2 浓度过高,如我国 8 座机场航站楼高大空间的室内 CO_2 浓度仅为 $350\times10^{-6}\sim700\times10^{-6[26]}$。

综上所述,高大空间和普通空间的渗透风虽然原理相同、研究方法类似、实测换气次数相近,但是实际的流动特征、测量方法、对于建筑能耗和室内空气品质的影响均存在较大差异。然而目前对于建筑渗透风的研究大多集中在普通空间中,尚缺乏对高大空间渗透风的深入研究。同时,高大空间与普通空间渗透风的异同及其背后的原因还有待揭示。

1.2.2　高大空间热湿环境营造研究

国内外对高大空间热湿环境营造的主要研究历程与方法可总结如图 1.9 所示。系统的研究可追溯至 20 世纪 50 年代各类工业厂房的排热问题[114]。随着 20 世纪 90 年代大量高大空间建筑涌现,多个国际合作课题(如国际能源署 IEA EBC Annex 23[115]、Annex 26[116] 和 Annex 35[117])集中开展了相关研究,包括实地测试了大量典型建筑、提出了高效的通风空调方式、开发了多种模拟工具用于学术研究和工程设计。Annex 26[116] 系统总结了高大空间通风的研究方法,如图 1.9 所示。其中计算流体力学(CFD)模拟在 20 世纪 90 年代经历大量的理论研究之后,在建筑通风领域全面走向应用,2010 年前后建筑通风领域的文献约有 70% 采用 CFD 模拟进行研究[107]。近 10 年来随着建筑形式日益复杂、室内环境需求更加多样化及空调技术的进步,对高大空间的研究也一直持续至今,如新型末端方式(如辐射地板供冷[37],高效的气流组织[118]),快速、精确的模拟方法[119] 等。

渗透风是高大空间热湿环境营造过程中的重要影响因素,同时渗透风的驱动力也与室内热湿环境密切相关。因此,本节将以高大空间热湿环境营造的研究方法为线索进行综述,厘清目前高大空间通风和渗透风的现状及存在的研究局限。结合图 1.9,综述具体从以下四方面展开,即测量方法(实地测量和相似实验)、理论模型和经验模型、多区模型和区域模型、计算流体力学模拟。综述得到各种方法的特点总结如表 1.2 所示。

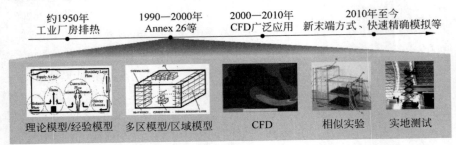

图 1.9　高大空间热湿环境营造的主要研究历程与方法

表 1.2　高大空间热湿环境营造的研究方法总结

	理论模型/经验模型	多区模型/区域模型	CFD	相似实验	实地测试
输入	边界条件 流动模式	边界条件 区域划分	边界条件 网格	边界条件 相似条件	—
输出	解析解	区域平均参数	参数的场分布	相似参数	任意参数
优势	快速计算 揭示机理	计算量合理	参数的场分布 可视化	条件可控 可视化	真实情况
缺陷	过于简化	受限于分区 输入参数复杂	受限于网格 输入参数复杂	相似失真 实验设计复杂	影响因素多 成本高

1.2.2.1　测量方法

高大空间通风/渗透风的测量方法一般可分为两类,即实地测量和相似实验。

实地测量是获取高大空间通风/渗透风真实情况的唯一途径,能揭示室内外间空气流动的特征,可用于各类模型的检验。Annex 26[116]系统总结了实地测量高大空间通风相关参数的方法,其中对于气密性和通风效果的测量方法与 1.2.1.1 节中渗透风的测量方法大体类似。目前也有大量研究采用上述方法开展了高大空间的实地测试,如机场航站楼[28,37]、铁路客站[30-31]、体育馆[69,120-121]、剧院[122-123]、工业厂房[70-71,124-125]、会议厅[126-127]、商场[74,96]、中庭[128-129]、教堂[75,79]、冰场[130]等。由于高大空间体量巨大,实地测量中需要投入大量人力和物力,测量过程中不可控的因素众多,如采用测风速法时是否能找全所有开口并测得稳定的空气流速,采用风扇压力法时是否能施加足够的风量来维持室内外的压差,采用示踪气体法时是否能够保证示踪气体的浓度和均匀性,如何在高大空间中布置数量可接受同时足够反映室内环境特征的测点。因此,目前尚缺少实地测量高大空间通风/渗透风的标准方法,在不同的情景下需要分析实际情况来采取适宜的测量方法。此外,在已有的实地测量研究中,学者们主要关注的是室内气流组织作用下不同高大空间内的热分层现象,以及自然通风工况的通风效果;尚缺少系统、全面的实地测量揭示供暖供冷季的渗透风特征。

相较于实地测量的缺点,基于流体力学相似原理的相似实验能在可控条件下直观体现高大空间内发生的流动和传热现象。高大空间热湿环境营造的问题通常包含由温度差或密度差造成的浮升力影响,因此在满足自模性要求的情况下(雷诺数 Re 足够大),关键需要保证主流区浮升力和惯性力之比(阿基米德数 Ar)相等[36,116]。之前的研究通常采用空气[116,131]、水或盐水[36,132-137]作为相似实验的流体,一般分别可以实现不小于 1/10 和 1/10～1/100 量级的几何相似比。因具有可控性和经济性优势,相似实验可用于高大空间通风效果预测[131]和理论模型检验[132-137]。然而,相似实验也存在诸多问题:①多用于研究简单空间形式和热源形式,难以复现真实建筑中的复杂情景;②主要保证主流区流动相似,而建筑热湿环境营造中关注的局部流动现象容易失真(如送回风口、门窗、缝隙、近壁面等)[107];③当用空气作为流体时,须通过升高温度或降低流速的方式使阿基米德数相等,前者会导致模型内传热失真[131],后者会给风速和压力的精确测量带来困难[116];④当用水或盐水作为流体时,难以反映建筑壁面热传导和热辐射的作用[138]。随着 CFD 方法的快速发展,相似实验在建筑室内环境营造领域也逐渐被 CFD 模拟取代[107]。

1.2.2.2　理论模型和经验模型

高大空间的理论模型和经验模型都是从流体力学和传热学的基本方程出发,针对特定空间和热源引入合理假设从而建立模型[107]。这些模型能给出建筑通风相关参数的解析解(如通风量、热分层高度、各层的温度/密度等),能揭示关键变量的影响规律,但是适用性有一定局限[139]。本节将综述高大空间通风与热分层的理论模型,其中部分经典理论模型如表 1.3 所示,其示意图如图 1.10 所示。

表 1.3　高大空间通风与热分层经典理论模型

文献	年份	工况	开口	壁面	热源	室内温度	研究关注
Andersen[140]	1995	自然通风（热压）	两高度开口	绝热	—	均匀	热压驱动自然通风
Linden 等[132]	1990	自然通风（热压）	两高度开口	绝热	底部一个点热源	两区域分层	通风房间热分层
Linden 等[133]	1996	自然通风（热压）	两高度开口	绝热	底部多个点热源	多区域分层	通风房间热分层
Li[141]	2000	自然通风（热压）	两高度开口	考虑辐射	底部一个点热源	线性	更真实的房间自然通风
Li 等[142]	2001	自然通风（热压+风压）	两高度开口	室外综合温度	—	均匀	风压热压共同作用可能多解
Chen 等[143]	2002	自然通风（热压）	三高度开口	绝热	底部一个点热源	两区域分层	三高度开口时的流态
Livermore 等[134]	2007	自然通风（热压）	两/三高度开口	绝热	均匀位于两个高度	两区域分层	中间高度开口的影响
Chenvidyakarn 等[135]	2008	机械通风（置换通风）	无	绝热	底部点热源+均匀热源	分层或均匀	机械通风时热分层出现的条件
Kuesters 等[136]	2012	机械通风（上送上回）	无	绝热	底部点热源+均布热源	两区域分层	机械通风时热分层强度变化
Partridge 等[137]	2017	自然通风（热压）	两高度开口	绝热	底部点热源+均匀热源	分层或均匀	自然通风时同热分层出现的条件

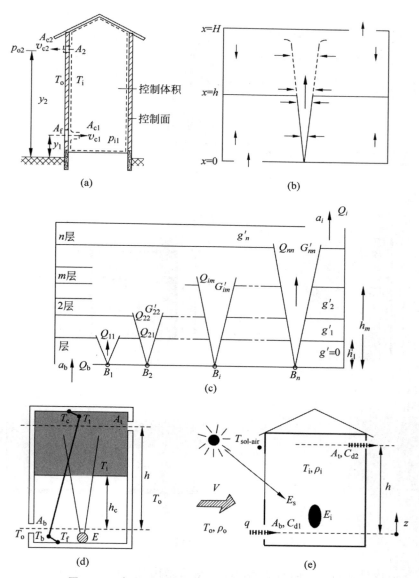

图 1.10 高大空间通风与热分层经典理论模型示意图

(a) Andersen[140]；(b) Linden 等[132]；(c) Linden 等[133]；(d) Li[141]；(e) Li 等[142]；

(f) Chen 等[143]；(g) Livermore 等[134]；(h) Chenvidyakarn 等[135]；(i) Kuesters 等[136]；

(j) Partridge 等[137]

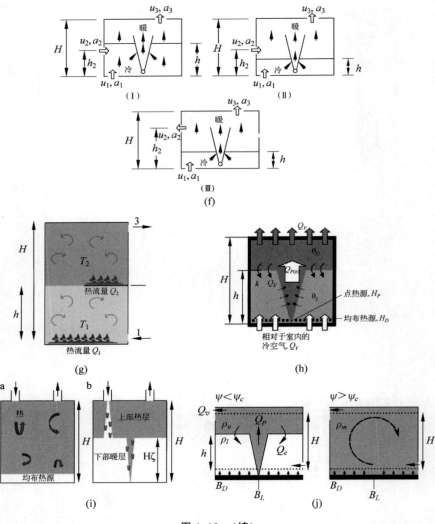

图 1.10 （续）

　　最传统的高大空间自然通风模型通常采用与普通空间相同的均匀混合假设(室内温度和浓度均匀)，通风相关参数由伯努利方程、质量守恒方程和能量守恒方程联立求解得到[140]，这样的模型通常也在暖通空调设计手册中被广泛采用[34]。随着对室内热源浮力羽流认识的深入，Linden 等[132]研究了自然通风房间在地面点热源浮力羽流作用下形成的高低两区热分层，提出了经典的"排灌箱模型"(emptying filling box model)。此后,Linden 和 Woods 团队持续研究不同通风方式下更加复杂的室内热分层现象,并在 "排灌箱模型"基础上建立了多个模型,如自然通风时底部多个点热源[133]、 自然通风时热源均匀位于房间两个高度[134]、自然通风时底部同时有点热 源和均布热源[137]、机械通风(置换通风)时底部同时有点热源和均布热 源[135]、机械通风(上送上回)时底部同时有点热源和均布热源[136]等情况。 然而,"排灌箱模型"及其衍生模型均基于水箱相似实验,无法描述真实建筑 中的围护结构热传导和热辐射等过程。Li 等[141]将以上过程纳入考虑,从 而改进了经典"排灌箱模型",提出了高大空间热压驱动自然通风的"排空气 灌箱模型"(emptying air-filling box model),并将模型扩展到了 3 个不同 高度开口的情景[143]。此外,Li 等[142]还建立了风压和热压共同作用的高 大空间自然通风模型,通过分析不同的空气流动模式,指出在特定条件下可 能出现通风量多解的情况,并通过水箱相似实验和 CFD 模拟证实了多解现 象[144]。Yuan 和 Glicksman 在此基础上通过系统动力学分析进一步给出 了多解存在的具体条件[145],并量化了造成多个稳定解之间相互转变的 扰动[146]。

虽然理论模型对实际情景进行了大幅简化,但至今依旧被认为是研究 建筑通风的有效方法。针对认识尚不清晰的室内空气流动现象,理论模型 有助于从本质揭示空气流动的影响因素和作用规律[107]。此外,通过综述 可以发现,目前高大空间的理论模型基本聚焦在通风工况室内热源造成的 热分层;而在供暖和供冷工况,空调系统将会成为高大空间中主要的冷热 源和压力源(机械新/排风),目前尚缺乏对此情景下渗透风的理论研究,研 究的关键在于如何准确刻画空调系统带来的影响。

1.2.2.3　多区模型和区域模型

多区模型(multi-zone model)和区域模型(zonal model)都是将建筑空 间人为划分为多个区域进行计算(一般小于 1000 个)[116]。多区模型假设 各区域内充分混合(温度和浓度均匀),通过设定区域之间的流动阻力从而 建立流体网络求解区域之间的空气流量,如 1.2.1.2 节所述通常应用在建 筑渗透风的模拟中。区域模型则是考虑了建筑空间内非充分混合的情况, 依据空气流动特征进行空间划分,利用各区域的质量和能量平衡求解非均 匀的室内环境,更适用于高大空间热湿环境营造的研究[107],如应用在机场 航站楼[37]、中庭[128]等。Lu 等[147]针对区域模型在高大空间热湿环境营造中的应用进行了文献综述,认为区域模拟作为节点模型和 CFD 模拟的折中方案,可以粗略、快速地估计高大空间内的气流和温度分布;同时高大空间的区域模型可与整体建筑的多区模型和能耗模型结合,应用于实际高大空间建筑的动态、长期能耗模拟。然而,区域模型也有一定劣势:①模型中的空间划分依赖对室内空气流动模式的认知,因此对于特殊的热湿环境营造情景(如复杂的空间结构和室内热湿源分布等),只有通过其余方法(如实地测量、相似实验、CFD 模拟等)确定气流模式后才能依据经验建立适用的区域模型;②区域模型中各区域间的空气流量难以精确获取;③现有的区域模型受限于传统的室内空调末端和气流组织形式(如射流送风、置换通风等)。因此,有学者指出随着计算能力和算法的发展,粗网格 CFD[107]、机器学习算法结合 CFD[119]等新方法未来有可能会取代区域模型来实现快速、精确预测高大空间室内空气流动与热湿环境特征。

1.2.2.4　计算流体力学模拟

计算流体力学模拟通过数值求解一系列方程(质量方程、N-S 方程、能量方程、浓度方程、湍流模型等)来计算流体相关参数的场分布。随着 CFD 方法、软件和计算能力的快速发展,CFD 模拟已经成为室内环境研究和工程中最常用的方法[107,148]。目前有不少学者采用 CFD 模拟研究高大空间热湿环境营造的相关问题,其中部分典型案例如表 1.4 所示。

当高大空间由传统的全空气系统控制时,主流区域主要呈现充分湍流状态,考虑模拟的经济性和稳定性,一般采用雷诺平均方程(RANS)结合湍流模型(常用标准 k-ε 模型)描述,近壁面区域采用标准壁面函数描述[122,149-150,157]。然而,当高大空间室内出现明显热分层现象时(如自然通风、置换通风等情景),垂直方向湍流输运受热分层影响而衰减,因此高大空间主流区域和近壁面区域均可能出现低雷诺数情况,此时采用充分湍流的湍流模型计算会出现较大偏差[36]。针对以上情况,学者们多采用能同时兼顾高/低雷诺数情景的湍流模型进行模拟,如 RNG k-ε 模型[70,129,152-153,156,158]、k-ω SST 模型[125,154]、realizable k-ε 模型[155]等。为了获取更加精确的流速场(如浮力羽流、室外风作用等),学者们也尝试在高大空间中采用大涡模拟(LES)[129];然而,LES 相比 RANS 需要更多的计算时间(上升 2～3 个数量级)和更高的网格质量,因此目前尚未在实际工程中得到大规模应用[159]。

表 1.4 CFD 模拟应用于高大空间热湿环境营造的典型案例

文献	Hangan等[149]	菅健太郎等[150]	王昕等[151]	Rohdin等[152]	Kavgic等[122]	Li等[153]	Hussain等[154]	van Hooff等[155]	Wang等[156]	Ray等[129]	李先庭等[157]	Liang等[158]	Mei等[125]	Lin等[70]
年份	2001	2002	2006	2007	2008	2009	2012	2013	2014	2014	2016	2017	2018	2020
建筑类型	音乐厅	航站楼	体育馆	工业厂房	剧院	火车站	中庭	体育场	医院大厅	中庭	单体空间	工业厂房	工业厂房	工业厂房
高度/m	26.00	22.00	26.00	17.00	11.00	20.30	13.02	72.00	7.50	14.20	10.00	25.00	33.00	8.50
工况	供冷	供冷	供冷	供冷	供冷	供冷	供冷+自然通风	自然通风	供冷	自然通风	供冷	供冷	自然通风+机械通风冷却	供暖
空调末端/气流组织	全空间空调	分层空调	分层空调	分层空调	分层空调	分层空调	中送上回	无	全空间空调/分层空调	无	分层空调	分层空调+顶部盘管	无	散热器/燃气辐射/暖气片辐射地板
外围护结构	绝热	无	定温度	定温度	定温度	定温度	玻璃幕墙混合热边界条件	定温度	定温度+定热流	顶部定热流,侧壁第三类边界条件	第三类边界条件	绝热或定热流	绝热或定热流	定温度
门窗边界	无	无	无	无	无	无	无	含外环境(有风)	无	入口流速,出口压力	无	无	含外环境(无风)	入口、出口均为压力
内热源	地板(定热流)	地板(定热流)	底12 m(定热流)	单独(定温度)	单独(定热量)	单独(定热量)	无	无	底和顶(定热流)	单独(定热量)	单独(定热量)	单独(定热量)	单独(定热量)	单独(定热量/温度)

续表

文献	Hangan 等[149]	菅健太郎 等[150]	王昕 等[151]	Rohdin 等[152]	Kavgic 等[122]	Li 等[153]	Hussain 等[154]	van Hooff 等[155]	Wang 等[156]	Ray 等[129]	李先庭 等[157]	Liang 等[158]	Mei 等[125]	Lin 等[70]
软件/平台	STAR-CD	STAR-CD	PHOENICS	Fluent 6.1	PHOENICS	STAR-CD	Fluent 6.3	Fluent 6.3	Fluent 6.3	Fluent	Fluent 14.5	Airpak 3.0	Fluent	Airpak 3.0
湍流模型	RANS 标准 $k\text{-}\varepsilon$	RANS 标准 $k\text{-}\varepsilon$	RANS 低 Re $k\text{-}\varepsilon$	RANS RNG $k\text{-}\varepsilon$	RANS 标准 $k\text{-}\varepsilon$	RANS RNG $k\text{-}\varepsilon$	RANS $k\text{-}\omega$ SST	RANS realizable $k\text{-}\varepsilon$	RANS RNG $k\text{-}\varepsilon$	RANS 标准 $k\text{-}\varepsilon$ RNG $k\text{-}\varepsilon$、LES	RANS 标准 $k\text{-}\varepsilon$	RANS RNG $k\text{-}\varepsilon$	RANS $k\text{-}\omega$ SST	RANS RNG $k\text{-}\varepsilon$
离散格式	—	一阶	—	二阶	—	QUICK	二阶	二阶	—	—	二阶	二阶	QUICK	—
求解算法	—	—	—	SIMPLE	—	SIMPLE	SIMPLE	SIMPLEC	—	—	SIMPLE	SIMPLE	SIMPLE	SIMPLE
壁面函数	标准	标准	—	标准	—	标准	标准	标准	—	—	标准	标准	—	标准
网格类型	非结构	非结构	—	非结构	结构	非结构	结构	非结构	非结构	非结构	结构	结构	非结构	结构
网格数量/万	70.0	32.3	31.8	104.6	160.7	120.1	80.8	560.0	28.5	114.0	120.0	53.9	560.0	326.0
研究关注	通风 热舒适	热环境	热环境	湍流模型对比	热舒适 空气品质	热环境	中庭混合通风	自然通风 CO_2 浓度	气流组织对比	湍流模型对比	高效排热	高温冷源顶部排热	工厂排热混合通风	供暖方式对比

注：“—”表示文献中没有提及。

综上,采用 CFD 模拟高大空间热湿环境的方法目前较为成熟。应用以上方法对高大空间实际问题开展的研究主要出现在 2000 年以后(详见表 1.4)。通过总结以上研究内容可以发现:①一般仅在研究自然通风时关注建筑室内外间的空气流动,较少关注供暖和供冷工况的渗透风,其难点在于边界条件的设定和模型尺寸的跨度(送回风口为 0.1～1 m 量级,热源/门窗为 1 m 量级,建筑空间为 10～100 m 量级,室外空间为 100～1000 m 量级);②较少关注供暖和供冷工况下不同空调末端方式的对比,尤其缺乏辐射地板等近年来在高大空间中应用的新型末端方式[37];③高大空间 CFD 模型的网格数量巨大(一般为百万量级,网格无关性检验中的加密网格甚至到千万量级),而供暖和供冷工况的渗透风研究涉及包含送回风口的室内外耦合模拟,这将会需要更大的网格数量,以上情景对计算能力有极高的要求,如何进行合理简化将会是采用 CFD 研究高大空间渗透风的关键问题。

1.2.3　文献研究总结

综上所述,国内外学者已经针对建筑渗透风和高大空间热湿环境营造开展了很多研究,主要成果如下。

(1)采用多种测量方法对普通空间建筑(住宅、办公室、教室等)的渗透风开展大量实地测试,在此基础上提出了多种渗透风的计算方法和模型方法。

(2)针对不同高大空间建筑,开展了一系列典型季节室内热湿环境的实地测试,在高大空间室内热分层研究上已取得一定进展,有助于揭示高大空间非均匀室内环境的机理。

(3)针对通风和空调工况的高大空间室内热湿环境开展了理论研究,建立了多个高大空间通风与热分层理论模型,开展了一系列高大空间热湿环境的 CFD 模拟。

通过文献综述可以发现,目前对于建筑渗透风的研究主要关注普通空间建筑;对于高大空间热湿环境营造的研究仅在通风工况考虑建筑室内外之间的空气流动,欠缺对于供暖和供冷工况渗透风的系统研究。针对目前研究的局限性,一些问题需要通过广泛的实地测试和深入的理论研究来得到解答,具体阐释如下。

(1)供暖和供冷工况的高大空间渗透风有什么特征,其中的影响因素和作用规律是什么,如何能够准确测量高大空间建筑的渗透风量,并评估其对建筑能耗的影响。

（2）目前尚缺少有效的理论模型对供暖和供冷工况下高大空间的渗透风进行深入阐释,并定量刻画空调系统对渗透风的影响。

（3）高大空间渗透风与传统研究中普通空间的渗透风存在诸多异同,其背后的根本原因尚未得到揭示,两类空间在室内环境营造过程中面临的主要矛盾有待厘清。

（4）目前尚缺少有效的计算方法能在高大空间的设计和运行中快速计算渗透风量及其对空调负荷的影响。

（5）目前应对渗透风的方法基本仅从建筑气密性着手,尚缺乏一套系统的分析框架及切实可行的措施来有效降低渗透风量及其影响。

1.3　研究内容

1.3.1　研究内容及技术路线

机场航站楼、高铁客站等交通建筑多为高大空间建筑,渗透风给该类建筑的热湿环境营造带来了巨大挑战。本书的研究对象为高大空间的渗透风,将着重从驱动力的角度分析高大空间渗透风的特征及应对方法,具体的研究内容如下。

第一,认识交通建筑高大空间不同季节渗透风的典型流动模式,评估多种渗透风测试方法在高大空间中的适用性,以期得到准确的渗透风量并分析其对室内环境及空调负荷的影响,从而为理论分析高大空间渗透风驱动力奠定基础。

第二,分析高大空间渗透风的影响因素,着重刻画典型驱动力作用下渗透风的流动特性（热压主导的流动和热压、风压共同作用的流动）,建立供暖和供冷工况的高大空间渗透风的理论模型,以期给出高大空间渗透风的一整套分析方法。

第三,基于上述理论模型,以最小化渗透风量为目的,分析供暖和供冷工况的高大空间室内热湿环境分别需要满足的理想条件,进而研究渗透风影响下不同高大空间空调末端实际营造的室内热湿环境,揭示空调末端对于渗透风的影响作用机理,最终给出可实现最小化渗透风量的高大空间空调末端方式。

第四，深入对比分析高大空间和普通空间中渗透风的异同，提炼造成差异的关键参数，揭示高大空间渗透风的特征及热湿环境营造过程中面临的主要矛盾。

第五，在上述理论指导下，提出工程实用的高大空间冬季渗透风简化计算方法，建立降低渗透风量的系统分析框架，从需求出发研究降低交通建筑高大空间渗透风量的节能潜力。

本书的技术路线如下。

（1）实地测试调研典型机场航站楼和高铁客站，总结冬季、夏季和过渡季的高大空间渗透风流动模式，采用多种方法测量并确定渗透风量，分析渗透风影响下高大空间室内空气相关参数（温度、湿度和 CO_2 浓度等）的分布特征，为下一步的模型假设、模型检验及输入参数量化提供基础数据支撑。

（2）以实地测试结果和文献数据为基础，将空调系统对渗透风驱动力的影响拆分为室内热分层和机械新排风两部分，建立热压主导驱动的高大空间渗透风理论模型，推导得到渗透风量和零压面高度的表达式，研究热压驱动力的关键影响因素与影响规律。

（3）以实地测试结果和文献数据为基础，将室外风环境的影响作为边界条件输入，建立热压和风压共同驱动的高大空间渗透风理论模型，推导得到渗透风量的表达式，研究热压和风压驱动力耦合作用下渗透风的流动模式及风量变化规律，剖析其与传统研究中自然通风的差异。

（4）利用建立的理论模型，分析可实现最小化渗透风量的高大空间理想室内垂直温度分布，并剖析其中的作用机理；采用基于实测检验的数值模拟方法，分析空调末端对于室内垂直温度分布及渗透风的影响，给出能够实现上述理想室内垂直温度分布的空调末端方式。

（5）对比高大空间和普通空间中实测的渗透风量，利用建立的模型和实测输入参数进行理论计算，进而剖析两类空间中渗透风的异同及其背后的机理，揭示高大空间相较于普通空间在渗透风方面的特殊性。

（6）将建立的理论模型应用于典型高大空间交通建筑，建立从阻力和动力两方面出发降低高大空间渗透风量的系统分析框架，基于实测数据给出各种影响因素的取值范围，量化分析降低交通建筑高大空间渗透风量的节能潜力。

1.3.2 拟解决的关键问题

本书拟解决的关键问题如下。

（1）给出交通建筑高大空间渗透风的测试评估方法，揭示不同季节渗透风的特征及其对室内环境和能耗的影响，明确渗透风的主导驱动力及关键影响因素。

（2）提出以最小化渗透风为目的的高大空间热湿环境营造原则，给出该原则的空调末端实现方法，指导高大空间空调末端的设计。

（3）厘清高大空间和普通空间在渗透风方面的异同，明晰两者在热湿环境营造过程中面临的主要矛盾。

（4）提出高大空间冬季渗透风简化计算方法，建立降低渗透风量的系统分析框架，量化各类影响因素，为降低交通建筑高大空间的空调能耗指明方向。

1.3.3 本书研究框架

本书的研究框架如图1.11所示。第1章聚焦研究对象进行综述，总结现有研究成果及尚待深入研究的问题。第2章通过广泛的实测调研揭示交通建筑高大空间中不同季节渗透风的特征及其影响。在此基础上，第3章和第4章从驱动力角度出发建立高大空间渗透风的理论模型：第3章建立热压主导的渗透风模型，着重刻画空调系统带来的影响；第4章建立热压与风压共同作用的渗透风模型，并分析其与传统研究中自然通风的差异。第5章分析理论模型背后的驱动力，提出最小化渗透风量的室内垂直温度分布控制原则，并给出能够实现该原则的空调末端方式，揭示高大空间中空调末端对于渗透风的影响作用机理。第6章和第7章在上述理论指导下进行应用研究：第6章深入对比剖析高大空间和普通空间中渗透风的异同，揭示高大空间渗透风及其影响的特殊性；第7章基于高大空间渗透风的特征，建立降低渗透风量的系统分析框架，从需求出发探讨交通建筑高大空间的节能潜力。第8章总结本书的研究工作、取得的主要创新性成果并对本领域后续研究进行展望。

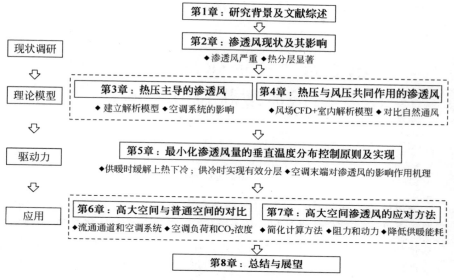

图 1.11　本书研究框架

第2章 交通建筑高大空间渗透风现状及其影响

2.1 本章引言

渗透风是交通建筑高大空间能耗与室内环境的关键影响因素,然而目前尚缺乏针对该类建筑渗透风的有效测试方法和充足的实测数据,因此对其现状和影响尚缺乏全面、深入的认识。本章将评估多种渗透风测试计算方法在交通建筑高大空间中的适用性,通过广泛的实地测试调研揭示交通建筑高大空间中不同季节渗透风的流动特征和风量,分析渗透风影响下高大空间室内空气相关参数(温度、湿度和 CO_2 浓度等)的分布特征,为下一步的模型假设、模型检验及输入参数量化提供基础数据支撑。

2.2 交通建筑高大空间渗透风测试计算方法

由于交通建筑高大空间的体量巨大、开口众多,目前没有实地测量高大空间渗透风的标准方法,本节将分析多种渗透风测试计算方法在该类建筑中的适用性。

2.2.1 风速测量法

在流动处于近似稳态且空气密度变化较小的情况下,交通建筑高大空间内的空气流动满足体积流量平衡方程,如式(2.1)所示:

$$G_{inf} + G_f = G_{exf} + G_e \tag{2.1}$$

其中,G_{inf} 和 G_{exf} 分别为无组织流入和流出空间的空气体积流量;G_f 和 G_e 分别为空调系统作用下机械新风和机械排风的空气体积流量。

式(2.1)中的 G_{inf}、G_{exf}、G_f 和 G_e 可通过风速测量法直接计算得到。首先通过实地调研排查交通建筑高大空间中各类连接室外的开口,如外门、连接通道、天窗/侧窗、行李转盘开口、检修门、机械新/排风口等。接下来测量各个开口的断面面积(A_i)和平均空气流速(u_i),将两者相乘并求和得到各部分的空气体积流量,如式(2.2)所示:

$$G = \sum_i A_i u_i r_{\tau,i} \tag{2.2}$$

其中,$r_{\tau,i}$为测量期间各个开口的开启率,1 为常开,0 为全关。为了得到准确的 u_i,需要在空气流动断面上布置多个测点测量风速并取平均值,ASHRAE Handbook 推荐方形开口各边需要的测点数为 $5 \sim 7$ 个[77]。学者们也曾通过在开启的门上测量风速来计算空气流量,其测点布置采用 2×5[78]、3×7[79] 或 3×3[80] 等。参考以上测点布置方式,笔者在实测中的每个开口上均采用 5×5 的布置,各测点的风速取测量期间的平均值,并记录空气流向。

此外,式(2.1)中的 G_{inf} 和 G_{exf} 也应包含通过围护结构缝隙和难以排查发现的开口流入/流出的空气流量,然而这部分流量通常难以通过风速测量法得到:一方面是由于难以找全所有的开口,另一方面是由于难以测量缝隙的断面平均流速。因此在采用风速测量法时,这部分空气流量通常会被忽略。

采用风速测量法计算渗透风量的误差主要由两部分组成:①由风速测量间接计算风量造成的误差;②因无法测全所有空气流通通道造成的系统误差,即忽略围护结构缝隙等难以测量的开口所造成的渗透风量低估。

测量误差可通过式(2.2)的误差传递公式计算,如式(2.3)所示:

$$\frac{\Delta G}{G} = \sqrt{\left(\frac{\partial \ln G}{\partial L} \cdot \Delta l\right)^2 + \left(\frac{\partial \ln G}{\partial W} \cdot \Delta l\right)^2 + \left(\frac{\partial \ln G}{\partial u} \cdot \Delta u\right)^2} \tag{2.3}$$

其中,L 和 W 分别为开口的长和宽,采用卷尺测量;测量误差 $\Delta l = 0.001$ m;Δu 为空气流速的测量误差,笔者使用的两种热线风速仪测量误差分别为 0.03 m/s 和 0.05 m/s,若采用热球风速仪则 Δu 通常为 0.1 m/s,若采用转杯风速仪则 Δu 通常大于 0.2 m/s。

不同风速情况下的风量计算误差如图 2.1 所示。图 2.1(a)为采用不同精度风速仪测量单个开口风量的误差,测量风速越大造成的风量相对误差越小。另外,实际中通常需要将多个开口上测得的风量相加(减)得到渗透风量。多个开口风量叠加后的计算误差如图 2.1(b)所示,被测开口数量越多,造成的计算误差越大。基于以上分析,实地测试中需要根据测量风速范围和被测开口数量来确定使用仪器的精度。

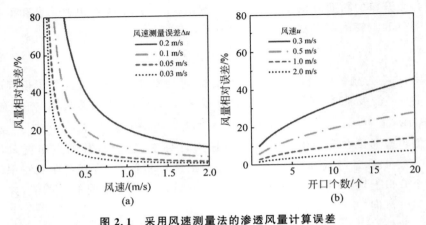

图 2.1　采用风速测量法的渗透风量计算误差

（a）不同仪器精度（单开口）；（b）多开口叠加（仪器误差 0.03 m/s）

此外，忽略围护结构缝隙等难以测量的开口所造成的系统误差大小由渗透风的主导流通通道决定：当明显的开口（门、窗、通道等）作为主导流通通道时，这部分误差可以被忽略；然而当缝隙作为主导流通通道时，这部分误差将显著影响渗透风测量结果。对于这部分误差的讨论将在后文中通过实测数据进行说明（详见 2.3.3 节），并利用计算模型进行详细分析（详见 6.3.1 节）。

2.2.2　示踪气体法

示踪气体法是测量渗透风量的标准方法之一，能够将风速测试法中被忽略的缝隙渗透风量纳入考虑。该方法假设房间内示踪气体充分混合，基于示踪气体在房间内的质量守恒方程进行渗透风量计算，如式（2.4）所示：

$$V \frac{\mathrm{d}C_{\mathrm{in}}}{\mathrm{d}\tau} = G_{\mathrm{oa}}(C_{\mathrm{out}} - C_{\mathrm{in}}) + R \tag{2.4}$$

其中，V 为建筑体积；τ 为时间；G_{oa} 为室外空气供给总量（由渗透风量 G_{inf} 和机械新风量 G_{f} 组成）；C 为示踪气体的浓度；下标 in 和 out 分别表示室内和室外；R 为室内示踪气体的产生率。

在交通建筑高大空间中采用示踪气体法的第一个问题是示踪气体的均匀性。在实地测试中，笔者将每个交通建筑的室内空间划分为多个典型区域，并分别布置示踪气体测点：首先对高大空间进行垂直方向上的分层划分，接下来在其中的人员活动区根据不同功能区进行水平方向上的划分（如办票区、安检区、等候区、走廊、餐饮、商业等)。将各区域测得的示踪气体浓度根据区域体积进行加权平均得到室内平均示踪气体浓度(如式(2.5)所示),并代入式(2.4)进行计算。

$$C_{in} = \frac{\sum C_{in,i} V_i}{\sum V_i} \tag{2.5}$$

其中,$C_{in,i}$ 和 V_i 分别为示踪气体浓度和各个区域的体积。

在交通建筑高大空间中采用示踪气体法的第二个问题是如何释放足够量的示踪气体使其浓度达到要求。考虑旅客安全等因素,无法在其中释放人工示踪气体进行实验。因此利用室内天然存在的气体作为示踪气体是该方法在交通建筑中使用的可行方案,如人员产生的 CO_2 和 H_2O。具体分析其中几种方法:上升法和脉冲法均需要短时间内释放大量示踪气体(室内人数突增),这在交通建筑中难以实现;下降法仅能在夜间停止运行时采用(室内无人),此时建筑外门和空调系统均已关闭,测得的渗透风量无法体现正常运行时的情况;恒定浓度法可用于测量正常运行时的渗透风量,然而需要寻找室内浓度变化较小的时段用于计算。下文将主要分析以人员产生的 CO_2 和 H_2O 作为示踪气体,并采用恒定浓度法的可行性。

2.2.2.1　CO_2 作为示踪气体

若采用 CO_2 作为示踪气体,当室内浓度恒定时,式(2.4)可简化为

$$G_{oa} = G_{inf} + G_f = \frac{R_{CO_2}}{\rho_{CO_2}(C_{in} - C_{out})} = \frac{N_{oc} r_{CO_2}}{\rho_{CO_2}(C_{in} - C_{out})} \tag{2.6}$$

其中,R_{CO_2} 为室内人员释放的 CO_2 总量,可用室内总人数 N_{oc} 和人均 CO_2 释放量 r_{CO_2} 相乘得到;ρ_{CO_2} 为 CO_2 气体密度;C 为 CO_2 浓度(体积分数)。

采用 CO_2 示踪气体法的测量误差主要来源于式(2.6)中的室内总人数(N_{oc})和室内外 CO_2 的浓度(C_{in} 和 C_{out})。因此,渗透风量的测量误差可通过误差传递公式计算,如式(2.7)所示:

$$\frac{\Delta G}{G} = \sqrt{\left(\frac{\partial \ln G}{\partial N_{oc}} \cdot \Delta N_{oc}\right)^2 + \left(\frac{\partial \ln G}{\partial C_{in}} \cdot \Delta C\right)^2 + \left(\frac{\partial \ln G}{\partial C_{out}} \cdot \Delta C\right)^2} \tag{2.7}$$

其中,ΔN_{oc} 为室内总人数的测量误差,笔者采用基于安检通过人数和停留时间分布的室内总人数预测方法(详见图 A.9),可将人数相对误差($\Delta N_{oc}/$

N_{oc})控制在 5%；ΔC 为 CO_2 浓度的测量误差，笔者使用两种红外吸收式 CO_2 传感器的测量误差分别为 50×10^{-6} 和 75×10^{-6}；若采用气相色谱法测量，ΔC 可低于 25×10^{-6}。

不同 ΔC 和 $\Delta N_{oc}/N_{oc}$ 情况下的渗透风量的计算误差如图 2.2 所示。室内外 CO_2 浓度差越大，造成的渗透风量相对误差越小。基于本书的测量精度（$\Delta C = 50 \times 10^{-6}$，$\Delta N_{oc}/N_{oc} = 5\%$），为了使渗透风量相对误差低于 20% 和 10%，室内外 CO_2 浓度差分别需要大于 365×10^{-6} 和 817×10^{-6}。

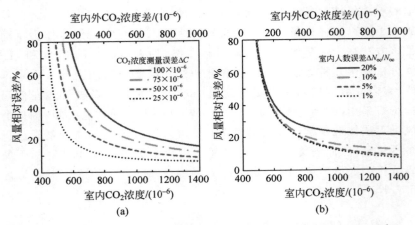

图 2.2　采用 CO_2 示踪气体法的渗透风量计算误差（室外取 400×10^{-6}）

(a) 不同仪器精度（人数误差 5%）；(b) 不同人数误差（仪器误差 50×10^{-6}）

采用 CO_2 示踪气体法也存在系统误差和缺陷：①由于实测中无法控制室内 CO_2 浓度，因此仅能根据实测数据选取室内浓度近似不变的时段用于计算；②布置的测点是否可以体现室内 CO_2 的分布特征，并计算得到准确的室内平均浓度；③室内存在其他 CO_2 的源（如厨房炊事）和汇（如景观绿植），难以进行估计。

2.2.2.2　H_2O 作为示踪气体

若采用水蒸气作为示踪气体，当室内浓度恒定时，式(2.4)可简化为

$$G_{oa} = G_{inf} + G_f = \frac{R_d}{\rho_a(d_{in} - d_{out})} = \frac{N_{oc} r_d}{\rho_a(d_{in} - d_{out})} \quad (2.8)$$

其中，R_d 为室内人员释放的 H_2O 总量，可用室内总人数 N_{oc} 和人均 H_2O 释放量 r_d 相乘得到；ρ_a 为空气密度；d 为空气含湿量。

采用 H_2O 示踪气体法的测量误差主要源于式(2.8)中的室内总人数(N_{oc})和室内外空气含湿量(d_{in} 和 d_{out})。笔者通过测量空气温度和相对湿度，并根据式(2.9)计算得到空气含湿量：

$$d = \frac{622\varphi p_s}{p_{atm} - \varphi p_s} \tag{2.9}$$

其中，φ 为空气相对湿度；p_{atm} 为大气压力；p_s 为湿空气的饱和水蒸气分压力，仅是空气温度 T 的函数，可用经验公式计算[160]。含湿量的测量误差可通过温度测量误差(ΔT)和相对湿度测量误差($\Delta \varphi$)计算，如式(2.10)所示。

$$\Delta d = d \sqrt{\left(\frac{\partial \ln d}{\partial T} \cdot \Delta T\right)^2 + \left(\frac{\partial \ln d}{\partial \varphi} \cdot \Delta \varphi\right)^2} \tag{2.10}$$

笔者使用的两种空气温湿度自计仪均采用 Pt 电阻温度传感器和 LiCl 湿度传感器，其对应的含湿量测量误差 Δd 分别为 0.28 g/kg($\Delta T = 0.2$ K，$\Delta \varphi = 3\%$)和 0.38 g/kg($\Delta T = 0.3$ K，$\Delta \varphi = 3\%$)。若采用更高精度的传感器，Δd 可低至 0.15 g/kg($\Delta T = 0.1$ K，$\Delta \varphi = 2\%$)；若采用更普通的传感器，$\Delta d > 0.64$ g/kg($\Delta T = 0.5$ K，$\Delta \varphi = 5\%$)。

因此，渗透风量的测量误差可通过误差传递公式计算，如式(2.11)所示：

$$\frac{\Delta G}{G} = \sqrt{\left(\frac{\partial \ln G}{\partial N_{oc}} \cdot \Delta N_{oc}\right)^2 + \left(\frac{\partial \ln G}{\partial d_{in}} \cdot \Delta d\right)^2 + \left(\frac{\partial \ln G}{\partial d_{out}} \cdot \Delta d\right)^2} \tag{2.11}$$

不同 Δd 和 $\Delta N_{oc}/N_{oc}$ 情况下的渗透风量计算误差如图 2.3 所示。室内外含湿量差越大，造成的渗透风量相对误差越小。基于本研究的测量精度($\Delta d = 0.28$ g/kg，$\Delta N_{oc}/N_{oc} = 5\%$)，为了使渗透风量相对误差低于 20% 和 10%，室内外含湿量差分别需要大于 2.1 g/kg 和 4.6 g/kg。

采用 H_2O 示踪气体法也存在系统误差和缺陷：①由于实测中无法控制室内含湿量，因此仅能根据实测数据选取室内含湿量近似不变的时段用于计算；②布置的测点是否可以体现室内含湿量的场分布特征，并计算得到准确的平均室内含湿量；③室内存在其他 H_2O 的源(空调加湿、餐饮)和汇(空调除湿、结露)，难以进行估计。尤其是当空调系统开启除湿功能时(如夏季供冷工况)，由于除湿量难以准确测量，该方法将不再适用。

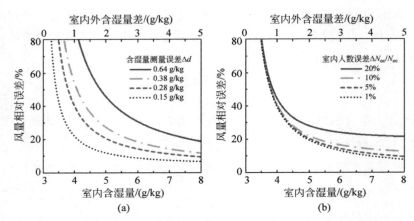

图 2.3　采用 H_2O 示踪气体法的渗透风量计算误差（室外取 3 g/kg）

（a）不同仪器精度（人数误差 5%）；（b）不同人数误差（仪器误差 0.28 g/kg）

2.2.3　CFD 模拟法

采用 CFD 模拟方法也可以计算出交通建筑高大空间的渗透风量。该方法要求以实地测量的边界条件作为输入，如壁面温度/热流、室内热源、空调系统参数等。其中各类建筑开口需设定为压力边界条件，从而通过模型计算出渗透风量。为了确保 CFD 模拟结果的准确性，需要结合实测结果进行模型检验，如检验室内温度分布、压力分布、空气流动特征等。

采用 CFD 模拟方法可以得到最完整的室内参数，展现渗透风的流动特征；同时适用性更广，填补了上述两种方法无法适用的情景，如低风速情景、低室内外浓度差情景、夏季供冷除湿工况等。但是该方法计算得到的渗透风量也存在一定误差，同时难以定量描述：①边界条件测量误差会作用在计算得到的渗透风量上；②CFD 模拟不可避免地要采用各类计算模型和假设条件；③难以将缝隙等所有开口均设置在模型中，这给渗透风量的计算带来了系统误差。采用 CFD 模拟的具体计算情况将结合实测案例进行详细分析（详见 2.3.3 节）。

2.2.4　热量平衡校核法

在获得较为准确的渗透风量后，可结合实测数据进行室内热量平衡的校核，进一步确保渗透风量的准确性。式（2.12）为室内热量守恒方程：

$$c_{p,a} m_{a} \frac{\mathrm{d}T_{\mathrm{in}}}{\mathrm{d}\tau} = Q_{\mathrm{oc}} + Q_{\mathrm{L\&E}} + Q_{\mathrm{env}} + Q_{\mathrm{inf}} + Q_{\mathrm{f}} + Q_{\mathrm{AC}} + Q_{\mathrm{sol}} \quad (2.12)$$

其中，$c_{p,a}$ 为空气比热容；m_{a} 为室内空气总质量；T_{in} 为室内空气平均温度（在涉及加湿/除湿时，采用空气焓值进行计算）；τ 为时间；Q_{oc} 为人员负荷；$Q_{\mathrm{L\&E}}$ 为设备和灯光负荷；Q_{env} 为围护结构传热负荷；Q_{inf} 为渗透风负荷；Q_{f} 为机械新风负荷；Q_{AC} 为空调系统的供冷/热量；Q_{sol} 为太阳辐射得热。

将式（2.12）对时间积分，在较长的一段时间内（如 24 h）可认为方程左侧为零，进而可以检验冷热量的平衡。采用热量平衡校核的具体情况将结合实测案例进行详细分析（详见 2.3.3 节）。

综上所述，四种方法（风速测试法、示踪气体法、CFD 模拟法和热量平衡校核法）在测量计算交通建筑高大空间渗透风量时的优势和局限总结如表 2.1 所示。

表 2.1　交通建筑高大空间渗透风测试计算方法对比分析

测试计算方法	优　势	局　限
风速测试法	测量直接、快速，可以清晰地认识渗透风的流动模式	① 通过缝隙流入的风量难以测量； ② 测量开口多时误差大； ③ 测量风速低时误差大； ④ 双向流动等情况可能造成风量测量偏大
示踪气体法（CO_2 和 H_2O）	可将通过缝隙的渗透风量纳入考虑，测量计算得到全空间的换气量	① 室内外浓度差小时误差大； ② 无法使用人工示踪气体，将人员作为源时，需通过大量调研获取室内总人数和人均释放量； ③ 示踪气体均匀性难以保证； ④ 适用情景有限（如室内有多种源/汇时难以逐个进行定量描述、室内浓度难以按照示踪气体法的需求进行控制等）
CFD 模拟法	可得到最完整的室内参数，展现渗透风的流动特征	① 边界条件测量误差会对计算结果产生影响； ② 难以将缝隙等所有开口均设置在模型中； ③ CFD 模型和假设条件，需要实测数据检验
热量平衡校核法	可对别的方法进行校核	① 热惯性的影响； ② 仅能检验一段时间内的渗透风量平均值，无法逐时进行测量

2.3   交通建筑高大空间室内环境和渗透风测试

2.3.1   测试调研案例

　　为了揭示交通建筑高大空间的渗透风特征,笔者对我国典型交通建筑建筑开展了广泛的实地测试和文献调研。其中共包含 23 座机场(33 座航站楼)和 3 座高铁客站,其地理位置分布如图 2.4 所示(图中字母后的数字表示机场中被调研航站楼的数量),其基本信息、空调系统形式及设计参数如表 2.2 所示。研究案例覆盖了我国 5 个典型的气候区,即严寒地区、寒冷地区、夏热冬冷地区、温和地区和夏热冬暖地区。因此,本研究可以较为全面地反映我国高大空间交通建筑空调系统的设计运行情况和热湿环境的营造现状,为交通建筑高大空间渗透风特征的深入研究奠定基础。

图 2.4   交通建筑研究案例分布图

表 2.2　交通建筑研究案例的基本信息、空调系统形式及设计参数

编号	气候区	建/改造年份	冷源	热源	高大空间空调末端	$T_{out,c}$/℃	$T_{in,c}$/℃	$\varphi_{in,c}$/%	$Q_{AC,c}$/(W/m²)	$T_{out,h}$/℃	$T_{in,h}$/℃	$\varphi_{in,h}$/%	$Q_{AC,h}$/(W/m²)	G_f/(m³/(h·人))	K_r/(W/(m²·K))	K_g/(W/(m²·K))
A2	严寒	2002	离心机	锅炉	射流送风	33.5	—	—	—	−23.7	—	—	—	—	—	—
A3	严寒	2010	离心机	锅炉	射流送风+辐射地板	33.5	25~26	60	66	−23.7	20	>35	142	20	0.4	2.5
B1	严寒	2005	离心机	锅炉	射流送风	30.5	—	—	42	−24.3	—	—	168	—	—	—
B2	严寒	2018	离心机	锅炉	射流送风	30.5	—	—	44	−24.3	—	—	168	—	—	—
C1[161]	严寒	2018	离心机	锅炉	射流送风	30.7	26	65	97	−27.1	18	40	201	10	—	—
D1	寒冷	1980	离心机	锅炉	射流送风	33.5	26	—	132	−9.9	—	—	183	—	—	—
D2	寒冷	1999	离心机	锅炉	射流送风	33.5	26	—	132	−9.9	—	—	183	—	0.8	4.8
D3	寒冷	2008	离心机	锅炉	射流送风	33.5	26	35~60	149	−9.9	20	35~60	64	30	0.6	1.9
E2	寒冷	2003	离心机+冰蓄冷	城市热网	射流送风	35.0	25	55~60	176	−5.7	21	40	192	15~20	0.6	5.8
E3	寒冷	2012	离心机+冰蓄冷+热泵型溶液调湿机组	城市热网	置换通风+辐射地板	35.0	25~26	50~60	160	−5.7	20~21	35~45	120	25	0.55	2.3
F1	寒冷	2015	离心机	锅炉	射流送风	31.1	26	60	128	−8.1	18~20	35	110	10~25	—	—

续表

编号	气候区	建/改造年份	冷源	热源	高大空间空调末端	$T_{out,c}$/℃	$T_{in,c}$/℃	$\varphi_{in,c}$/%	$Q_{AC,c}$/(W/m²)	$T_{out,h}$/℃	$T_{in,h}$/℃	$\varphi_{in,h}$/%	$Q_{AC,h}$/(W/m²)	G_f/(m³/(h·人))	K_t/(W/(m²·K))	K_g/(W/(m²·K))
G2[162]	寒冷	2014	直燃机	锅炉+直燃机	射流送风	33.9	25~26	60	147	-9.6	20	>30	144	—	—	—
H1[28]	寒冷	2004	离心机	锅炉	射流送风	29.4	—	—	109	-7.2	20	—	128	—	—	—
H2[28]	寒冷	2007	离心机	锅炉	射流送风	29.4	—	—	137	-7.2	—	—	128	—	—	—
I1[163]	寒冷	2012	离心机	城市热网	射流送风	29.0	26	65	140	-13.0	20	N/A	115	30	—	—
J2[164]	寒冷	2018	吸收机	锅炉	射流送风	31.2	23~27	45~65	98	-17.3	20~24	40~60	180	—	—	—
K1[165]	寒冷	2004	空气源热泵	空气源热泵	射流送风	24.1	N/A	N/A	N/A	-7.6	17~20	40	136	25	0.55	2.3
L1[166]	寒冷	2010	地下水源热泵+太阳能集热器	地下水源热泵+太阳能集热器	辐射地板	22.6	N/A	N/A	N/A	-9.1	—	—	169	—	—	—
M1	夏热冬冷	2001	吸收机	锅炉	射流送风	31.8	26	60	206	1.0	20~22	45~60	86	≤30	—	—
M2	夏热冬冷	2012	离心机+直燃机	直燃机	射流送风	31.8	26	60	166	1.0	20	N/A	65	20~30	0.377	2.5
N2	夏热冬冷	2010	离心机	锅炉	射流送风	35.5	—	—	151	2.2	—	—	55	—	—	—

续表

编号	气候区	建改年份	冷源	热源	高大空间空调末端	$T_{out,c}$/℃	$T_{in,c}$/℃	$\varphi_{in,c}$/%	$Q_{AC,c}$/(W/m²)	$T_{out,h}$/℃	$T_{in,h}$/℃	$\varphi_{in,h}$/%	$Q_{AC,h}$/(W/m²)	G_f/(m³/(h·人))	K_r/(W/(m²·K))	K_g/(W/(m²·K))
O2	夏热冬冷	2014	离心机+水蓄冷	锅炉	射流送风	34.8	25	60	146	−4.1	18~22	N/A	95	20~30	0.52	2
P1	夏热冬冷	2016	离心机+吸收机	锅炉+热电联产	射流送风	34.4	25	60	189	−2.2	18~22	N/A	148	17~20	0.6	2.8
P2	夏热冬冷	2008	离心机+水蓄冷	锅炉	射流送风	34.4	25	60	180	−2.2	18~22	N/A	122	20~30	0.33	2.8
Q1	夏热冬冷	2018	离心机	锅炉	射流送风	34.4	—	—	149	−2.2	—	—	94	20~30	0.49	2.5
Q2	夏热冬冷	2010	离心机+水蓄冷	锅炉	射流送风	34.4	—	—	228	−2.2	—	—	118	—	0.435	2.25
R1[29]	夏热冬冷	2000	离心机	锅炉	射流送风	35.6	—	—	216	−2.4	—	—	130	—	—	—
R3[29]	夏热冬冷	2012	离心机	锅炉	射流送风	35.6	—	—	199	−2.4	—	—	106	—	—	—
S1	温和	2012	离心机+水蓄冷	锅炉	射流送风	26.2	26	≤55	95	0.9	20	N/A	48	25~30	0.353	3.4

续表

编号	气候区	建/改造年份	冷源	热源	高大空间空调末端	$T_{out,c}$ ℃	$T_{in,c}$ ℃	$\varphi_{in,c}$ %	$Q_{AC,c}$ (W/m²)	$T_{out,h}$ ℃	$T_{in,h}$ ℃	$\varphi_{in,h}$ %	$Q_{AC,h}$ (W/m²)	G_f m³/(h·人)	K_r /W/(m²·K)	K_g W/(m²·K)
T1	温和	2011	地下水源热泵		射流送风	30.7	25	55~60	124	2.0	18~20	>45	89	20~30	0.75	2.5
U4	夏热冬暖	2014	离心机	N/A	射流送风	33.5	24~26	≤60	179	6.6	N/A	N/A	N/A	20	0.8	3.5
V1[167]	夏热冬暖	2004	离心机	N/A	射流送风	34.2	25~26	60~65	169	5.2	N/A	N/A	N/A	20	0.36	4.0
W3[168]	夏热冬暖	2013	离心机+水蓄冷	N/A	射流送风	33.7	26	≤55	152	6.0	N/A	N/A	N/A	25~30	0.4	3.5
X	寒冷	2011	离心机	城市热网	射流送风	35.0	26	N/A	—	-5.7	18	N/A	—	5	0.35	2.2
Y	夏热冬冷	2017	空气源热泵+热泵型溶液调湿机组		射流送风	35.5	26	60~65	242	2.2	18	40	85	10~20	0.4	2.2
Z[31]	夏热冬冷	2009	离心机	锅炉	射流送风	35.2	26~28	50~65	—	-2.6	18~20	N/A	—	8	0.44	1.7

注：（1）A～W 为机场航站楼，X～Z 为高铁客站；A2 和 A3 分别表示机场 A 的 T2 和 T3 航站楼。（2）所列冷、热源和空调末端均为交通建筑高大空间中的主要形式，不包含局部保障区域（如数据机房、办公室、货运区等）。（3）符号：下标 c 和 h 分别表示供冷季和供暖季，Q_{AC} 为暖通空调负荷，T_{out} 为室外设计温度（取所在城市的设计参数），T_{in} 和 φ_{in} 分别为高大空间室内设计温度和相对湿度，G_f 为设计机械新风量，K_r 和 K_g 分别为屋面和玻璃幕墙的围护结构传热系数，"N/A"表示文献中未提及，"—"表示无该系统或该参数不控制。

　　交通建筑的实地测试主要关注典型季节高大空间室内环境和渗透风两部分,具体的测试方法和测量仪器详见附录 B。高大空间室内环境的测试结果能够揭示渗透风的特征和影响,有助于对渗透风量进行准确的测量,也能够为高大空间渗透风理论模型的建立提供数据支撑。

　　本节将首先以图 2.4 和表 2.2 中的 M2 航站楼为例详细分析高大空间室内环境和渗透风实地测试结果。如图 2.5 所示,M2 航站楼的建筑面积为 330 000 m^2,可分为安检外区域(值机大厅、到达大厅、换乘大厅等)和安检内区域(指廊)。安检外区域的建筑面积为 98 000 m^2,其中值机大厅的最大室内高度为 25.4 m(如图 2.5(c)所示),室内最大垂直连通高度约为40 m(B2 层连通至 F4 层,如图 2.5(d)所示)。安检内区域的建筑面积为232 000 m^2,其中候机大厅的室内最大高度为 13.0 m(如图 2.5(e)所示)。笔者主要选取 M2 航站楼的安检外区域作为典型高大空间开展测试,测点

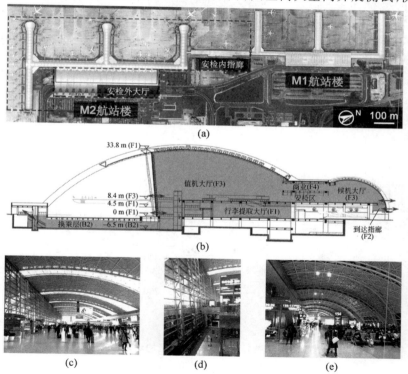

图 2.5　交通建筑高大空间实地测试案例(M2 航站楼)
(a) M 机场航站楼区域俯视图;(b) M2 航站楼剖面图;(c) 安检外区域(值机大厅);
(d) 40 m 垂直连通空间;(e) 安检内区域(候机大厅)

位置详见附录 B。M2 航站楼实地测试的时间分别为 2017 年 1 月、4 月和 7 月,分别代表冬季、过渡季和夏季。在 3 次测试中,空调系统的运行模式分别为全回风供暖(机械新风关闭)、全新风+自然通风和最小新风供冷。

在此基础上,其余交通建筑案例采用类似方法进行测试。通过多个案例测试结果的对比分析,本节将总结交通建筑高大空间室内环境和渗透风的一般性特征。

2.3.2　高大空间室内环境测试结果

图 2.6 给出了 M2 航站楼各楼层人员活动区的环境参数,图中数据取 11:00—13:00 测试结果的平均值。在 3 个季节中,各测点的空气温度和黑球温度差值分别在 $-0.1\sim0.5$ K、$0\sim0.4$ K 和 $0\sim0.9$ K,因此长波辐射对室内热环境的影响较小。如图 2.6(a)所示,夏季和过渡季各楼层的空气温度较为均匀;然而冬季呈现出了明显的温度梯度(从 B2 层的 10.4℃升至 F4 层的 21.3℃),体现出冷空气从低楼层渗透进入室内的现象。不同季节各楼层的含湿量较为均匀,由于夏季空调供冷除湿,此时室内值显著低于室外值。各楼层的室内 CO_2 浓度没有呈现明显的分层规律,3 个季节的平均值分别为 5.07×10^{-3}、5.32×10^{-3} 和 6.48×10^{-3}。由于该区域的室内总人数在 3 个季节的测试中相近(详见图 A.7(a)),因此室内平均 CO_2 浓度可以体现出新风量的大小关系:冬季(机械新风关闭,均为渗透风)显著高于夏季(机械新风最小开度+渗透风),甚至略高于过渡季(机械新风全开+自然通风)。

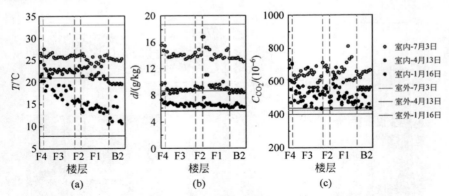

图 2.6　M2 航站楼室内各楼层人员活动区的环境参数(见文前彩图)
(a) 空气温度; (b) 含湿量; (c) CO_2 浓度

垂直连通空间的温度分层现象能够体现渗透风的流动特征。图 2.7 给

出了 M2 航站楼中 40 m 垂直连通空间内环境参数的多日连续变化情况
（图 B.2 中的测点 A）。在冬季，标高 3 m 以下空间的空气温度随室外值波
动；标高 13 m 以上空间的空气温度在早晨空调开启后（约 5:00）迅速上
升，之后保持稳定，直至夜间空调关闭后（约 23:00）逐渐下降。由此可见，
空调系统供给的低密度热空气上升至空间上部，而室外冷空气通过底部开
口进入室内。在夏季，空调系统供给的高密度冷空气下沉至空间底部，因此
B2 层空气温度稳定维持在 25.2℃左右；而上部空间的空气温度以 1 h 左
右的延迟随室外温度波动，在 8:00—18:00 不断上升，并在接下来的夜晚时
间不断下降。由于太阳辐射造成了高温屋面，因此上部空气温度高于室外
值。在过渡季，不同高度空气温度波动情况与夏季类似，而延迟时间缩短为
约 0.5 h，波动幅度有所降低。冬季和过渡季的室内含湿量略高于室外值，
而由于夏季空调系统用于供冷除湿，因此室内含湿量明显低于室外值。

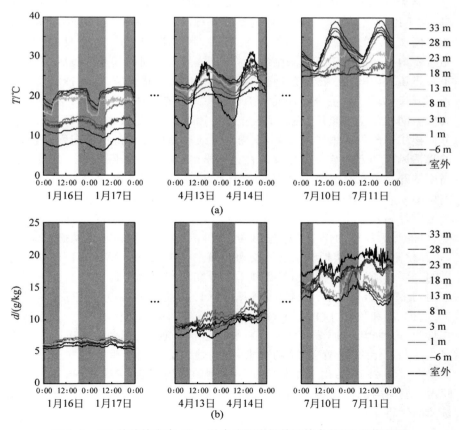

图 2.7　M2 航站楼室内 40 m 垂直连通空间的环境参数（见文前彩图）

（a）空气温度；（b）含湿量

通过对比多个实测案例的室内垂直温度分布,可总结得到高大空间室内环境的特征。冬季和夏季的测试结果分别如图 2.8 和图 2.9 所示,其中色块区域表示设计阶段认为的空调控制区。在冬季渗透风的影响下,采用射流送风的高大空间呈现出显著的热分层现象。空调控制区内垂直方向的温度往往不均匀且低于设计温度;然而空调控制区以上空间的温度较高且较为均匀。而采用辐射地板供暖的案例(E3 和 L1)有所不同,即使有渗透风的影响,室内垂直方向的温度依旧呈现均匀分布。在夏季渗透风的影响下,采用不同空调末端的高大空间均呈现出显著的热分层现象。其中由于射流送风的冷空气下沉作用,空调控制区内垂直方向的温度较为均匀;而采用辐射地板供冷案例(E3)的垂直温度梯度最大。另外,由于太阳辐射的作用,夏季空间顶部温度往往高于室外温度。

2.3.3 高大空间渗透风测试结果

高大空间室内环境的测试结果体现了渗透风的流动特征具有季节性差异,而采用微压差计测量室内外压差的分布,可以直观展现渗透风的流动模式。图 2.10 给出了 2017 年 1 月 17 日、4 月 14 日和 7 月 10 日日间 M2 航站楼室内外压差的垂直分布情况。在冬季,高大空间底部呈现负压,而顶部呈现正压。因此,室外空气通过各楼层的外门渗透进入室内,室内空气通过顶部开口(如天窗、检修门、缝隙等)流向室外。在夏季,由于室内空调供冷,高大空间顶部呈现负压,底部呈现正压。因此,室外空气通过顶部开口和部分高楼层的外门渗透进入室内,室内空气通过低楼层的外门流向室外,此时的渗透风流动方向与冬季相反。在过渡季,由于室内外压差较小,因此各个高度的开口上没有呈现出主导的空气流动方向。综上所述,M2 航站楼的测试结果表明:渗透风在冬夏季呈现热压主导的流动模式;而在过渡季由于室内外温差较小,热压驱动力较弱,因此流动模式将不再以热压作为主导,可能受到风压的作用而呈现出同一开口上空气双向流动的状态。

M2 航站楼的实地测试表明交通建筑中各类长时间开启的开口是渗透风的主要流通通道。图 2.11 给出了本研究实测案例中四座交通建筑高大空间的主要开口情况,可分为底部开口(如各楼层开启的外门、行李转盘开口、通道等)和顶部开口(如天窗、顶部检修门、围护结构缝隙等)。其中行李转盘开口、通道、围护结构缝隙等一般处于常开状态。此外,由于巨大的旅客流量和近年来"前置安检"的要求,交通建筑的外门频繁开启甚至处于常开状态。图 2.12 给出了本研究实测案例的外门开启/关闭情况,其开启时间占运营总时间的比例平均为 86.7%。因此,对交通建筑高大空间渗透风量的测试将主要关注其底部开口和顶部开口。

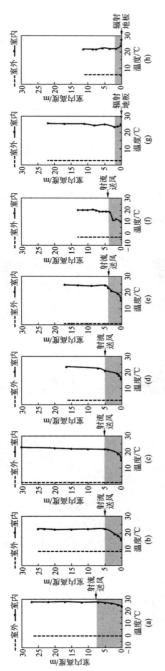

图 2.8　交通建筑高大空间冬季室内垂直温度分布实测结果

(a) A3；(b) M2；(c) X；(d) R1；(e) E2；(f) K1；(g) E3；(h) L1

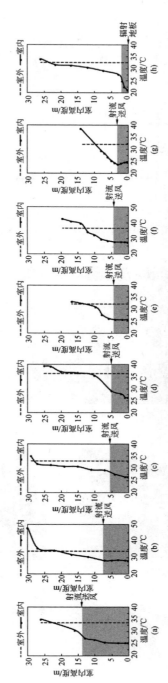

图 2.9　交通建筑高大空间夏季室内垂直温度分布实测结果

(a) D2；(b) A3；(c) D3；(d) M2；(e) E2；(f) Y；(g) M1；(h) E3

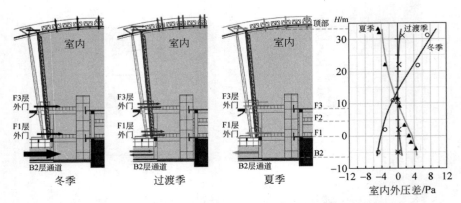

图 2.10　M2 航站楼典型季节渗透风流动模式及室内外压差垂直分布

各层开启的外门(棉风帘)　　　　　顶部以缝隙为主(未见明显开口)

(a)

各层开启的外门　　　　行李转盘开口　　　　顶部常开的天窗

(b)

图 2.11　交通建筑高大空间中常见的底部和顶部开口

(a) A3；(b) E2；(c) E3；(d) M2

各层开启的外门　　　行李转盘开口　　　常开的侧高窗

(c)

各层开启的外门　底层通往停车场的通道　顶部常开的检修门　顶部常开的天窗

(d)

图 2.11　（续）

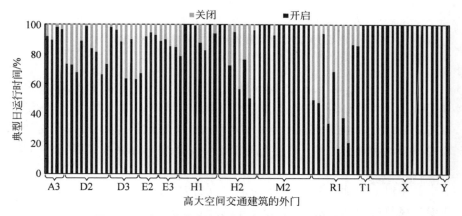

图 2.12　交通建筑高大空间外门累积开启/关闭时间

2.3.3.1　风速测量法

在明确渗透风的流动模式和各类主要开口后,笔者首先采用风速测量法计算渗透风量。图 2.13 给出了 M2 航站楼各楼层外门上的空气流速和流向(正表示流入室内,负表示流向室外),箱线图表示流速的最大值、最小值和上、下四分位数值,测试分别在 3 个季节的日间工况和夜间工况开展。在机场运营时间内各外门常开,在夜间非运营时间内部分开启。空气流向测试结果与图 2.10 所示压力测试结果吻合良好,可将空气流速测试结果代入式(2.1)计算空气渗入量(G_{inf})和渗出量(G_{exf})。

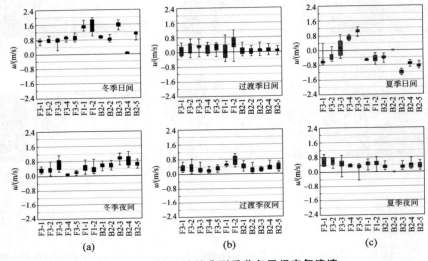

图 2.13　M2 航站楼典型季节各层门空气流速

(a) 冬季;(b) 过渡季;(c) 夏季

此外,笔者测量了 3 个季节机场运营时间内的实际机械新排风量(G_f 和 G_e):冬季无机械新风,过渡季机械新风量为 20.4×10^4 m³/h,夏季机械新风量为 6.8×10^4 m³/h;3 个季节的机械排风量大致相同(8.4×10^4 m³/h),均源于餐饮和厕所排风;而在夜间非运营时间,空调系统关闭,机械新排风量均为 0。

基于以上测试结果,可利用交通建筑高大空间的空气流量平衡方程确定渗透风量(详见式(2.1))。以冬季为例,M2 航站楼日间空气流量平衡结果如图 2.14(d)所示。其中,室外空气通过底部开口流入共 69.8×10^4 m³/h(换气次数 0.67 h⁻¹),室内空气通过顶部开口及机械排风流出共 58.8×10^4 m³/h。高大空间内空气流量的不平衡率为 15.8%,主要源于顶部各类难以测量的围护结构缝隙导致的室内空气流出。类似的风量平衡校核也在其余测试案例中开展,结果如图 2.14 所示。通过风速测量法得到的 M2 航站楼各季节渗透风量如表 2.3 所示,测量相对误差为 5%~18%。

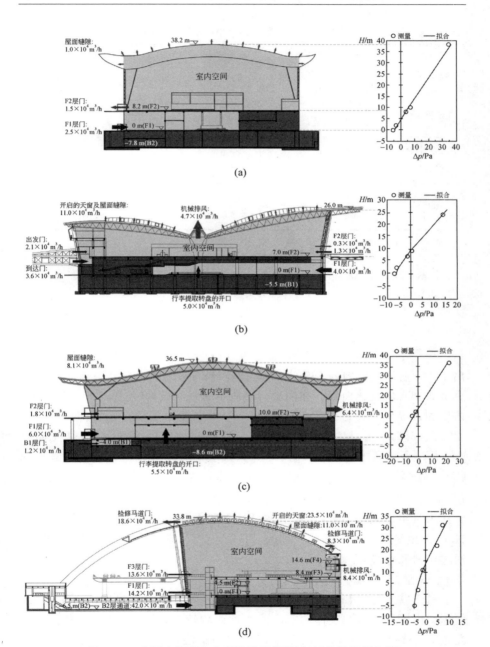

图 2.14　交通建筑高大空间风量平衡测试（以冬季日间为例）

（a）A3；（b）E2；（c）E3；（d）M2；$\Delta p = p_{in} - p_{out}$

表 2.3　M2 航站楼渗透风量实测结果(风速测量法和示踪气体法)

G_{inf} /(10^4 m³/h)	冬季(1 月 17 日)		过渡季(4 月 14 日)		夏季(7 月 10 日)	
	日间	夜间	日间	夜间	日间	夜间
风速测量法①	69.8 (±12.7)	32.3 (±5.9)	12.2 (±2.2)	21.5 (±3.8)	49.1 (±8.8)	19.5 (±3.5)
示踪气体法 (CO_2)②	58.6 (±42.8)	—	17.7 (±21.0)	—	45.8 (±33.1)	—
示踪气体法 (H_2O)③	36.6 (±27.4)	—	19.3 (±38.9)	—		

注:"—"表示无法通过该方法测量。

① 基于式(2.3),仅表示风速测量造成的误差;

② 基于式(2.6),示踪气体法测得 G_{oa},需根据 $G_{inf}=G_{oa}-G_f$ 计算渗透风量;

③ 基于式(2.8),示踪气体法测得 G_{oa},需根据 $G_{inf}=G_{oa}-G_f$ 计算渗透风量。

2.3.3.2　示踪气体法

接下来尝试采用示踪气体法(CO_2 和 H_2O)测量渗透风量。图 2.15 给出了 M2 航站楼室内外 CO_2 浓度差、室内外含湿量差和室内总人数在 3 个季节典型日的变化曲线。在阴影区域所示的时间段内(均不小于 3 h),CO_2 浓度和含湿量均较为稳定,近似满足 2.2.2 节要求的恒定浓度假设。为了获得式(2.6)的输入参数,需要调研交通建筑的室内人员组成(详见附录 A),并结合身高体重统计数据[169]计算人员平均代谢率[170],据此计算人均 CO_2 释放量(r_{CO_2})[171]。通过调研和计算发现,r_{CO_2} 在 3 个季节中较为类似,最终均取为 10.58 mg/s。为了获得式(2.8)的输入参数,同样需要基于上述人员组成调研结果,参考空调设计手册中的人员潜热发热量计算人均 H_2O 产生量(r_d)[172-173]。r_d 与室内温度有关,因此 3 个季节取值不同。通过调研和计算,冬季 r_d 取为 28.50 mg/s,过渡季 r_d 取为 38.09 mg/s,夏季 r_d 取为 46.28 mg/s。

基于以上输入参数,采用两种示踪气体法测量渗透风量的结果如表 2.3 所示。由于两种示踪气体的室内外浓度差均较低,渗透风量的测量相对误差达到 55%~98%,明显高于采用风速测量法的相对误差(5%~18%)。因此,在目前的室内 CO_2 浓度和含湿量水平下,上述示踪气体法无法适用于交通建筑高大空间的渗透风量测量。

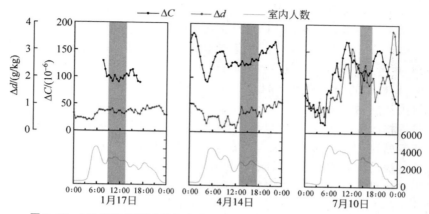

图 2.15　M2 航站楼测试期间室内外示踪气体浓度差及室内总人数变化

其中 $\Delta d = |d_{in} - d_{out}|$，$\Delta C = |C_{in} - C_{out}|$

2.3.3.3　CFD 模拟法

接下来采用 CFD 模拟法计算渗透风量。基于建筑的对称性,M2 航站楼的室内 CFD 模型如图 2.16(a)所示。该模型采用暖通空调领域常用的 CFD 模拟软件 Airpak 3.0.16 建立[174],模型尺寸为宽 75.0 m(x)×高 41.3 m(y)×长 70 m(z),其中垂直于 z 方向的南北两侧端面设为对称边界。将直接与室外连通的开口建立在模型中,并设定为压力边界,具体如下:B2 层有两个通道开口,F1 层和 F3 层分别有两个和 1 个外门开口,东西两侧立面的顶部各有 9 个检修门。该模型的 6 个计算工况详见表 2.4,包含了 3 个季节

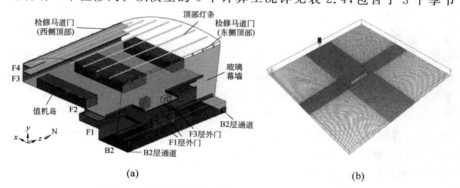

(a)　　　　　　　　　　　　　　　　　　(b)

图 2.16　用于计算渗透风量的 M2 航站楼 CFD 模型

(a)航站楼室内模型(最小重复单元);(b)航站楼室外风场模型

典型日中的日间和夜间工况。各计算工况的边界条件设定详见表 2.5。经过网格无关性检验,室内 CFD 模型采用 189 万棱柱网格进行计算。

　　为了给出各开口上的风压数值,笔者建立了 M2 航站楼室外风场的 CFD 模型,并代入机场区域的气象数据进行模拟计算。如图 2.16(b)所示,室外风场 CFD 模型的计算域为长 3400 m(x)×宽 3400 m(y)×高 200 m(z),计算域内的航站楼建筑尺寸为长 874 m(x)×宽 441 m(y)×高 35.4 m(z)。经过网格无关性检验,室外风场 CFD 模型采用 240 万棱柱网格进行计算。由于航站楼各开口的面积仅占所在立面面积的 0.7% 以下,开口对建筑周围空气流动的影响较小,因此各开口处均取风压的平均值来作为室内 CFD 模型的边界条件,各工况的开口处风压数值详见表 2.4。此外,航站楼开口处连续的客流和各类阻隔设置会增加室内外空气流动的阻力,然而其阻力系数难以直接给出。笔者通过调整各开口的阻力系数来保证室内外压差的模拟结果与实测结果(详见图 2.10)一致,最终确定的开口阻力系数详见表 2.5。

　　基于 1.2.2.4 节对高大空间室内热湿环境 CFD 模拟的文献综述,笔者采用稳态雷诺平均模拟(RANS)方法,湍流模型采用 RNG k-ε 模型,空气密度变化采用 Boussinesq 假设描述,各壁面设定标准壁面函数用于描述近壁面区域的空气流动,求解算法采用 SIMPLE 算法,辐射换热采用 DO 模型描述,能量和浓度的收敛条件为 10^{-6},其余收敛条件为 10^{-3},得到计算结果后检验质量平衡和能量平衡,不平衡率均在 5% 以内。

　　M2 航站楼室内 CFD 模型的检验包括空气流动特征检验、网格无关性检验和实测数据检验。图 2.17 给出了 3 个典型季节日间工况的室内空气流速场,其中冬夏季渗透风的流动模式与图 2.10 中的实测结果相同;同时,值机岛上的空调送风口处也展现出"冬季送热风上浮,夏季送冷风下沉"的非等温射流特征。然而,模拟得到过渡季工况的开口上呈现出低速单向流动,这与实地测试中发现的双向流动存在差别。实际中过渡季热压作用微弱(不大于 1 Pa),室外风、客流等因素可能会扰动开口上的空气从而造成双向流动,上述现象在目前的稳态雷诺平均模拟中难以得到体现。因此,采用上述 CFD 模拟方法描述冬夏季的渗透风流动较为可信,然而无法适用于过渡季的情景。图 2.18 给出了表 2.4 中 6 个工况的室内温度场,并将实测结果、普通网格(189 万)计算结果、加密网格(352 万)计算结果进行比较。两套网格计算室内温度的均方根偏差为 0.3~0.4℃(最大偏差为 1.1℃),可认为满足网格无关性要求。普通网格计算的室内温度和实测值的均方根偏差为 0.4~0.9℃(最大偏差为 1.5℃),因此采用普通网格可较准确地描述冬夏季高大空间室内的空气流动和热分层现象。

表 2.4　M2 航站楼室内 CFD 模型计算工况设定

工况编号	测试时间	T_{out} /℃	$q_{sol.out}$ /(W/m²)	$q_{sol.in}$ /(W/m²)	u_w /(m/s)	α/(°)①	室外 CFD 模型计算得到的空气流通通道上的风压数值/Pa				
							B2 层通道	F1 层外门	F3 层外门	东侧顶部门	西侧顶部门
Case 1-day	1 月 17 日 日间	8.4	35	2	1.2	-46	0.34	0.23	0.25	-0.18	-0.08
Case 1-night	1 月 17 日 夜间	7.3	0	0	0.9	-113	-0.08	-0.10	-0.13	-0.16	-0.03
Case 4-day	4 月 14 日 日间	23.8	86	4	0.5	-79	0.29	0.23	0.25	-0.18	-0.10
Case 4-night	4 月 14 日 夜间	14.2	0	0	2.5	-45	1.32	1.04	1.15	-0.84	-0.34
Case 7-day	7 月 10 日 日间	33.5	854	35	1.1	-68	0.06	0.06	0.05	-0.06	-0.05
Case 7-night	7 月 10 日 夜间	25.7	0	0	1.5	-91	-0.13	-0.09	-0.10	-0.11	-0.08

① α 为风向与空气流通通道开口面法向的夹角,0°表示室外风垂直朝向开口面,负值表示顺时针方向。

表 2.5　M2 航站楼室内 CFD 模型边界条件

		Case 1-day	Case 4-day	Case 7-day	Case 1-night	Case 4-night	Case 7-night
暖通空调系统	送风(含新风)	$T_s=30℃$	$T_s=23.8℃$	$T_s=18℃$		—	
		F4: 1.0万 m³/h	F4: 0.2万 m³/h	F4: 1.1 万 m³/h			
		F3: 24.2万 m³/h	F3: 4.3 万 m³/h	F3: 25.4 万 m³/h			
		F2:1.0万 m³/h	F2:0.2 万 m³/h	F2:1.1 万 m³/h			
		F1: 0.4万 m³/h	F1: 0.1 万 m³/h	F1: 0.5 万 m³/h			
		B2: 1.0万 m³/h	B2: 0.2 万 m³/h	B2: 1.1 万 m³/h			
		无机械新风	全新风	最小新风(5%)			
	回风	回风量等于送风减去新风					
	排风	1×10^4 m³/h,通过 F3 层和 F4 层的回风口					
开口	F3层外门	1个,4.5 m×3.2 m,定压力(来自室外模型),ζ=7.5			1 个,1 m×3.2 m,定压力(来自室外模型),ζ=7.5		
	F1层外门	2个,4.5 m×3.2 m,定压力(来自室外模型),ζ=11.5			2 个,2 m×3.2 m,定压力(来自室外模型),ζ=11.5		
	B2层通道	2 个,2.8 m×2.9 m,压力出口条件(来自室外)					
	东侧顶部部门	9 个,0.6 m×1.6 m,压力出口条件(来自室外),ζ=0.3					
	西侧顶部部门	9 个,0.5 m×0.5 m,压力出口条件(来自室外),ζ=0.1					
壁面和地面	南/北侧端面	对称					
	东侧玻璃幕墙	定室外温度和玻璃幕墙端传热系数,2.5 W/(m²·℃)(单位:W/m²,取面面积)					
	地面	定热流,代表近地面人员和设备产热					
		F4: 14,F3: 12,F2: 5,F1: 15,B2:1			F4: 3,F3: 5,F2: 10,F1: 15,B2: 1		
		19.5℃	26℃	44℃	23.5℃	22℃	30℃
	屋面	绝热					
	其余内壁面	绝热					
热源	顶部灯条	7 条,每条 25 kW			7 条,每条 30 kW		
	值机岛	10 W/m²(取面面积)			5 W/m²(取表面积)		

注:室外空气参数如表 2.4 所示。

ζ 为空气流通通道的阻力系数,满足 $\triangle p=\zeta\rho u^2/2$。

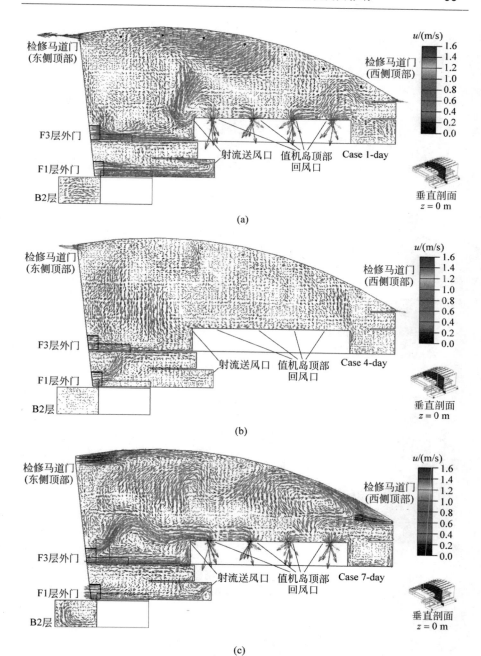

图 2.17　M2 航站楼室内流速场模拟结果（见文前彩图）

（a）冬季；（b）过渡季；（c）夏季

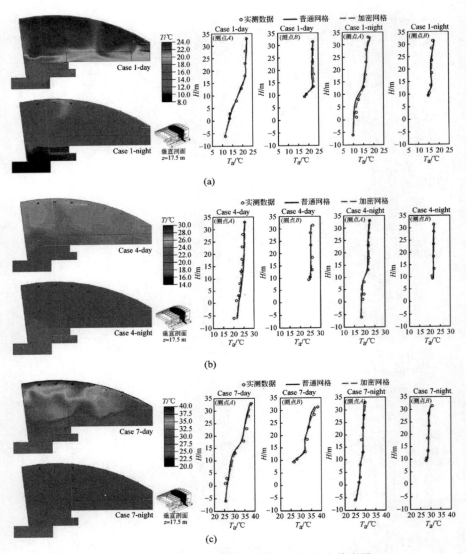

图 2.18　M2 航站楼室内温度场模拟结果（见文前彩图）

(a) 冬季；(b) 过渡季；(c) 夏季

综上所述，采用风速测量法、示踪气体法（CO_2 和 H_2O）和 CFD 模拟法对典型工况下 M2 航站楼高大空间渗透风进行测量的计算结果汇总如图 2.19所示。由于渗透风风速较大，采用风速测量法造成的渗透风量测量误差相对可以接受（5%～18%）。采用 CFD 模拟法可以很好地体现冬夏季各楼层外门上的空气流动方向，尤其是夏季日间工况，当热压中和面位于 F3 层外门内时的双向流动现象，如图 2.19(a)所示。然而，风速测量法测得的渗透风量在冬季和夏季分别比 CFD 模拟结果大 10%~18% 和 29%~34%，有两个原因可能造成以上结果：①测试中的渗透风流动方向不是时刻垂直于开口的方向；②开口处湍流作用使进入室内的部分空气直接流向室外，尤其可能体现在夏季日间工况 F3 层楼外门出现双向流动时。风速测量法造成风量略有高估的现象及其解释在研究单侧通风的文献中也有提及[79]。

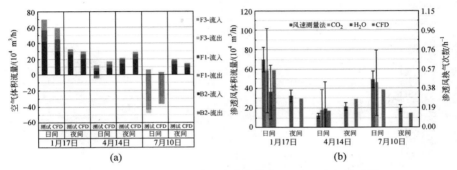

图 2.19　M2 航站楼渗透风测量计算结果汇总（见文前彩图）

(a) 不同楼层渗透风量；(b) 不同方法测量计算渗透风量对比

　　M2 航站楼的渗透风量大，造成了室内外 CO_2 浓度差和含湿量差小，此时采用示踪气体法会造成非常大的测量误差（55%~98%），如图 2.19(b)所示。然而，如果能够在现有室内人数的基础上有效降低渗透风量，则有可能使示踪气体法在交通建筑高大空间中广泛应用。以 CO_2 为例，在满足室内空气质量要求的前提下[27]，若将室内 CO_2 浓度维持在 800×10^{-6} 或 1000×10^{-6}，基于前文的测量误差分析（详见图 2.2），采用示踪气体法测量渗透风量的相对误差分别为 18% 和 13%。然而实测表明，目前交通建筑的室内 CO_2 浓度多维持在 350×10^{-6}~700×10^{-6}[26]，而冬夏季机械新风系统通常处于关闭或最小开度状态，这表明其中的渗透风量非常巨大，因此有效降低高大空间渗透风量将会对渗透风的准确测量起到积极的作用。

2.3.3.4　热量平衡校核法

　　此外基于 2.2 节的分析，风速测量法和 CFD 模拟方法都忽略了建筑围护结构缝隙造成的渗透风量，因此存在一定的系统误差。为了确认这部分渗透风量是否可被忽略，接下来将采用热量平衡校核法检验前文计算得到的渗透风量。M2 航站楼冬夏季典型日室内热量平衡校核如图 2.20 所示，其中渗透风量采用风速测量法得到的数值代入计算。校核结果显示冬夏季典型日的冷热量不平衡率分别为 2.1% 和 9.3%。由此可见，在交通建筑高大空间中各类明显开口造成的空气流量是总渗透风量的主要组成部分，在此情况下由幕墙缝隙造成的渗透风量可以忽略。虽然目前的测量方法不可避免地存在一定的系统误差，但是考虑到现在尚缺乏高大空间渗透风量的标准测试方法，因此可采用风速测量法结合 CFD 模拟法得到相对较为准确的渗透风量，并将其用于新风换气量的评估和空调负荷的计算。

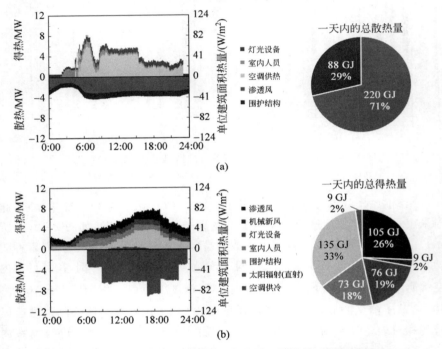

图 2.20　M2 航站楼冬夏季典型日热量平衡校核（见文前彩图）

（a）冬季典型日（1 月 17 日）；（b）夏季典型日（7 月 10 日）

2.3.4　高大空间渗透风的特征

本章接下来将基于上述测量计算数据分析交通建筑高大空间渗透风的特征。不同工况渗透风量的大小关系如图 2.19(b) 所示。渗透风量最大值出现在冬季日间工况（开启供暖），换气次数达 0.56 h^{-1}；其次是夏季日间工况(开启供冷),换气次数达 $0.37\ h^{-1}$。两者均高于各自季节夜间工况的渗透风量,且均高于设计机械新风量($0.20\ h^{-1}$)。在冬夏季日间,空调系统通过供给热量/冷量增加了室内外温差,即增加了渗透风的热压驱动力,因此空调系统很可能会加剧高大空间的渗透风。空调系统对于渗透风热压驱动力的影响将在第 3 章详细分析。再者,渗透风对冬季空调负荷的影响如图 2.20(a)所示,冬季典型日的渗透风负荷占比为 71%,甚至和空调供热量相当(64%)。换言之,假如没有渗透风,理想情况下仅靠内热源发热量可基本抵消围护结构传热量,则 M2 航站楼高大空间可实现"零能耗供暖"。此外由图 2.17(a)可知,冬季渗透风通过外门流入各楼层,直接影响了人员活动区的热舒适状态。借鉴文献中航站楼的热舒适模型[25,175],M2 航站楼冬季日间人员活动区的 PMV 值仅在 $-2.58\sim0.55$(平均值为 -1.2)。对于夏季(详见图 2.20(b)),其典型日渗透风负荷占比(26%)明显低于冬季,此时负荷占比最大的部分为各类内热源产热(37%)和围护结构传热(33%,含太阳辐射加热围护结构的影响)。

　　上述对 M2 航站楼的分析表明,渗透风是交通建筑高大空间空调能耗和室内环境的关键影响因素。应用上述测量计算方法,笔者在多个研究案例中开展了类似工作,发现交通建筑高大空间的渗透风问题普遍存在,其中在冬季尤为突出。表 2.6 汇总了典型交通建筑高大空间冬季渗透风及其影响的实地测试结果:测试期间机械新风系统几乎关闭,长时间开启的外门造成了严重的冬季渗透风现象(换气次数为 $0.06\sim0.56\ h^{-1}$),使得室内 CO_2 浓度维持在极低的水平(平均值为 $478\times10^{-6}\sim682\times10^{-6}$),渗透风耗热量占供热量的比例为 23%~92%。因此有效降低交通建筑高大空间的冬季渗透风将会产生巨大的节能潜力。

表 2.6　交通建筑高大空间冬季渗透风及其影响的实测结果

航站楼编号	A3	D2	E2	E3	M2	H1&H2[28]	R1[29]
室外温度/℃	-0.4	6.0	0.8	2.5	8.9	4.0	2.8
外门开启时间占比/%	94	79	87	88	99	87	55
平均 CO_2 浓度/(10^{-6})	598	654	548	478	507	560	584
机械新风开启情况	关闭	关闭	关闭	关闭	关闭	关闭	关闭
渗透风量/($10^4\ m^3/h$)	2.5	22.3	16.0	14.5	69.8	41.1	11.3
渗透风换气次数/h^{-1}	0.06	0.36	0.45	0.18	0.56	0.41	0.33
渗透风消热量/供热量/%	23	73	70	57	92	76	—

　　上述严重的渗透风问题在高大空间交通建筑的设计阶段是否得到了妥善考虑呢？笔者查阅了我国 26 座机场航站楼的空调系统设计书，并将设计空调负荷的拆分结果汇总如图 2.21 所示。在空调设计阶段，建筑门窗和外围护结构的密闭性通常视为良好，因此渗透风不会被纳入考虑，反而机械新风在空调负荷中占据了很大的比例，冬季为 60%~80%，夏季为 30%~50%。然而，表 2.6 中的实测结果证明了冬季渗透风在实际运行中几乎完全替代了机械新风，而夏季时机械新风系统也多以最小新风档位开启。高大空间交通建筑空调系统的设计和实际运行存在巨大的差别，尤其是其中的渗透风部分亟需深入的理论和应用研究，进而开发出有效的应对方法。

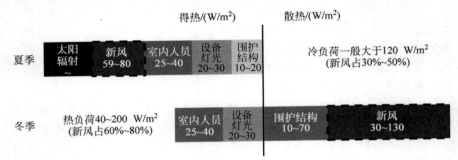

图 2.21　我国 26 座航站楼冬夏季设计空调负荷拆分

2.4　小　　结

　　本章分析了风速测试法、示踪气体法、CFD 模拟法和热量平衡校核法在测量交通建筑高大空间渗透风量时的误差，并应用上述方法对我国典型高大空间交通建筑开展了广泛实测调研（包含 33 座机场航站楼和 3 座高铁客站），结合该类建筑的特征分析上述方法的适用性，揭示交通建筑高大空间中不同季节的渗透风流动特征和风量，分析其对室内环境和空调负荷造成的影响。主要结论如下。

　　（1）交通建筑高大空间的冬夏季渗透风呈现出热压驱动力主导的流动模式。在冬季，室外空气通过各楼层外门进入室内，室内空气通过顶部开口（如天窗、检修门、缝隙等）流向室外。在夏季，由于室内空调供冷，室外空气通过顶部开口和部分高楼层外门进入室内，室内空气通过低楼层外门流向室外。在过渡季，由于室内外压差较小，各个高度的开口上没有呈现出主导的空气流动方向。

（2）高大空间交通建筑的冬夏季渗透风主要由外门、通道、天窗等明显开口造成，开口断面的空气流速大，采用风速测量法结合 CFD 模拟法能够得到较为准确的渗透风量，用于新风换气量的评估和空调负荷的计算。由于目前交通建筑高大空间室内外 CO_2 浓度差和含湿量差均过小，采用以人员作为源的示踪气体法将会造成较大的测量误差。

（3）交通建筑高大空间的渗透风问题普遍存在，在冬季尤为突出。长时间开启的外门（平均开启时间占比为 86.7％）等其余各类常开的开口造成了巨大的渗透风量（换气次数为 0.06～0.56 h^{-1}），机械新风系统几乎关闭，冬季室内 CO_2 浓度维持在极低的水平（平均值为 478×10^{-6} ～ 682×10^{-6}）。渗透风耗热量占供热量的比例为 23％～92％，降低交通建筑高大空间的渗透风将会产生巨大的节能潜力。

第 3 章　热压主导的高大空间渗透风分析

3.1　本 章 引 言

第 2 章实地测试揭示了交通建筑高大空间中热压主导的渗透风对室内环境和空调负荷造成的巨大影响。本章将基于实测和文献数据建立热压主导驱动的高大空间渗透风理论模型，重点在于分析空调系统造成的影响并提出刻画指标；针对供暖和供冷工况分别进行理论推导，得到渗透风量和零压面高度的表达式，并进行模型检验。在此基础上，利用建立的理论模型分析高大空间渗透风热压驱动力的关键影响因素与影响规律。

3.2　理论模型与检验

3.2.1　模型建立

基于第 2 章实测得到的渗透风流动模式，本章将分析高大空间中热压主导的稳态渗透风，分别建立冬季供暖工况和夏季供冷工况的渗透风理论模型，如图 3.1 所示。为了清晰地揭示热压主导渗透风的机理，模型主要分析一个单体高大空间建筑，空间体积为 V。其中与室外连通的空气流通通道仅为底部（下标 b）和顶部（下标 t）两个高度处的开口，两处开口中心位置之间的高度差为 H。以上建筑空间和开口形式在实际高大空间建筑中大量存在[176-178]，同时也在建筑自然通风模型中被广泛采用[132-134,137,140-142]。不同于传统研究中的自然通风，冬夏季渗透风模型需要考虑空调系统造成的影响，主要包含空调箱（AHU）带来的送风、回风、新风和排风，分别用下标 s、r、f 和 e 表示。

在分析高大空间热压主导渗透风的过程中，笔者引入了文献中普遍采用的假设条件来简化模型以突出主要的影响因素。

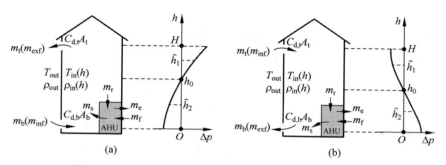

图 3.1　单体高大空间热压主导渗透风理论模型的示意图

(a) 冬季供暖工况；(b) 夏季供冷工况

（1）相比于高大空间建筑的室内高度（一般为 10～40 m），各类开口的高度（一般为 0.5～2.5 m）通常可以忽略，因此假设各类开口上的压力分布均匀且不随高度发生变化[132-134,137,140-143]。

（2）冬夏季建筑室内冷热源形式复杂（包括空调系统、人员、设备、灯光等），如果分别对其进行建模将会大大增加模型的复杂程度，同时无法突出渗透风的关键影响因素，因此假设室内空气温度（及相应空气密度）仅是高度的单值函数，室外空气温度（及相应空气密度）为常数[124,132-137,140-143]。

（3）空调系统的送/回风远离建筑开口，因此假设送/回风的动量不会直接影响建筑开口附近的空气流动[101-102,139]。

（4）采用理想气体假设描述空气温度（单位：K）和密度之间的反比关系，忽略湿度对于空气密度造成的影响[132-137,140-143]。

在上述模型设定和假设条件的基础上，理论模型的基本方程描述如下。考虑空调系统影响的空气质量平衡方程为

$$m_{\text{inf}} + m_{\text{f}} = m_{\text{exf}} + m_{\text{e}} \tag{3.1}$$

其中，m_{inf} 和 m_{exf} 分别为无组织流入和流出空间的空气质量流量；m_{f} 和 m_{e} 分别为空调系统中机械新风和机械排风的空气质量流量。

在热压驱动渗透风流动的情况下，室内外压差 Δp[34] 表示为

$$\Delta p(h) = p_{\text{in}}(h) - p_{\text{out}}(h) = \int_{h_0}^{h} (\rho_{\text{out}} - \rho_{\text{in}}(h)) g \, \mathrm{d}h \tag{3.2}$$

其中，p 为空气压力；ρ 为空气密度；下标 in 和 out 分别表示室内和室外；h_0 为零压面的高度，即 p_{in} 与 p_{out} 相等的位置；g 为重力加速度。式（3.2）

中仅 p_{in} 和 ρ_{in} 为高度 h 的函数。

基于不可压缩流体恒定流动的伯努利方程,建筑底部/顶部开口的空气流量和压差关系如式(3.3)和式(3.4)所示[34]:

$$m_b = C_{d,b} A_b \sqrt{2 \mid \Delta p_b \mid \rho} \qquad (3.3)$$

$$m_t = C_{d,t} A_t \sqrt{2 \mid \Delta p_t \mid \rho} \qquad (3.4)$$

其中,C_d 和 A 分别为开口的无量纲流量系数和面积;下标 b 和 t 分别表示底部开口和顶部开口;此处 ρ 取开口上游的空气密度,即室外空气流入室内时取室外空气密度,室内空气流向室外时取室内空气密度。如图 3.1 所示,由于供暖工况和供冷工况的渗透风流动模式不同,式(3.3)和式(3.4)中的质量流量在冬季供暖工况下,$m_b = m_{inf}$,$m_t = m_{exf}$;在夏季供冷工况下,$m_b = m_{exf}$,$m_t = m_{inf}$。

为了进行不同建筑之间渗透风量的比较,模型中的空气质量流量 m(单位:kg/s)均依据式(3.5)转化为换气次数 a(单位:h^{-1}):

$$a = \frac{3600m}{\rho V} \qquad (3.5)$$

基于上述基本方程,模型可求解高大空间热压主导渗透风的两个关键参数:渗透风换气次数(a_{inf})和零压面高度(h_0),形式上如式(3.6)和式(3.7)所示。

$$a_{inf} = f(V, H, C_{d,b} A_b, C_{d,t} A_t, T_{out}, T_{in}(h), a_f, a_e) \qquad (3.6)$$

$$h_0 = f(V, H, C_{d,b} A_b, C_{d,t} A_t, T_{out}, T_{in}(h), a_f, a_e) \qquad (3.7)$$

其中,室内温度 T_{in} 和室外温度 T_{out} 均取开氏温度(单位:K)。

上述输入参数即为高大空间热压主导渗透风的影响因素,可分为三大类:室外环境(T_{out}),建筑本体(V、H、$C_{d,b} A_b$ 和 $C_{d,t} A_t$)及空调系统(T_{in}、a_f 和 a_e)。区别于传统的自然通风研究,上述影响因素中的"空调系统"部分是研究冬夏季渗透风时需要重点考虑的内容。因此下文将着重刻画空调系统带来的影响,针对供暖工况和供冷工况分别进行理论推导,并给出 a_{inf} 和 h_0 的表达式与计算方法。

3.2.1.1 冬季供暖工况

首先对 a_{inf} 的表达式进行推导。用式(3.2)分别表示 Δp_t 和 Δp_b,通过相加消去 h_0 得到

$$\Delta p_{\text{t}} - \Delta p_{\text{b}} = \int_0^H (\rho_{\text{out}} - \rho_{\text{in}}) \, g \, \mathrm{d}h \tag{3.8}$$

将式(3.3)和式(3.4)代入式(3.8)左侧消去 Δp_{t} 和 Δp_{b}，并用式(3.5)将空气质量流量转化为换气次数；采用理想气体假设将式(3.8)右侧的空气密度转化为空气温度。经上述推导得到

$$\left(\frac{a_{\text{inf}}}{C_{\text{d,b}} A_{\text{b}}} \right)^2 + \left(\frac{a_{\text{inf}} + a_{\text{f}} - a_{\text{e}}}{C_{\text{d,t}} A_{\text{t}}} \right)^2 = \left(\frac{3600}{V} \right)^2 \times 2g\overline{T} \int_0^H \left(\frac{1}{T_{\text{out}}} - \frac{1}{T_{\text{in}}} \right) \mathrm{d}h \tag{3.9}$$

其中，$\overline{T}$ 近似取室内外温度的平均值(单位：K)。

为了刻画空调系统营造的非均匀热环境对渗透风的影响，定义渗透风无量纲热压驱动力 C_{T} 为

$$C_{\text{T}} = \frac{\int_0^H \left(\dfrac{1}{T_{\text{out}}} - \dfrac{1}{T_{\text{in}}} \right) \mathrm{d}h}{\left(\dfrac{1}{T_{\text{out}}} - \dfrac{1}{T_{\text{in,ref}}} \right) H} \approx \frac{\overline{T}_{\text{in}} - T_{\text{out}}}{T_{\text{in,ref}} - T_{\text{out}}} \tag{3.10}$$

无量纲化过程中引入室内参考温度 $T_{\text{in,ref}}$(单位：K)，取为人员活动区温度。坐姿状态为主时，取 0.6 m 高度处的空气温度；站姿状态为主时，取 1.1 m 高度处的空气温度。$T_{\text{in,ref}}$ 体现了空调系统的控制目标，在设计中参考设计规范直接取值，如冬季供暖工况取 293 K(20℃)，夏季供冷工况取 297 K(24℃)；在运行中取实测得到的人员活动区空气温度。为了明晰 C_{T} 的物理意义，可对式(3.10)进行近似推导得到简化表达式，其中 $\overline{T}_{\text{in}}$ 为室内平均温度(单位：K)。由此可见，当 $T_{\text{in,ref}}$ 和 T_{out} 确定时，C_{T} 量化表征了室内热分层的强度：室内垂直方向温度均匀或空气充分混合时，$C_{\text{T}} = 1$；室内热分层越显著($\overline{T}_{\text{in}}$ 与 $T_{\text{in,ref}}$ 的差值越大)，冬季供暖工况的 C_{T} 越大，夏季供冷工况的 C_{T} 越小。

将式(3.10)代入式(3.9)可得到仅含未知数 a_{inf} 的方程，即式(3.11)，进而得到 a_{inf} 的解析表达式，即式(3.12)。

$$X a_{\text{inf}}^2 + Y a_{\text{inf}} + Z - C_{\text{T}} = 0 \tag{3.11}$$

$$a_{\text{inf}} = \frac{-Y + \sqrt{Y^2 - 4X(Z - C_{\text{T}})}}{2X} \tag{3.12}$$

其中，$X = \dfrac{\left(\dfrac{V}{3600 C_{\text{d,t}} A_{\text{t}}} \right)^2 + \left(\dfrac{V}{3600 C_{\text{d,b}} A_{\text{b}}} \right)^2}{2g\overline{T} H \left(\dfrac{1}{T_{\text{out}}} - \dfrac{1}{T_{\text{in,ref}}} \right)}$；$Y = \dfrac{(a_{\text{f}} - a_{\text{e}}) \left(\dfrac{V}{3600 C_{\text{d,t}} A_{\text{t}}} \right)^2}{g\overline{T} H \left(\dfrac{1}{T_{\text{out}}} - \dfrac{1}{T_{\text{in,ref}}} \right)}$；

$$Z = \frac{(a_f - a_e)^2 \left(\dfrac{V}{3600 C_{d,t} A_t}\right)^2}{2g\bar{T}H\left(\dfrac{1}{T_{out}} - \dfrac{1}{T_{in,ref}}\right)}。$$

在式(3.11)和式(3.12)中,空调系统对热压主导渗透风的影响可拆分为两部分:空调末端营造室内环境造成的热压作用(C_T)和机械新排风造成的机械作用($a_f - a_e$)。其中 C_T 为方程常数项的一部分,$a_f - a_e$ 体现在系数 Y 和 Z 中。若室内温度均匀且机械新排风平衡(或无机械新排风),则 Y 和 Z 均等于 0,$C_T = 1$,式(3.11)和式(3.12)退化为传统研究中均匀混合自然通风情景的通风量表达式[140]。

接下来对 h_0 的表达式进行推导。将式(3.3)和式(3.4)代入式(3.1)消去 m_{inf} 和 m_{exf},得到

$$
\begin{aligned}
C_{d,t} A_t \sqrt{2 \mid \Delta p_t \mid \rho_{in}(H)} &= C_{d,b} A_b \sqrt{2 \mid \Delta p_b \mid \rho_{out}} + (m_f - m_e) \\
&= K_a C_{d,b} A_b \sqrt{2 \mid \Delta p_b \mid \rho_{out}}
\end{aligned}
$$

$$(3.13)$$

其中,定义机械新排风量不等无量纲系数 $K_a = m_t / m_b$(依据图 3.1(a),供暖工况下为 $(m_{inf} + m_f - m_e)/m_{inf}$),可通过输入参数 a_f、a_e 和式(3.12)得到的 a_{inf} 计算确定。

用式(3.2)分别表示 Δp_t 和 Δp_b,并将其代入式(3.13),再采用理想气体假设将其中的空气密度转化为空气温度,整理得到

$$\frac{1}{K_a} \frac{C_{d,t} A_t}{C_{d,b} A_b} \sqrt{\frac{\displaystyle\int_{h_0}^{H} \left(\frac{1}{T_{out}} - \frac{1}{T_{in}}\right) dh \cdot T_{out}}{\displaystyle\int_{0}^{h_0} \left(\frac{1}{T_{out}} - \frac{1}{T_{in}}\right) dh \cdot T_{in}(H)}} = 1 \qquad (3.14)$$

其中,$T_{in}(H)$ 为 H 高度处的室内空气温度(单位:K)。

用拉格朗日中值定理对式(3.14)中包含函数 $T_{in}(h)$ 的积分项进行改写,得到

$$\frac{1}{K_a} \frac{C_{d,t} A_t}{C_{d,b} A_b} \sqrt{\frac{\dfrac{1}{T_{out}} - \dfrac{1}{T_{in}(\hat{h}_1)}}{\dfrac{1}{T_{out}} - \dfrac{1}{T_{in}(\hat{h}_2)}} \frac{H - h_0}{h_0} \frac{T_{out}}{T_{in}(H)}} = 1 \qquad (3.15)$$

其中,$0 < \hat{h}_2 < h_0 < \hat{h}_1 < H$。

将式(3.15)进一步整理,在机械新排风量不等无量纲系数 K_a 的基础上引入开口无量纲系数 K_{C_d}、垂直温度分布无量纲系数 K_T 和空气密度无量纲系数 K_ρ,则 h_0 的表达式为

$$\frac{h_0}{H-h_0}=\frac{K_{C_d}^2 K_T K_\rho}{K_a^2} \qquad (3.16)$$

其中,$K_a=\dfrac{m_t}{m_b}$; $K_{C_d}=\dfrac{C_{d,t}A_t}{C_{d,b}A_b}$; $K_T=\dfrac{\dfrac{1}{T_{out}}-\dfrac{1}{T_{in}(\hat{h}_1)}}{\dfrac{1}{T_{out}}-\dfrac{1}{T_{in}(\hat{h}_2)}}$; $K_\rho=\dfrac{T_{out}}{T_{in}(H)}$。

当室内垂直方向温度均匀或空气充分混合时,$K_T=1$;当机械新排风平衡(或无机械新排风)时,$K_a=1$;基于第 2 章的实测数据,K_ρ 在冬季供暖工况一般取值为 $0.85\sim0.95$。

基于 a_{inf} 和 h_0 的表达式(式(3.12)和式(3.16)),图 3.2 给出了单体高大空间热压主导渗透风理论模型的计算流程。其中 a_{inf} 可由解析表达式直接计算得到;而由于使用了拉格朗日中值定理,h_0 需通过迭代计算得到。

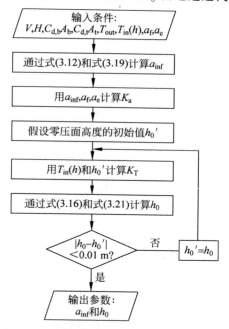

图 3.2　单体高大空间热压主导渗透风理论模型的计算流程

3.2.1.2　夏季供冷工况

首先对 a_{inf} 的表达式进行类似推导。如图 3.1 所示,由于冬夏季渗透风的流动模式不同,供暖工况时的式(3.9)在供冷工况时改写为

$$\left(\frac{a_{inf}+a_f-a_e}{C_{d,b}A_b}\right)^2+\left(\frac{a_{inf}}{C_{d,t}A_t}\right)^2=\left(\frac{3600}{V}\right)^2\times 2g\overline{T}\int_0^H\left(\frac{1}{T_{in}}-\frac{1}{T_{out}}\right)dh$$

(3.17)

将 C_T 的定义式(3.10)代入式(3.17),同样可得到仅含未知数 a_{inf} 的方程,即式(3.18)。进而得到 a_{inf} 的解析表达式,即式(3.19)。

$$Xa_{inf}^2+Ya_{inf}+Z-C_T=0 \tag{3.18}$$

$$a_{inf}=\frac{-Y+\sqrt{Y^2-4X(Z-C_T)}}{2X} \tag{3.19}$$

其中,$X=\dfrac{\left(\dfrac{V}{3600C_{d,t}A_t}\right)^2+\left(\dfrac{V}{3600C_{d,b}A_b}\right)^2}{2g\overline{T}H\left(\dfrac{1}{T_{in,ref}}-\dfrac{1}{T_{out}}\right)}$；$Y=\dfrac{(a_f-a_e)\left(\dfrac{V}{3600C_{d,b}A_b}\right)^2}{g\overline{T}H\left(\dfrac{1}{T_{in,ref}}-\dfrac{1}{T_{out}}\right)}$；

$Z=\dfrac{(a_f-a_e)^2\left(\dfrac{V}{3600C_{d,b}A_b}\right)^2}{2g\overline{T}H\left(\dfrac{1}{T_{in,ref}}-\dfrac{1}{T_{out}}\right)}$。

接下来对 h_0 的表达式进行类似推导。由于冬夏季渗透风的流动模式不同,供暖工况时的式(3.13)在供冷工况时改写为

$$C_{d,t}A_t\sqrt{2|\Delta p_t|\rho_{out}}=C_{d,b}A_b\sqrt{2|\Delta p_b|\rho_{in}(0)}-(m_f-m_e)$$
$$=K_aC_{d,b}A_b\sqrt{2|\Delta p_b|\rho_{in}(0)}$$

(3.20)

其中,K_a 同样定义为 m_t/m_b(依据图 3.1(b),供冷工况下为 $m_{inf}/(m_{inf}+m_f-m_e)$),可通过输入参数 a_f、a_e 和式(3.19)得到的 a_{inf} 计算确定。

类似地对式(3.20)进行整理,供冷工况 h_0 的表达式为

$$\frac{h_0}{H-h_0}=\frac{K_{C_d}^2K_TK_\rho}{K_a^2} \tag{3.21}$$

其中，$K_a = \dfrac{m_t}{m_b}$；$K_{C_d} = \dfrac{C_{d,t} A_t}{C_{d,b} A_b}$；$K_T = \dfrac{\dfrac{1}{T_{out}} - \dfrac{1}{T_{in}(\hat{h}_1)}}{\dfrac{1}{T_{out}} - \dfrac{1}{T_{in}(\hat{h}_2)}}$；$K_\rho = \dfrac{T_{in}(0)}{T_{out}}$。

式(3.21)中 K_ρ 的表达式与供暖工况不同，基于第 2 章的实测数据，供冷工况时 K_ρ 一般取值为 0.94～0.99。

基于 a_{inf} 和 h_0 的表达式(式(3.19)和式(3.21))，供冷工况同样采用图 3.2 所示的计算流程进行计算。

3.2.2　模型检验

本节采用文献中的实测数据和经实测检验的 CFD 模型来检验理论模型及其求解结果的准确性，用于检验的案例包括室内加热工况(冬季供暖工况和自然通风工况)和室内供冷工况，检验的参数为渗透风换气次数 a_{inf} (或通风换气次数 a_{vent})和无量纲零压面高度 h_0/H。

3.2.2.1　实测数据检验

笔者从文献中整理了 22 组实地测试和实验案例用于理论模型的检验。这些案例的建筑和开口特征与本章的理论模型类似，其中空气流动均以热压作为主导驱动力，涉及冬季供暖工况(包含一例室内火灾情景)和自然通风工况。虽然自然通风工况的室内外温差和室内热源与供暖工况均有所不同，但两者的空气流动模式类似(见图 3.1(a))，因此也可用于理论模型的检验。上述案例的基本信息和数据详见表 3.1，检验结果如图 3.3 所示。理论模型可将渗透风换气次数 a_{inf} (或通风换气次数 a_{vent})预测值与测试值的偏差基本控制在 ±15%(最大偏差为 17.2%)，平均绝对值偏差为 8.6%；也可将无量纲零压面高度 h_0/H 预测值与测试值的偏差基本控制在 ±10%(最大偏差为 11.3%)，平均绝对值偏差为 6.1%。以上偏差可能源于测量误差和理论模型的假设条件，如实测中不可避免的室外风影响、室内水平方向的温度分布、采用理想气体假设简化描述空气密度变化、其余难以测量的开口(如缝隙)等。

表 3.1 与理论模型计算结果对比的文献实测案例

文献	建筑类型	高度/m	工况	主要室内热源	C_T	K_a①	K_{C_d}	K_T	K_ρ
Flourentzou 等 (1998)[176]	中庭(楼梯间)	9.1	供暖	平板式散热器	1.22	1	0.95	1.19	0.96
		8.5	供暖	平板式散热器	1.28	1	1.26	1.24	0.95
		8.5	供暖	平板式散热器	1.19	1	1.24	1.17	0.96
		8.5	自然通风	平板式散热器	1.15	1	1.34	1.14	0.97
		8.5	自然通风	平板式散热器	1.15	1	1.28	1.14	0.97
Ding 等 (2004)[177]	中庭(1/25模型)	1.6	供暖(火灾)	底部火源	3.18	1	1.00	1.61	0.91
		1.6	自然通风	安装在内表面的平板式换热器	27.3	1	0.50	9.39	0.96
		1.6	自然通风	安装在内表面的平板式换热器	25.9	1	1.00	6.13	0.96
		1.6	自然通风	安装在内表面的平板式换热器	41.2	1	2.00	4.63	0.96
Saīd 等 (1996)[178]	飞机库	17.1	供暖	安装在地板上的加热盘管	1.28	1	0.54	1.30	0.89
塔里夫 (1966)[179]	工业厂房	8.0	自然通风	单个热源：4.7 m×7.2 m×2.4 m,624 kW	2.01	1	1.00	1.21	0.94
		12.0	自然通风	单个热源：4.7 m×7.2 m×2.4 m,624 kW	1.94	1	1.00	1.15	0.95
		16.0	自然通风	单个热源：4.7 m×7.2 m×2.4 m,624 kW	1.90	1	1.00	1.12	0.95
		20.0	自然通风	单个热源：4.7 m×7.2 m×2.4 m,624 kW	1.86	1	1.00	1.10	0.96
		24.0	自然通风	单个热源：4.7 m×7.2 m×2.4 m,624 kW	1.82	1	1.00	1.09	0.96
		42.0	自然通风	单个热源(熔炉)：2907.5 kW	3.81	1	1.11	1.09	0.98
		42.0	自然通风	单个热源(熔炉)：5233.5 kW	3.56	1	1.11	1.14	0.97
巴士林和爱尔捷曼 (1953)[180]	工业厂房	18.6	自然通风	单个热源：1.8 m×2.8 m×1.4 m,84 kW	1.55	1	1.00	1.13	0.98
		18.6	自然通风	单个热源：1.8 m×2.8 m×1.4 m,140 kW	1.65	1	1.00	1.15	0.97
		16.1	自然通风	单个热源：1.8 m×2.8 m×1.4 m,83 kW	2.06	1	1.00	1.21	0.98
		16.1	自然通风	单个热源：1.8 m×2.8 m×1.4 m,160 kW	1.65	1	1.00	1.16	0.97
		13.6	自然通风	单个热源：1.8 m×2.8 m×1.4 m,74 kW	1.89	1	1.00	1.23	0.98

① 表中所有案例均不含机械新排风($a_i=a_e=0$),即 $K_a=1$。

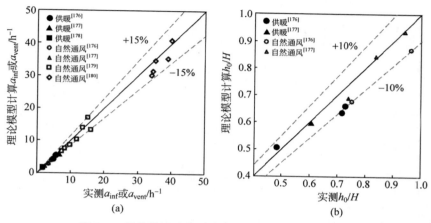

图 3.3　理论模型计算结果与文献中实测结果的对比

（a）a_{inf} 或 a_{vent}；（b）h_0/H

3.2.2.2　CFD 模拟数据检验

　　虽然 3.2.2.1 节实测数据检验的结果表明理论模型能够较为准确地预测高大空间热压主导驱动的空气流动，但是实测数据尚未包含一些重要情景，如供冷工况、机械新排风量不等（$a_f - a_e \neq 0$ 或 $K_a \neq 1$）、不同空调末端方式等。因此，笔者建立了基于实测案例 Y（详见表 2.2）的 CFD 模型，给出上述欠缺情景的算例。CFD 模型的设定、边界条件及检验详见附录 C。笔者选取 20 组算例用于理论模型检验，算例数据详见表 3.2，检验结果如图 3.4 所示。理论模型可将 a_{inf} 预测值与 CFD 模拟值的偏差控制在 $\pm 10\%$（最大偏差 9.1%），平均绝对值偏差为 3.6%；也可将无量纲零压面高度 h_0/H 预测值与 CFD 模拟值的偏差控制在 $\pm 10\%$（最大偏差 9.3%），平均绝对值偏差为 4.8%。以上偏差可能源于 CFD 模拟误差和理论模型的假设条件（如室内水平方向的温度分布、采用理想气体假设描述空气密度变化等）。

3.2.3　与文献中模型的对比

　　笔者将本章的理论模型与文献中既有的模型进行对比，如图 3.5 所示。比较对象包括 ASHRAE Handbook 中的渗透风简化计算模型[34]和 3 个自然通风模型（充分混合模型[140]、排灌箱模型[132]和排空气灌箱模型[141]）。由于上述模型不含机械新排风的影响，故在计算得到渗透风量后

表 3.2　与理论模型计算结果对比的 CFD 模拟算例

工况	编号	暖通空调系统①	T_s/℃②	a_s/h⁻¹	a_f/h⁻¹	a_e/h⁻¹	C_T③	K_a	K_{C_d}	K_T	K_ρ
供暖	MV19-h	19 m 高处射流送风	49.1	1.9	0.25	0.00	1.77	1.30	0.71	1.45	0.87
	MV12-h	12 m 高处射流送风	50.4	1.9	0.27	0.00	1.80	1.32	0.71	1.49	0.87
	MV5-h	5 m 高处射流送风	40.2	1.9	0.28	0.00	1.40	1.41	0.82	1.16	0.90
	MV5-h-1	5 m 高处射流送风	40.8	1.9	0.28	0.14	1.37	1.18	0.74	1.12	0.91
	MV5-h-2	5 m 高处射流送风	44.4	1.9	0.28	0.28	1.46	1.00	0.65	1.16	0.90
	MV5-h-3	5 m 高处射流送风	47.0	1.9	0.26	0.40	1.51	0.87	0.59	1.15	0.89
	MV5-h-4	5 m 高处射流送风	48.6	1.9	0.21	0.55	1.51	0.73	0.55	1.14	0.89
	DV-h	置换通风	35.2	1.9	0.23	0.00	1.26	1.35	0.85	1.09	0.91
	DV-h-1	置换通风	27.2	3.7	0.21	0.00	1.14	1.33	0.85	1.04	0.92
	RF+DV-h	辐射地板+置换通风	20.0	1.4	0.23	0.00	0.94	1.44	0.97	1.03	0.93
供冷	MV19-c	19 m 高处射流送风	16.2	1.9	0.26	0.00	0.97	0.65	0.68	1.00	0.96
	MV12-c	12 m 高处射流送风	15.8	1.9	0.28	0.00	0.98	0.64	0.65	0.79	0.96
	MV5-c	5 m 高处射流送风	16.9	1.9	0.27	0.00	0.92	0.63	0.67	0.80	0.96
	MV5-c-1	5 m 高处射流送风	16.3	1.9	0.29	0.15	0.91	0.78	0.73	0.76	0.96
	MV5-c-2	5 m 高处射流送风	15.6	1.9	0.29	0.29	0.93	1.00	0.81	0.76	0.96
	MV5-c-3	5 m 高处射流送风	14.9	1.9	0.30	0.43	0.94	1.30	0.88	0.77	0.96
	MV5-c-4	5 m 高处射流送风	14.3	1.9	0.30	0.59	0.96	1.93	1.05	0.79	0.96
	DV-c	置换通风	18.6	0.9	0.28	0.00	0.77	0.56	0.78	0.78	0.96
	DV-c-1	置换通风	14.6	0.9	0.26	0.00	0.72	0.56	0.84	0.79	0.96
	RF+DV-c	辐射地板+置换通风	20.6	1.4	0.21	0.00	0.61	0.60	0.84	0.77	0.97

① 全空间空调即为 19 m 高处射流送风,分层空调为 12 m 和 5 m 高处射流送风,人员活动区空调包括置换通风和辐射地板。

② 给定各案例中的 a_s、a_f 和 a_e,通过调整 T_s 控制 0.6 m 高度处的平均操作温度达到目标值,供暖工况为 20℃,供冷工况为 26℃。

③ 供暖工况 $T_{\text{in,ref}}$ 取为 293 K(20℃),T_{out} 取为 273 K(0℃);供冷工况 $T_{\text{in,ref}}$ 取为 296 K(23℃),T_{out} 取为 308 K(35℃)。

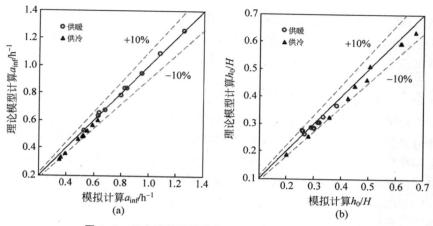

图 3.4　理论模型计算结果与 CFD 模拟结果的对比

（a）a_{inf}；（b）h_0/H

采用叠加原理将其纳入考虑[181]。由于上述模型适用于冬季供暖工况或者自然通风工况,笔者采用表 3.2 中 10 组供暖工况的数据进行对比。4 个文献模型预测 a_{inf} 与表 3.2 中模拟结果的最大绝对偏差分别为 30.1%、11.3%、22.3% 和 14.8%,而本章的理论模型可将偏差控制在 ±5%。

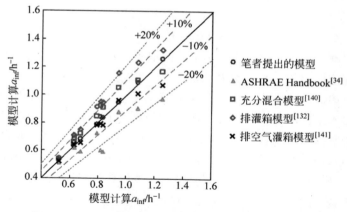

图 3.5　笔者提出的模型与文献中模型的计算结果对比

3.3　模型计算结果分析

在供暖和供冷工况下,空调系统是高大空间热压主导渗透风的主要驱动因素,本章的理论模型将其影响拆分为两部分进行刻画：①空调末端营造室内非均匀热环境时造成的热压作用(室内热分层的影响),采用 C_T 描述;②机械新排风造成的机械作用,采用 $a_f - a_e$ 描述。本节将利用提出的理论模型分析上述两部分因素造成的影响。

3.3.1　室内热分层的影响

由第 1 章文献综述可知,室内热分层现象一直以来都是高大空间热湿环境营造的研究热点。但是在供暖和供冷工况下,考虑渗透风影响的高大空间热分层现象尚且欠缺深入研究。笔者在本章理论模型的推导过程中定义了渗透风无量纲热压驱动力 C_T(见式(3.10)),同时也量化描述了高大空间室内热分层的强度。因此本节将主要讨论 C_T 对于热压主导高大空间渗透风的影响。

笔者整理了 14 组实测数据来给出 C_T 的取值范围,如图 3.6 所示,其基本信息详见表 3.3。供暖工况的 C_T 一般大于 1,除了采用辐射地板的 H-7 案例取值为 0.99 外;供冷工况的 C_T 均小于 1。温度越高空气密度越低,造成高大空间稳态/准稳态下不可避免的"上热下冷"现象,因此室内平均空气温度 $\overline{T}_{in}$ 一般高于人员活动区温度 $T_{in,ref}$。结合 C_T 定义式(3.10)可知:在供暖工况下,$T_{in,ref}$ 比 $\overline{T}_{in}$ 更接近室外温度 T_{out},因此 C_T 一般大于 1;在供冷工况下,$\overline{T}_{in}$ 比 $T_{in,ref}$ 更接近 T_{out},因此 C_T 一般小于 1。空调末端与 C_T 关系的进一步分析详见第 5 章。

在明确了供暖和供冷工况下 C_T 的取值范围后,笔者参考实测案例 Y 给出了理论模型的一组基本输入条件(详见表 3.4),来分析 C_T 对供暖和供冷工况下渗透风的影响。基于上文分析的 C_T 常见取值范围,图 3.7 给出了作为输入条件的供暖和供冷工况室内典型垂直温度分布,其均为分层空调营造的室内热环境,供暖工况 C_T 取值为 1.5,供冷工况 C_T 取值为 0.6。将上述输入条件代入理论模型,图 3.8 给出了高大空间渗透风换气次数 a_{inf} 随 C_T 的变化曲线。首先,C_T 和 a_{inf} 呈正相关,即 C_T 越小,则 a_{inf} 越小。在供暖工况下,如果 $C_T = 1.5$,则 $a_{inf} = 0.50 \ h^{-1}$;如果不考虑室内热分层(传统模型中认为的 $C_T = 1.0$),则 $a_{inf} = 0.39 \ h^{-1}$,这将会低估 a_{inf} 达 21.5%。在供冷工况下,如果 $C_T = 0.6$,则 $a_{inf} = 0.17 \ h^{-1}$;如果不考虑室内热分层(传统模型中认为的 $C_T = 1.0$),则 $a_{inf} = 0.25 \ h^{-1}$,这将会高估 a_{inf} 达 45.4%。因此,室内热分层现象会对高大空间渗透风量的计算产生显著影响,必须在高大空间建筑的设计和运行中加以妥善考虑。

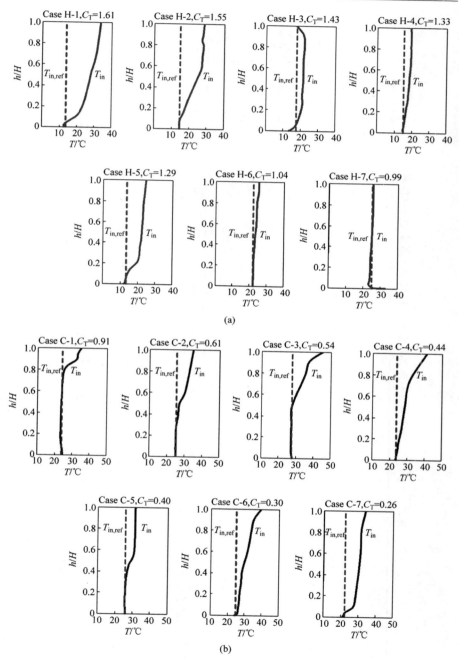

图 3.6　渗透风影响下高大空间室内垂直温度分布实测案例

（a）冬季供暖工况；（b）夏季供冷工况

表 3.3　渗透风影响下高大空间室内垂直温度分布实测案例的具体信息

编号	本研究实测/文献	建筑类型	暖通空调系统	H/m	$T_{\text{out}}/℃$	$T_{\text{in,ref}}/℃$[①]	C_{T}
H-1	Wang 等 (2019)[124]	工业厂房	全空间空调（顶部加热器+风扇）	6.6	−6.0	13.6	1.61
H-2	Huang 等 (2007)[69]	体育馆	分层空调（射流送风）	19.0	0.2	14.6	1.55
H-3	笔者实测案例 Y	高铁客站	分层空调（射流送风）	17.5	11.1	17.6	1.43
H-4	Wang 等 (2017)[31]	高铁客站	分层空调（射流送风）	17.0	6.0	15.0	1.33
H-5	Said 等 (1996)[178]	飞机库	地板附近加热盘管+风扇	17.1	−10.4	13.3	1.28
H-6	Wang 等 (2019)[124]	工业厂房	地板附近加热器	6.7	−13.0	22.0	1.04
H-7	笔者实测案例 E3	航站楼	辐射地板+置换通风	26.0	1.0	25.1	0.99
C-1	Huang 等 (2007)[69]	体育馆	全空间空调（射流送风）	19.0	36.2	24.2	0.91
C-2	笔者实测案例 D2	航站楼	分层空调（射流送风）	26.0	34.5	25.3	0.61
C-3	笔者实测案例 Y	高铁客站	分层空调（射流送风）	17.5	34.7	27.6	0.54
C-4	Gil-Lopez 等 (2017)[182]	航站楼	分层空调（射流送风）+置换通风	17.5	34.0	23.7	0.44
C-5	笔者实测案例 E2	航站楼	分层空调（射流送风）	17.0	33.1	25.7	0.40
C-6	Nishioka 等 (2000)[120]	体育馆	置换通风	72.0	32.5	25.0	0.30
C-7	笔者实测案例 E3	航站楼	辐射地板+置换通风	26.0	32.6	22.4	0.26

① 表中每个案例的参考温度 $T_{\text{in,ref}}$ 取值为各人员活动区（距地面 0.6 m 高处）的空气温度。

表 3.4　理论模型计算案例的基本输入条件

输　入　条　件	具　体　内　容
建筑面积	60 m×60 m
有效室内高度	20 m
底部开口	$C_{d,b}=0.5,A_b=6\ m^2$
顶部开口	$C_{d,t}=0.5,A_t=6\ m^2$
机械新排风量[①]	$a_f-a_e=0.15\ h^{-1}$
供暖工况室内外温度	$T_{out}=273\ K\ (0℃),T_{in}$：图 3.7(a)，$T_{in,ref}=293\ K\ (20℃)$
供冷工况室内外温度	$T_{out}=308\ K\ (35℃),T_{in}$：图 3.7(b)，$T_{in,ref}=297\ K\ (24℃)$

① 表中 a_f-a_e 数值仅在 3.3.1 节使用，3.3.2 节中 a_f-a_e 为自变量。

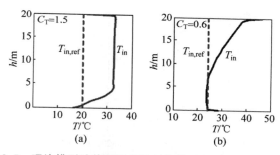

图 3.7　理论模型计算案例中输入的典型室内垂直温度分布

（a）冬季供暖工况；（b）夏季供冷工况

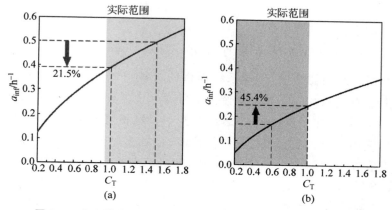

图 3.8　室内热分层（C_T）对高大空间热压主导渗透风量的影响

（a）冬季供暖工况；（b）夏季供冷工况

　　以上 C_T 对 a_{inf} 的影响本质上是其对高大空间室内外压差分布（驱动力）的影响。笔者进一步将理论模型计算得到的零压面高度 h_0 和室内垂直温度分布（详见图 3.7）代入式（3.2），来计算室内外压差的垂直分布，计算结果如图 3.9 所示。假如不考虑室内热分层，室内外压差垂直分布的计算结果将会产生显著偏差：在供暖工况下，底部开口处的 $|\Delta p|$ 将从 7.4 Pa 降为 4.3 Pa（低估 41.7%），顶部开口处的 $|\Delta p|$ 将从 14.3 Pa 降为 8.8 Pa（低估 38.2%）；在供冷工况下，底部开口处的 $|\Delta p|$ 将从 4.3 Pa 升高为 6.6 Pa（高估 54.3%），顶部开口处的 $|\Delta p|$ 将从 1.6 Pa 升高为 2.6 Pa（高估 65.5%）。

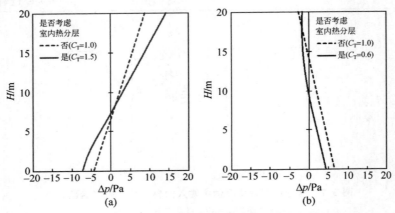

图 3.9　室内热分层（C_T）对高大空间室内外压差分布的影响
（a）冬季供暖工况；（b）夏季供冷工况

3.3.2　机械新排风量不等的影响

　　在高大空间建筑中，空调系统提供的机械新风量（a_f）和机械排风量（a_e）并非总是相等的。在空调设计手册[34]中，多数公共建筑一般要求室内维持正压，因此在设计中 a_f 通常大于 a_e。这种情况在部分高大空间建筑的实测中可以得到证实[69,153]。然而，也有实测发现高大空间建筑中可能存在 a_e 显著大于 a_f 的情景，如近年来商业综合体建筑[96]和交通建筑（见图 2.14）内的餐厅数量在明显增加，因此带来了大量的餐饮排风。图 3.10 给出笔者实测和文献中部分高大空间建筑的机械新排风量差（$a_f - a_e$），其中供暖工况的变化范围为 $-0.30 \sim 0.28$ h^{-1}，供冷工况的变化范围为 $-0.30 \sim 0.26$ h^{-1}。以上实测值为理论模型的输入参数（$a_f - a_e$）提供了参考取值范围。

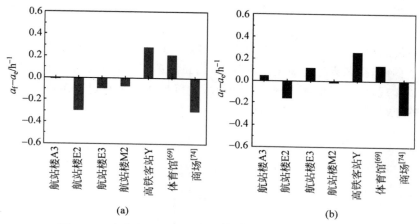

图 3.10　高大空间建筑机械新排风量差的实测值（$a_f - a_e$）

（a）冬季供暖工况；（b）夏季供冷工况

　　此外,本章的理论模型将空调系统的影响拆分为 C_T 和 $a_f - a_e$ 两部分进行刻画。在进一步分析 $a_f - a_e$ 的影响之前,需要论证这两个参数之间的相互作用关系。笔者采用表 3.2 中 5 m 高度射流送风的高大空间建筑 CFD 模拟结果进行分析。用于分析的算例均在总送风量为 1.9 h^{-1} 的条件下,通过调整送风温度,使人员活动区的平均操作温度达到目标值。在供暖工况下,当 $a_f - a_e$ 从 -0.34 h^{-1} 变化到 0.28 h^{-1} 时,C_T 的变化范围仅为 1.37～1.51；在供冷工况下,当 $a_f - a_e$ 从 -0.29 h^{-1} 变化到 0.27 h^{-1} 时,C_T 的变化范围仅为 0.91～0.96。因此,在室外环境、建筑本体和空调末端确定的情况下,当 $a_f - a_e$ 在实测常见的范围内变化时,可以近似认为 C_T 的取值不变,即空调系统的两部分影响（C_T 和 $a_f - a_e$）可以近似进行解耦分析。在此基础上,接下来将给定 C_T,讨论 $a_f - a_e$ 造成的影响。

　　笔者同样采用表 3.4 中的数据作为理论模型的基本输入条件,来分析 $a_f - a_e$ 对供暖和供冷工况下渗透风的影响。图 3.11 给出了高大空间渗透风换气次数 a_{inf} 随 $a_f - a_e$ 的变化曲线。首先,$a_f - a_e$ 和 a_{inf} 呈现负相关关系,即 a_f 越大则 a_{inf} 越小,a_e 越小则 a_{inf} 越小。以上结论与普通空间建筑理论模型[101]（以围护结构缝隙作为主导空气流通通道）所得的结论相同。理论上来说,通过增加机械新风量可以完全排除渗透风的影响,即增加 $a_f - a_e$ 至临界值可将 a_{inf} 减小至 0。当供暖工况下 C_T 取值为 1.5 时,$a_f - a_e$ 的临界值为 0.82 h^{-1},是初始情况下（$a_f - a_e = 0$ 时）a_{inf} 的 1.42

倍。当供冷工况下 C_T 取值为 0.6 时，$a_f - a_e$ 的临界值为 0.37 h^{-1}，是初始情况下（$a_f - a_e = 0$ 时）a_{inf} 的 1.44 倍。然而，如图 3.11 中阴影区域所示，供暖和供冷工况下高大空间建筑实际运行中的 $a_f - a_e$ 均小于上述临界值。因此，空调设计手册中提出的"室内正压要求"在高大空间建筑中通常难以实现，仅通过增加机械新风量和减少机械排风量难以完全消除供暖和供冷工况下高大空间建筑的渗透风。

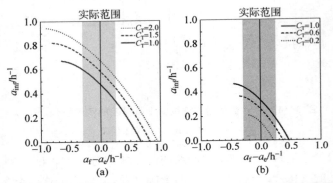

图 3.11 机械新排风量（$a_f - a_e$）对高大空间热压主导渗透风量的影响

（a）冬季供暖工况；（b）夏季供冷工况

既然完全消除高大空间建筑的渗透风并不现实，考虑到无组织渗透风和空调系统供给的机械新风均为室外空气，一般情况下可将这两部分均作为室内新风供给的来源（除室外空气严重污染等情况外）。笔者以实测案例 Y 为例应用理论模型计算了室外空气供给总量（$a_f + a_{inf}$）随机械新风量 a_f 的变化，并用其室内最大人员密度（0.33 人/m^2）将总风量折算成人均室外空气供给量作为次坐标轴，如图 3.12 所示。案例 Y 中的设计人均新风量为 20 m^3/(h·人)，这也是高大空间交通建筑中的常见取值（如表 2.2 所示）。冬季供暖工况时，室外空气明显呈现过量供给状态，此时的主要任务是采取有效措施来降低室外空气供给总量，而非通过增加机械新风来消除渗透风。夏季供冷工况时，需满足 $a_f > 0.2$ h^{-1} 才可以使室外空气供给总量达到设计要求。因此，供冷工况与供暖工况存在差别，供冷工况下的渗透风驱动力较小，此时需要部分机械新风来保证室外空气供给总量，具体的供给量与室外环境、建筑本体和空调系统等因素相关，可以采用本章提出的理论模型进行计算。

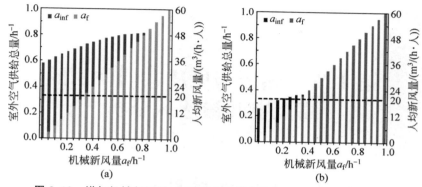

图 3.12　增加机械新风量 a_f 对高大空间交通建筑中渗透风量的影响

（a）冬季供暖工况；（b）夏季供冷工况

其中室外空气供给总量为 $a_f + a_{inf}$

3.4　小　　结

本章建立了热压主导的高大空间渗透风理论模型,针对供暖和供冷工况分别推导得到了渗透风量和零压面高度的表达式与计算方法。在此基础上,利用建立的理论模型分析了高大空间渗透风热压驱动力的关键影响因素。主要结论如下。

(1) 理论模型重点考虑了空调系统的影响,并将其拆分为两部分进行刻画:室内热分层的影响(采用 C_T 描述)和机械新排风量不等的影响(采用 $a_f - a_e$ 描述)。理论模型计算结果与实测和 CFD 模拟结果均吻合良好(渗透风量偏差和零压面高度偏差均基本在 $\pm 10\%$),且精度高于既有模型和计算方法。

(2) 室内热分层的影响:定义了渗透风无量纲热压驱动力 C_T,可用于量化描述高大空间室内热分层的强度。高大空间室内热分层对渗透风的计算有显著影响,必须加以妥善考虑。若忽略其影响(认为室内温度均匀),供暖工况典型算例下将低估渗透风量达 21.5%,供冷工况典型算例下将高估渗透风量达 45.4%。

(3) 机械新排风量不等的影响:渗透风量随机械新排风量差($a_f - a_e$)的增加而减小,理论上通过增加机械新风量可完全消除渗透风,然而实际高大空间建筑的空调系统难以给出足够大的新风量来实现。可将渗透风和机械新风均作为室外空气的来源,供暖时的主要任务是采取有效措施降低室外空气供给总量,供冷时需要部分机械新风来保证室外空气供给总量。

第4章 热压与风压共同作用的高大空间渗透风分析

4.1 本章引言

本章在第 3 章分析热压主导的高大空间渗透风基础上,将进一步剖析热压与风压共同作用的高大空间渗透风。讨论不同情景下的渗透风流动模式,基于室内理论模型和室外 CFD 模拟,提出一种热压与风压共同作用的高大空间渗透风简化计算方法。应用提出的简化计算方法进行如下分析:①不同开口位置对风压的影响;②风压与空调系统(包含热压和机械新排风两部分)的共同作用;③供暖工况的渗透风与传统研究中自然通风的差异。

4.2 简化计算方法与验证

基于 1.2 节的文献综述,热压与风压共同作用的通风/渗透风问题通常包含多层次不同几何尺度的元素,需要分别建立模型来刻画。图 4.1 归纳了高大空间通风/渗透风问题的模型层次关系,其中包括室外区域(100~1000 m)、高大空间建筑(10~100 m)、人员活动区(1~10 m)和空调系统(0.1~1 m)。如果将上述所有元素建立在同一个模型中来开展研究(建立室内-室外模型),则该模型将会完全覆盖 0.1~1000 m 尺度,这给建模和计算带来了巨大的挑战。为了能够快速且较为准确地计算热压与风压共同作用的高大空间渗透风,本章将提出一种简化计算方法,其中的模型被拆分为两个部分:①在第 3 章建立的理论模型中引入风压作用(开口上的风压系数 C_p),建立风压与热压共同作用的室内理论模型(见 4.2.1 节);②建立室外 CFD 模型来获得边界参数 C_p 并代入室内模型(见 4.2.2 节)。

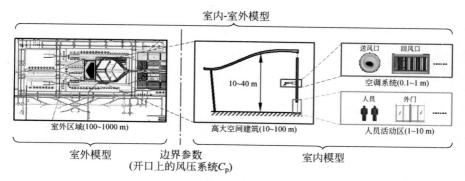

图 4.1　热压与风压共同作用的高大空间通风/渗透风模型层次关系示意图

4.2.1　室内理论模型

借鉴风压与热压共同作用的自然通风理论模型[142],其室内外之间的空气流动可分为两种模式：风热助力（assisting wind）和风热对抗（opposing wind）。以渗透风最为严重的冬季供暖工况为例,图 4.2 给出了上述两种空气流动模式在第 3 章提出的高大空间渗透风理论模型中的体现。在风热助力模式中,建筑底部开口处的风压系数大于顶部开口处的风压系数（$C_{p,b} > C_{p,t}$）,此时风压驱动的渗透风流动方向与热压驱动的渗透风流动方向相同,因此两股驱动力相互助力,渗透风最终呈现"下进上出"的流动状态,如图 4.2(a)所示。在风热对抗模式中,建筑底部开口处的风压系数小于顶部开口处的风压系数（$C_{p,b} < C_{p,t}$）,此时风压驱动的渗透风流动方向与热压驱动的渗透风流动方向相反,倾向于呈现"上进下出"的流动状态,因此两股驱动力相互对抗。由于风压驱动力的强弱差异,风热对抗模式下最终会呈现出两种空气流动状态,即热压主导（见图 4.2(b)）和风压主导（见图 4.2(c)）：在室外风较弱的情况下,渗透风的流动依旧以热压作主导,最终依旧呈现"下进上出"的流动状态；在室外风较强的情况下,渗透风的流动变为以风压作主导,最终呈现"上进下出"的流动状态。上述的空气流动模式仅要求底部和顶部开口上的风压系数满足给定的条件,图 4.2 中室外风向和建筑开口方向的位置关系仅为示意,并不一定要求风向垂直于建筑开口方向。

接下来将基于上述渗透风流动模式进行室内理论模型的推导。本章室内理论模型引入的假设条件与第 3 章相同。基本方程与第 3 章类似,同样

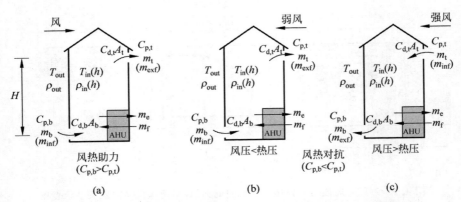

图 4.2　热压与风压共同作用的高大空间渗透风模型(室内理论模型)
(a) 风热助力(下进上出)；(b) 风热对抗(下进上出)；(c) 风热对抗(上进下出)

采用空气质量平衡方程(见式(3.1))与空气流量和压差关系式(见式(3.3)和式(3.4))，并统一将风量转化为换气次数(见式(3.5))。对于渗透风的驱动力，在热压驱动力(Δp_T，见式(4.1))的基础上引入风压驱动力(Δp_w，见式(4.2))。

$$\Delta p_\mathrm{T} = \int_{h_0}^{h} (\rho_\mathrm{out} - \rho_\mathrm{in}) g\,\mathrm{d}h = g\rho_\mathrm{out} T_\mathrm{out} \int_{h_0}^{h} \left(\frac{1}{T_\mathrm{out}} - \frac{1}{T_\mathrm{in}} \right) \mathrm{d}h \quad (4.1)$$

$$\Delta p_\mathrm{w} = \frac{1}{2} \left| C_\mathrm{p,b} - C_\mathrm{p,t} \right| \rho_\mathrm{out} u_\mathrm{w,ref}^2 \quad (4.2)$$

其中，C_p 为建筑表面的风压系数，对于一般建筑而言[34]，迎风面的 C_p 常见取值为 0.6～0.9，背风面的 C_p 常见取值为 -0.4～-0.1。实际应用中的 C_p 可通过风洞实验或 CFD 模拟来获取。$u_\mathrm{w,ref}$ 为室外参考风速，通常取室外风入口面上建筑总高度 H_out 处的风速。

4.2.1.1　风热助力

基于上述假设条件和基本方程，下文将对渗透风量 a_inf 的表达式进行推导。首先考虑风热助力的情况(见图 4.2(a))，此时的渗透风总驱动力由热压(见式(4.1))和风压(见式(4.2))相加得到。采用与式(3.9)类似的推导方法，可得到

$$\left(\frac{a_\mathrm{inf}}{C_\mathrm{d,b}^2 A_\mathrm{b}^2} \right)^2 + \left(\frac{a_\mathrm{inf} + a_\mathrm{f} - a_\mathrm{e}}{C_\mathrm{d,t}^2 A_\mathrm{t}^2} \right)^2 = \left(\frac{3600}{V} \right)^2 \frac{2}{\rho} (\Delta p_\mathrm{T} + \Delta p_\mathrm{w}) \quad (4.3)$$

采用与热压驱动力类似的方式来刻画风压驱动力。参照第 3 章定义的

渗透风无量纲热压驱动力 C_T（见式（3.10）），定义渗透风无量纲风压驱动力 C_w 为

$$C_w = \frac{|C_{p,b} - C_{p,t}| \rho_{out} u_{w,ref}^2}{2(\rho_{out} - \rho_{in,ref})gH} \approx \frac{|C_{p,b} - C_{p,t}| T_{out} u_{w,ref}^2}{2(T_{in,ref} - T_{out})gH} \quad (4.4)$$

其中，H 为建筑室内最大高度，区别于 $u_{w,ref}$ 取值处的建筑总高度 H_{out}。

　　基于上述定义，渗透风热压驱动力和风压驱动力的相互作用关系可以采用 C_T 和 C_w 来描述。将两者的定义式（见式（3.10）和式（4.4））代入式（4.3）可得到仅含未知数 a_{inf} 的方程，即式（4.5）。其中 C_T 和 C_w 相加构成无量纲化的渗透风总驱动力。当 $C_w = 0$ 时，式（4.5）将退化为热压主导驱动渗透风的情景（见式（3.11））。进一步推导得到 a_{inf} 的解析表达式，即式（4.6）。

$$X a_{inf}^2 + Y a_{inf} + Z - (C_T + C_w) = 0 \quad (4.5)$$

$$a_{inf} = \frac{-Y + \sqrt{Y^2 - 4X(Z - (C_T + C_w))}}{2X} \quad (4.6)$$

其中，$X = \dfrac{\left(\dfrac{V}{3600 C_{d,t} A_t}\right)^2 + \left(\dfrac{V}{3600 C_{d,b} A_b}\right)^2}{2g\overline{T}H\left(\dfrac{1}{T_{out}} - \dfrac{1}{T_{in,ref}}\right)}$；　$Y = \dfrac{(a_f - a_e)\left(\dfrac{V}{3600 C_{d,t} A_t}\right)^2}{g\overline{T}H\left(\dfrac{1}{T_{out}} - \dfrac{1}{T_{in,ref}}\right)}$；

$$Z = \frac{(a_f - a_e)^2 \left(\dfrac{V}{3600 C_{d,t} A_t}\right)^2}{2g\overline{T}H\left(\dfrac{1}{T_{out}} - \dfrac{1}{T_{in,ref}}\right)}。$$

4.2.1.2　风热对抗（热压主导）

　　接下来考虑风热对抗的情况，针对其中热压主导的流动状态（见图 4.2(b)），此时的渗透风总驱动力由热压（见式（4.1））和风压（见式（4.2））相减得到。采用与式（3.9）类似的推导方法，可得到

$$\left(\frac{a_{inf}}{C_{d,b}^2 A_b^2}\right)^2 + \left(\frac{a_{inf} + a_f - a_e}{C_{d,t}^2 A_t^2}\right)^2 = \left(\frac{3600}{V}\right)^2 \frac{2}{\rho}(\Delta p_T - \Delta p_w) \quad (4.7)$$

其中，$\Delta p_T > \Delta p_w$，无量纲化后即为 $C_T > C_w$。

　　将 C_T 和 C_w 的定义式（见式（3.10）和式（4.4））代入式（4.7）可得到仅含未知数 a_{inf} 的方程，即式（4.8）。其中 C_T 和 C_w 相减构成无量纲化的渗透风总驱动力。进一步推导得到 a_{inf} 的解析表达式，即式（4.9）。

$$Xa_{\text{inf}}^2 + Ya_{\text{inf}} + Z - (C_T - C_w) = 0 \tag{4.8}$$

$$a_{\text{inf}} = \frac{-Y + \sqrt{Y^2 - 4X(Z - (C_T - C_w))}}{2X} \tag{4.9}$$

其中，$X = \dfrac{\left(\dfrac{V}{3600 C_{d,t} A_t}\right)^2 + \left(\dfrac{V}{3600 C_{d,b} A_b}\right)^2}{2g\bar{T}H\left(\dfrac{1}{T_{\text{out}}} - \dfrac{1}{T_{\text{in,ref}}}\right)}$；$Y = \dfrac{(a_f - a_e)\left(\dfrac{V}{3600 C_{d,t} A_t}\right)^2}{g\bar{T}H\left(\dfrac{1}{T_{\text{out}}} - \dfrac{1}{T_{\text{in,ref}}}\right)}$；

$Z = \dfrac{(a_f - a_e)^2 \left(\dfrac{V}{3600 C_{d,t} A_t}\right)^2}{2g\bar{T}H\left(\dfrac{1}{T_{\text{out}}} - \dfrac{1}{T_{\text{in,ref}}}\right)}$。

4.2.1.3　风热对抗（风压主导）

对于风热对抗情况下风压主导的流动状态（见图 4.2(c)），此时的渗透风总驱动力由风压（见式(4.2)）和热压（见式(4.1)）相减得到。采用与式(3.9)类似的推导方法，可得到

$$\left(\frac{a_{\text{inf}} + a_f - a_e}{C_{d,b}^2 A_b^2}\right)^2 + \left(\frac{a_{\text{inf}}}{C_{d,t}^2 A_t^2}\right)^2 = \left(\frac{3600}{V}\right)^2 \frac{2}{\rho}(\Delta p_w - \Delta p_T) \tag{4.10}$$

其中，$\Delta p_w > \Delta p_T$，无量纲化后即为 $C_w > C_T$。

将 C_T 和 C_w 的定义式（见式(3.10)和式(4.4)）代入式(4.10)可得到仅含未知数 a_{inf} 的方程，即式(4.11)。其中 C_w 和 C_T 相减构成无量纲化的渗透风总驱动力。进一步推导得到 a_{inf} 的解析表达式，即式(4.12)。

$$Xa_{\text{inf}}^2 + Ya_{\text{inf}} + Z - (C_w - C_T) = 0 \tag{4.11}$$

$$a_{\text{inf}} = \frac{-Y + \sqrt{Y^2 - 4X(Z - (C_w - C_T))}}{2X} \tag{4.12}$$

其中，$X = \dfrac{\left(\dfrac{V}{3600 C_{d,t} A_t}\right)^2 + \left(\dfrac{V}{3600 C_{d,b} A_b}\right)^2}{2g\bar{T}H\left(\dfrac{1}{T_{\text{out}}} - \dfrac{1}{T_{\text{in,ref}}}\right)}$；$Y = \dfrac{(a_f - a_e)\left(\dfrac{V}{3600 C_{d,b} A_b}\right)^2}{g\bar{T}H\left(\dfrac{1}{T_{\text{out}}} - \dfrac{1}{T_{\text{in,ref}}}\right)}$；

$Z = \dfrac{(a_f - a_e)^2 \left(\dfrac{V}{3600 C_{d,b} A_b}\right)^2}{2g\bar{T}H\left(\dfrac{1}{T_{\text{out}}} - \dfrac{1}{T_{\text{in,ref}}}\right)}$。

4.2.2　室外 CFD 模型

在实际工程项目的设计阶段,通常会通过建筑所在区域的风场 CFD 模拟或者通过查表获取建筑风荷载的相关参数[183]。渗透风风压作用的参数也可直接从该阶段的计算结果中获取,本章的室外模型采用 CFD 模拟的方法来获取建筑表面各个开口处的风压系数,并代入室内理论模型进行计算。笔者采用 ANSYS Fluent 14.5 建立室外 CFD 模型来验证上述简化计算方法,如图 4.3 所示。为了在突出流动特征的同时减少数值计算量,笔者建立了一个简化的长方体形高大空间建筑,如图 4.3(b)所示。该建筑的几何尺寸为长 $2H_{out}$×宽 $2H_{out}$×高 H_{out}($H_{out}=20$ m),其长宽比参考了实测案例 Y(详见图 2.4 和表 2.2),同时该建筑与文献中学者们大量研究的经典低层建筑模型(low-rise building)满足几何相似关系[184-185]。依据日本建筑学会(AIJ)的建筑周边风环境模拟指南[186],该建筑的室外计算域设定为长 $30H_{out}$(x)×宽 $20H_{out}$(z)×高 $5H_{out}$(y),即 600 m×400 m×100 m,原点设在建筑底面中心,如图 4.3(a)所示。

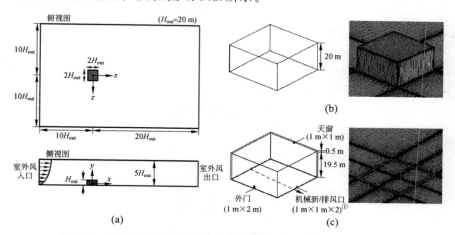

图 4.3　热压与风压共同作用的高大空间渗透风模型(CFD 模型)

(a) 室外计算域;(b) 室外计算域内的建筑(不含室内空间);
(c) 室外计算域内的建筑(含室内空间)

室外风入口边界设在竖直面 $x=-10H_{out}$ 上,入口风速满足式(4.13),湍流度设为 8%,湍流长度尺度设为 0.5 m。

---

① 参数表示为"宽×高×数量"。

$$u_{\mathrm{w}}(y) = u_{\mathrm{w,ref}} \left(\frac{y}{H_{\mathrm{out}}} \right)^{n_{\mathrm{w}}} \tag{4.13}$$

其中,风向垂直于入口边界指向 x 轴正方向,风速 u_{w} 是高度 y 的单值函数;n_{w} 为室外风速垂直分布幂指数,参考 AIJ 设计手册中城市下垫面作用下的风速分布[183],本模型中取值为 0.25,该取值也在文献研究中被广泛采用[184]。

室外风出口边界设在竖直面 $x = 20H_{\mathrm{out}}$ 上,并设为出流边界(零梯度)。计算域的两个侧面($z = \pm 10H_{\mathrm{out}}$)设为对称边界。计算域顶面($y = 5H_{\mathrm{out}}$)设为零剪应力无粘边界[186]。其余壁面均设为无滑移边界并采用标准壁面函数。

室外 CFD 模型采用 232 万结构网格进行计算,如图 4.3(b)所示。边界第一层网格距离壁面为 0.04 m(平均 y^{+} 为 110),网格扩展率为 1.1,采用以上边界网格设定能够保证近壁面流动的准确性[154]。

笔者采用稳态雷诺平均模拟(RANS),湍流模型采用 RNG $k\text{-}\varepsilon$ 模型,上述方法可以计算得到工程应用可接受的建筑周边时均流场[159]。求解算法采用 SIMPLE 算法,离散格式采用二阶迎风格式,收敛条件均设为 10^{-4}。

由于上述室外 CFD 模型考虑的情景与文献中经典室外风环境研究案例类似,笔者采用 AIJ 项目的实测数据进行模型检验[184]。图 4.4 给出了时均建筑表面风压系数的对比结果,由此说明该室外 CFD 模型可以获得较为准确的计算结果用于后续研究。

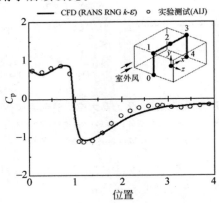

图 4.4　室外风场 CFD 模拟结果的实验检验:建筑表面风压系数 C_{p}

4.2.3　室内-室外 CFD 模型

本章提出的简化计算方法结合了室内理论模型(见 4.2.1 节)和室外 CFD 模拟(见 4.2.2 节),可以快速计算热压和风压共同作用的高大空间渗透风量。为了检验上述方法,笔者另建立了一个同时包含室内和室外空间的 CFD 模型用于对比计算结果。该模型称为"室内-室外 CFD 模型",其室外计算域同样如图 4.3(a)所示,建筑外形与 4.2.2 节中的模型相同,室内空间如图 4.3(c)所示。该建筑的墙体厚度设为 0.5 m,建筑开口设为一个靠近地面的外门(宽 1 m×高 2 m)和一个位于对侧立面上边沿的天窗(宽 1 m×高 1 m),这两个开口均为常开状态,可以分别代表 4.2.1 节室内理论模型中的底部开口和顶部开口,在此情况下,有效的室内最大高度为 18 m。此外,笔者在建筑另两个立面的室内侧底部中央各设置了一个机械新/排风口(宽 1 m×高 1 m),可用于研究机械新风或机械排风对渗透风造成的影响。

笔者同样采用稳态雷诺平均模拟(RANS),湍流模型采用 RNG k-ε 模型,学者们曾多次采用上述方法来计算室外风影响下的室内环境[187-188]及高大空间室内环境[156,158],结果显示均可在工程应用可接受的计算量内获得较准确的时均流速场和温度场。空气密度变化采用 Boussinesq 假设描述,求解算法采用 SIMPLE 算法,离散格式采用二阶迎风格式,能量收敛条件为 10^{-7},其余收敛条件为 10^{-4}。

室内-室外 CFD 模型的室外计算域边界条件与 4.2.2 节中室外 CFD 模型的设定基本相同,其余边界条件和各算例的信息详见表 4.1。由于室内-室外 CFD 模型的几何尺度跨度过大造成网格数量巨大(如图 4.1 所示),笔者未将每个空调送回风口建立在模型中,而是通过给定室内各壁面温度的方法来营造出合理的室内垂直温度分布,该简化方法也在风压与热压共同作用的自然通风模拟研究中被广泛采用[155,189]。表 4.1 中的算例给定了两种典型的室内垂直温度分布情况,即温度均匀($C_T = 1.0$)和存在热分层($C_T = 1.5$)。模拟计算所得的各算例室内垂直温度分布如图 4.5 所示,其中存在热分层算例($C_T = 1.5$)的室内垂直温度分布曲线与笔者在高铁客站 Y(详见表 2.2)中的实测结果相近,因此上述对于空调送回风口的简化可以接受。此外,参考图 3.10 给出的高大空间建筑机械新排风量实测范围($a_f - a_e = -0.30 \sim 0.28$ h^{-1}),表 4.1 中的算例给定了 3 种机械新排风状态:新风量大、新排风平衡和排风量大,其 $a_f - a_e$ 取值分别为 0.20 h^{-1}、0 h^{-1} 和 -0.20 h^{-1}。

表 4.1　室内-室外 CFD 模拟的算例列表

算例编号	流动模式	$u_{w,ref}$ /(m/s)	$T_{ceiling}$ & T_{wall} /℃	T_{floor} /℃	C_w	C_T	$a_f - a_e$ /h⁻¹
A1	仅热压	0.0	36.9	21.2	0.0	1.5	0.0
A2	风热助力	5.0	38.5	22.6	1.0	1.5	0.0
A3	风热助力	10.0	42.8	25.2	4.0	1.5	0.0
A4	风热助力	15.0	49.8	19.5	9.0	1.5	0.0
A5	风热对抗	4.0	36.6	21.1	0.6	1.5	0.0
A6	风热对抗	6.5	20.7	20.7	1.7	1.0	0.0
A7	风热对抗	10.0	22.1	22.1	4.0	1.0	0.0
A8	风热对抗	15.0	24.1	24.1	9.0	1.0	0.0
A9	仅热压	0.0	38.6	17.5	0.0	1.5	0.2
A10	风热对抗	4.0	37.5	14.4	0.6	1.5	0.2
A11	风热对抗	6.5	20.6	20.6	1.7	1.0	0.2
A12	风热对抗	15.0	23.8	23.8	9.0	1.0	0.2
A13	仅热压	0.0	37.9	21.5	0.0	1.5	−0.2
A14	风热对抗	4.0	36.4	23.5	0.6	1.5	−0.2
A15	风热对抗	6.5	21.5	21.5	1.7	1.0	−0.2
A16	风热对抗	15.0	24.3	24.3	9.0	1.0	−0.2

注：表中所有算例的室外温度均设为 0℃；室内参考温度 $T_{in,ref}$ 取距地面 1 m 高度处的空气温度，均控制在 20℃。

笔者建立了 3 套结构网格用于室内-室外 CFD 模型的网格无关性检验，即粗糙网格（214 万）、普通网格（408 万，如图 4.3(c)所示）和加密网格（823 万）。3 套网格中各边界的第一层网格离壁面的距离分别设为 0.1 m、0.04 m 和 0.02 m，对应的平均 y^+ 分别为 220、110 和 55。网格扩展率分别设为 1.2、1.1 和 1.1。采用 3 套网格计算表 4.1 中 A2 算例的速度和温度分布曲线对比如图 4.6 所示，可以发现粗糙网格计算结果与普通网格计算结果存在较大偏差（尤其体现在建筑顶部以上的流速场和建筑室内下部空间的温度场），而普通网格计算结果与加密网格计算结果较为相近，因此采用普通网格可满足网格无关性要求。

笔者采用文献中的理论模型[190]对室内-室外 CFD 模型进行检验。该理论模型描述的是风热助力模式下单体高大空间的自然通风，其室内热源仅为建筑底部的点热源，该理论模型已通过水箱实验检验并表明具有较好的准确性。用于室内-室外 CFD 模型检验的算例详见表 4.2，模型检验过程中考察的参数为无量纲热分层高度 h/H、室内空间上部温度与室外温度差

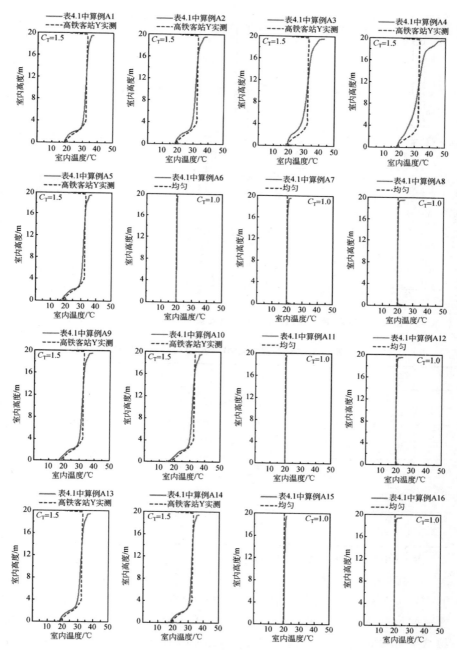

图 4.5　表 4.1 中算例的室内垂直温度分布

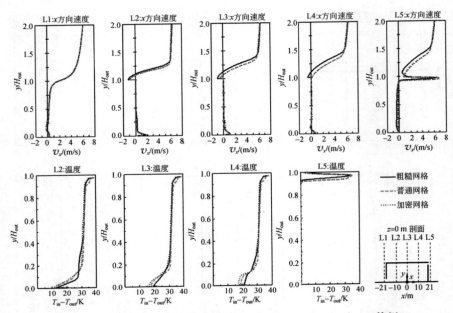

图 4.6 室内-室外 CFD 模拟的网格无关性检验(表 4.1 中 A2 算例)

表 4.2 室内-室外 CFD 模型检验的算例列表

算例编号	$u_{\mathrm{w,ref}}/(\mathrm{m/s})$	Q/MW	$q/(\mathrm{W/m^2})$[①]
B1	1	0.10	65.7
B2	3	0.10	65.7
B3	5	0.10	65.7
B4	7	0.10	65.7
B5	9	0.10	65.7
B6	5	0.01	6.6
B7	5	0.02	13.1
B8	5	0.06	39.4
B9	5	0.14	92.0

注:表中所有算例的室外温度均设为 0℃。

① q 为单位建筑面积供热量,$q=Q/F$。

$T_{\mathrm{in,u}}-T_{\mathrm{out}}$ 和换气次数 a(可通过监测建筑开口断面上的空气流量进而计算得到)。上述 3 个参数的检验结果如图 4.7 所示,室内-室外 CFD 模型模拟结果与文献中理论模型计算结果的偏差均在 ±10%。因此,室内-室外 CFD 模型可以获得较为准确的计算结果用于后续研究。

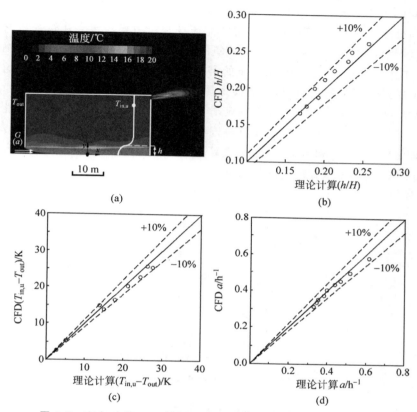

图 4.7　室内-室外 CFD 模型检验（算例详见表 4.2）（见文前彩图）

（a）B3 算例空气温度云图（$z=0$ m）；（b）无量纲热分层高度（h/H）；

（c）室内空间上部温度与室外温度差（$T_{in,u}-T_{out}$）；（d）换气次数 a

4.2.4　方法验证

针对表 4.1 中的算例，笔者首先采用室内理论模型（见 4.2.1 节）和室外 CFD 模型（见 4.2.2 节）结合的简化计算方法计算得到一组渗透风量数据，再采用室内-室外 CFD 模型（见 4.2.3 节）直接模拟计算得到一组渗透风量数据，两组数据的对比结果如图 4.8 所示。简化计算方法所得渗透风换气次数与室内-室外 CFD 模型直接模拟所得渗透风换气次数的偏差基本在 $\pm 10\%$（最大偏差为 11.0%），平均绝对值偏差为 5.4%。上述偏差可能源于引入建筑开口处的风压系数 C_p 作为室内理论模型和室外 CFD 模型之间的边界参数。采用室外 CFD 模型计算建筑表面压力,相当于假设建筑开口处于关闭状态,因此计算所得的流速场和压力场与包含建筑开口的真实情况有所不同。然而高大空间建筑的开口面积占所在立面面积的比例极小(本模型为 0.25% 以下,第 2 章的实地测试案例也均在 1% 以下),建筑开口对室外流场的扰动有限,因此渗透风量偏差较小。此外本章采用了稳态 RANS 方法来模拟建筑室外空气流动,这也会对简化计算方法的准确性造成一定影响。文献研究指出该模拟方法会造成建筑背风面尾流预测不准,从而影响 C_p 的准确性,投入更多计算资源并采用更先进的 CFD 模拟方法(如大涡模拟)可得到更精确的结果[159]。

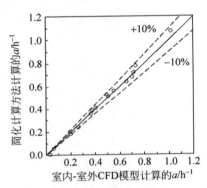

图 4.8　简化计算方法与室内-室外 CFD 模型计算结果的对比

此外,简化计算方法可将实际工程项目设计阶段的建筑风荷载数据作为 C_p 的来源,直接利用室内理论模型中的解析表达式快速计算渗透风量,可替代需要庞大计算量的室内-室外 CFD 模型(本章采用的简化建筑已达到 408 万网格,见图 4.3(c),实际建筑的网格数量将更加巨大)。综上所述,简化计算方法可在高大空间建筑的实际工程中快速且较为准确地计算风压和热压共同作用的渗透风量。

4.3　计算结果与分析

基于简化计算方法,本节将聚焦渗透风最为严重的冬季供暖工况,分析风压与热压共同作用的渗透风特征,包括:①不同开口位置对风压的影响;②风压和空调系统的共同作用;③供暖工况的渗透风与传统研究中自然通风的差异。

4.3.1　不同开口位置对风压的影响

4.2.1 节的室内理论模型根据底部开口处风压系数 $C_{p,b}$ 和顶部开口处风压系数 $C_{p,t}$ 的相对大小关系分析了风热助力和风热对抗的渗透风流动模式，$C_{p,b}$ 和 $C_{p,t}$ 的取值与这两类开口在建筑表面所处的位置有关。当室外风速确定时，风压驱动力的大小仅与 $C_{p,b}-C_{p,t}$ 有关，因此本节将讨论不同开口位置对于 $C_{p,b}-C_{p,t}$ 的影响。

AIJ 项目[184]开展了大量风洞实验研究本章使用的建筑模型在室外风作用下的表面风压系数，其中风向角分别为 0°、22.5°和 45°的实验结果详见图 4.9。前文的 CFD 算例（详见表 4.1）模拟了风向角为 0°的情况，不同情景的开口位置如下：①风热助力，底部开口位于立面 A 下边缘中央，顶部开口位于立面 E 上边沿中央；②风热对抗，底部开口位于立面 E 下边缘中央，顶部开口位于立面 A 上边沿中央。

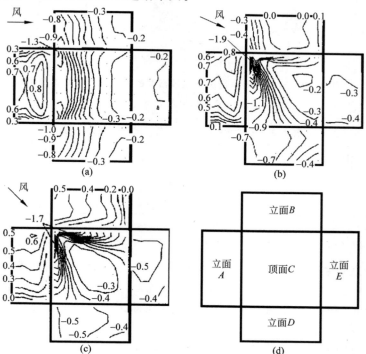

图 4.9　不同风向角情况下建筑模型表面的风压系数 C_p[184]

（a）风向角为 0°；（b）风向角为 22.5°；（c）风向角为 45°；（d）建筑各个表面的编号

接下来将利用图 4.9 讨论多种风向情况下更具一般性的开口位置分布：底部开口可位于立面 A、B、D、E 下边沿的任意位置，顶部开口可位于立面 A、B、D、E 上边沿或顶面 C 的任意位置。通过遍历上述开口位置，图 4.10 给出了 3 种风向角情况下 $C_{p,b}-C_{p,t}$ 的分布，统计参数见表 4.3。不同风向角情况下，$C_{p,b}-C_{p,t}>0$ 的概率均高于 $C_{p,b}-C_{p,t}<0$，因此风热助力出现的概率一般高于风热对抗。前文中两种流动模式下 CFD 算例的 $C_{p,b}-C_{p,t}$ 分别为 0.96 和 -0.56，由此可见算例取值均在合理范围内。3 组 $C_{p,b}-C_{p,t}$ 分布的上下四分位数间范围为 $-0.08\sim0.88$（平均值为 0.38），该范围可作为对渗透风风压驱动力粗略估计时的参考取值范围。

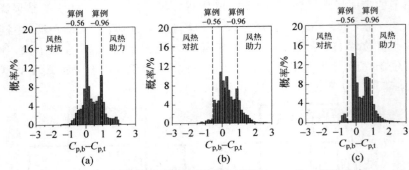

图 4.10　不同风向角情况下建筑模型的 $C_{p,b}-C_{p,t}$ 概率分布

(a) 风向角为 0°；(b) 风向角为 22.5°；(c) 风向角为 45°

表 4.3　图 4.10 中 $C_{p,b}-C_{p,t}$ 分布的统计参数

风向/(°)	样本量[①]	最小	P_{10}	P_{25}	P_{50}	P_{75}	P_{90}	最大	平均
0	33 212	-1.42	-0.33	0.01	0.27	0.88	1.14	2.11	0.39
22.5	33 212	-1.39	-0.33	-0.04	0.31	0.82	1.16	2.72	0.38
45	33 212	-0.95	-0.20	-0.08	0.35	0.75	1.02	2.53	0.37

注：P_{10}、P_{25}、P_{50}、P_{75}、P_{90} 分别为 10%、25%、50%、75%、90% 分位数。
① 遍历不同底部开口和顶部开口的位置组合所得。

考虑到室外风为多个方向风的概率分布，工程中可应用风玫瑰图来对各个风向的 $C_{p,b}-C_{p,t}$ 分布进行加权叠加，从而得到更加真实的 $C_{p,b}-C_{p,t}$ 分布。笔者对我国 6 座典型城市进行试算：同样以前文使用的建筑模型为例，将图 4.10 中 3 个风向角的 $C_{p,b}-C_{p,t}$ 分布依据每座城市的冬季风玫瑰图进行加权叠加，结果如图 4.11 所示。因为本章使用的建筑模型较为对称，同时图 4.10 中的 3 组分布为遍历底部开口和顶部开口位置的结果，所以不同城市室外风作用下的 $C_{p,b}-C_{p,t}$ 分布较为类似。该分布主要与建筑的几何外形和实际开口的可能位置相关,工程中可基于实际情况对各风向的 $C_{p,b}-C_{p,t}$ 分布进行修正,而后依据风玫瑰图进行加权叠加。

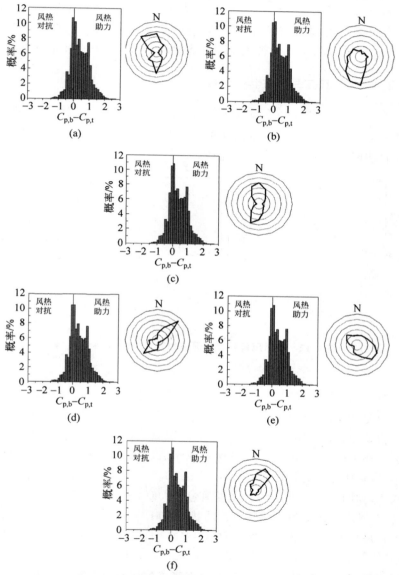

图 4.11　建筑模型在我国 6 个典型城市中的 $C_{p,b}-C_{p,t}$ 概率分布

(a) 乌鲁木齐(严寒地区)平均值 0.38;(b) 哈尔滨(严寒地区)平均值 0.38;(c) 北京(寒冷地区)平均值 0.38;(d) 西安(寒冷地区)平均值 0.38;(e) 上海(夏热冬冷地区)平均值 0.38;(f) 成都(夏热冬冷地区)平均值 0.39

4.3.2 风压与空调系统共同作用

基于第 3 章的分析,高大空间中空调系统对于渗透风的影响可以拆分为两部分来描述,即室内热分层的影响(C_T)和机械新排风量不等的影响($a_f - a_e$)。本节将主要分析风压与上述两部分因素共同作用造成的结果。

4.3.2.1 风压与热压共同作用

图 4.12 给出了机械新排风量平衡($a_f - a_e = 0\ h^{-1}$)情况下渗透风量随室外参考风速变化的曲线(算例详见表 4.1),室内-室外 CFD 模型直接模拟得到的结果也作为数据点添加在图中。

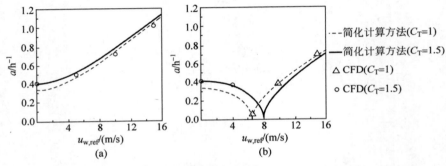

图 4.12　渗透风量随室外风速的变化($a_f - a_e = 0\ h^{-1}$)

(a) 风热助力;(b) 风热对抗

对于风热助力模式(见图 4.12(a)),显然随着室外风速增加,渗透风量也在增加,此时室外风对于室内热湿环境营造是不利因素,应该在高大空间建筑的设计和运行中尽量避免。然而对于风热对抗模式(见图 4.12(b)),随着室外风速增加,渗透风量呈现先减小后增加的变化趋势:当室外风速较小时,热压驱动力依旧占主导($C_T > C_w$),空气流动依旧呈现"下进上出"的状态,如图 4.2(b)所示;当室外风速较大时,风压驱动力变为主导($C_T < C_w$),空气流动转变为"上进下出"的状态,如图 4.2(c)所示。其中的转变点发生在风压和热压驱动力相当时($C_T = C_w$),在常见的室内热分层状态下($C_T = 1.0 \sim 1.5$),转变点的室外参考风速为 6.6～8.1 m/s。以日本东京的实测城市风速为例[191],67.5 m 参考高度的室外风速在 80% 的时间内均低于 6 m/s,即大多数时间室外风速均低于上述转变点风速,渗透风流动处于热压主导流动的状态,此时室外风很可能是减少冬季渗透风的有利因素。

4.3.2.2　风压与机械新排风共同作用

图 4.13 和图 4.14 分别给出了机械新风量大($a_f-a_e=0.2\ \mathrm{h^{-1}}$)和机械排风量大($a_f-a_e=-0.2\ \mathrm{h^{-1}}$)情况下渗透风量随室外参考风速变化的曲线(算例详见表 4.1),室内-室外 CFD 模型直接模拟得到的结果也作为数据点添加在图中。

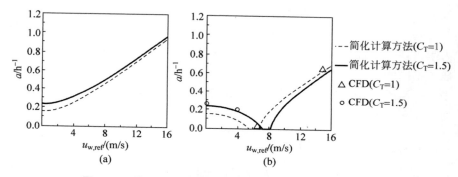

图 4.13　渗透风量随室外风速的变化($a_f-a_e=0.2\ \mathrm{h^{-1}}$)

(a) 风热助力；(b) 风热对抗

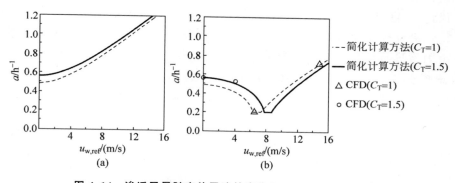

图 4.14　渗透风量随室外风速的变化($a_f-a_e=-0.2\ \mathrm{h^{-1}}$)

(a) 风热助力；(b) 风热对抗

对于风热助力模式(见图 4.13(a)和图 4.14(a)),渗透风量变化趋势与4.3.2.1 节中机械新排风量平衡时的结果相同。对于风热对抗模式(见图 4.13(b)和图 4.14(b)),随着室外风速增加,渗透风量也呈现先减小后增加的变化趋势,然而当机械新排风量平衡时,图 4.12(b)中的转变点($C_T=C_w$)扩展成了一段转变区间。如图 4.13(b)所示,在新风量大的情况下的

转变区间为 $C_w=0.76C_T\sim1.06C_T$，此时渗透风量为 0；如图 4.14(b)所示，在排风量大的情况下的转变区间为 $C_w=0.94C_T\sim1.25C_T$，此时渗透风量达到最小值 $0.2\ \mathrm{h}^{-1}$，等于额外的机械排风量。因此在风热对抗模式时，风压与机械新排风的共同作用可使冬季渗透风量在一定室外风速范围内达到最小值，即上述的转变区间。

4.3.3　渗透风与自然通风的对比

基于 1.2 节文献综述，冬季渗透风和过渡季自然通风具有相同的流体力学机理，然而上述两种工况下的空气流动特征实际存在一定差别，从而造成了不同的模型简化假设和输入条件。本节将从三方面详细比较高大空间中冬季渗透风和传统研究中自然通风的差异，即建筑有效开口面积、热压驱动力和多解的可能性。

4.3.3.1　建筑有效开口面积

自然通风通常被认为是过渡季排除室内产热和污染物的高效节能技术手段，然而冬季渗透风通常会对室内环境和供暖能耗造成较大的影响。因此在设计和运行中，通常希望增加过渡季的自然通风量而减小冬季的渗透风量，这也使得两种工况下建筑有效开口面积存在较大差异。

建筑有效开口面积是与建筑本体相关的因素，下文的分析将对其余因素进行简化：①室内垂直温度分布均匀（$C_T=1$）；②机械新排风量平衡（$a_f-a_e=0\ \mathrm{h}^{-1}$）；③室外无风（$C_w=0$）。基于以上简化，渗透风量表达式退化为式（4.14），与文献中经典的热压驱动自然通风表达式相同[34]。

$$a_{\mathrm{inf}}=\frac{3600}{V}\overline{C_dA}\sqrt{2gH\frac{T_{\mathrm{in}}-T_{\mathrm{out}}}{T_{\mathrm{out}}}} \tag{4.14}$$

其中，建筑有效开口面积定义为 $\overline{C_dA}=\dfrac{C_{d,b}A_bC_{d,t}A_t}{\sqrt{C_{d,b}^2A_b^2+C_{d,t}^2A_t^2}}$。

笔者采用实地调研案例 Y、A3、E2 和 E3（详见图 2.4 和表 2.2）的实测数据来进行分析，相关数据详见表 4.4。基于上述实测数据，图 4.15 比较了供暖工况和自然通风工况下上述 4 个案例建筑中的换气次数。为了方便比较不同体量的建筑，笔者将式（4.14）中与建筑相关的所有参数整合成为 $\overline{C_dA}\sqrt{H}/V$（单位：$\mathrm{m}^{-0.5}$）作为图 4.15 的横坐标，将式（4.14）中室内外温

差 $T_{in} - T_{out}$（单位：K）作为图 4.15 的纵坐标。通过比较可知，自然通风工况的平均室内外温差为 $2.2 \sim 4.8$ K，而供暖工况的温差可达 $10.3 \sim 31.6$ K。虽然上述温差造成的热压驱动力在两种工况下存在较大差别，但是自然通风工况的建筑有效开口面积为供暖工况时的 $3.5 \sim 3.9$ 倍。在上述两个因素的共同作用下，实际中两个工况的换气次数并没有很大的数量级差异。然而，如果供暖工况下有大量无意开启的天窗、外门等开口（第 2 章实地测试中某些案例的情况），建筑有效开口面积将会与自然通风工况类似，则供暖工况的室内外温差将会造成巨大的渗透风量。

表 4.4　用于对比供暖工况渗透风与自然通风的 4 组实测案例

案例	高铁客站 Y		航站楼 A3		航站楼 E2		航站楼 E3	
$F/(10^4 \mathrm{m}^2)$ ①	0.55		12		7.9		24.7	
H/m	17.5		38.2		26.0		37.4	
工况	供暖	自然通风	供暖	自然通风	供暖	自然通风	供暖	自然通风
$C_{d,b} A_b/\mathrm{m}^2$	11.3	13.5	2.9	6.3	21.2	31.4	10.6	14.5
$C_{d,t} A_t/\mathrm{m}^2$	3.6	27.6	1.9	27.1	6.0	27.6	4.0	76.0
$\overline{C_d A}/\mathrm{m}^2$	3.4	12.1	1.6	6.1	5.8	20.7	3.7	14.3
平均 $T_{out}/℃$	9.8	24.5	−7.2	23.5	0.8	22.1	2.5	19.8
平均 $T_{in}/℃$	20.1	26.7	24.4	26.3	20.7	24.7	24.5	24.6
平均 $T_{in} - T_{out}/\mathrm{K}$	10.3	2.2	31.6	2.8	19.9	2.6	22.0	4.8
a/h^{-1}	0.455	0.744	0.023	0.026	0.121	0.157	0.022	0.039

① 此处 F 为该单体空间的地板面积。

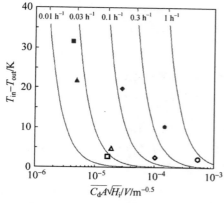

图 4.15　4 个高大空间建筑中供暖工况渗透风与自然通风的对比

4.3.3.2　热压驱动力

室内热源和室外温度共同决定的热压驱动力是冬季渗透风和过渡季自然通风之间的另一个主要差异。第 3 章提出的渗透风理论模型采用室内参考温度（$T_{in,ref}$）和无量纲热压驱动力（C_T）来刻画高大空间的渗透风热压驱动力。下文将聚焦以上两个参数来讨论冬季渗透风和过渡季自然通风之间的热压驱动力差异。

第 2 章中各实测案例的冬季室内垂直温度分布表明（详见图 2.8）：在渗透风影响下，射流送风口高度以下空间存在显著的热分层现象，然而射流送风口高度以上空间的温度较为均匀。笔者将上述实测数据进行拟合得到高大空间供暖工况室内温度经验垂直分布，如图 4.16(a)所示。室内垂直温度分布由室内参考温度 $T_{in,ref}$（或空间底部温度 $T_{in,b}$）、空间上部温度 $T_{in,u}$ 和射流送风口高度 h_{AC} 确定。经验分布的具体内容详见附录 D（拟合经验关系式见式(D.1a)，拟合结果见图 D.1(a)）。

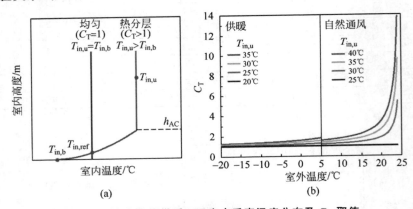

图 4.16　高大空间供暖工况室内垂直温度分布及 C_T 取值

(a) 室内温度经验垂直分布；(b) C_T 随室外温度的变化（$h_{AC}=5$ m）

笔者基于第 2 章的实测数据给出了供暖工况和自然通风工况下室内垂直温度分布的常见取值范围，其中空调末端设为常见的 5 m 高处射流送风（$h_{AC}=5$ m）。供暖工况的室内参考温度 $T_{in,ref}$ 取为 20℃，空间上部温度 $T_{in,u}$ 取为 20℃、25℃、30℃和 35℃，以此来表示 4 组不同的室内热分层强度；自然通风工况的室内参考温度 $T_{in,ref}$ 取为 25℃，空间上部温度 $T_{in,u}$ 取为 25℃、30℃、35℃和 45℃，以此来表示 4 组不同的室内热分层强度。将

上述 $T_{in,ref}$ 和 $T_{in,u}$ 的取值代入图 4.16(a)中的经验分布,即可得到两种工况下室内垂直温度分布的常见取值范围。

图 4.16(b)给出了采用上述室内垂直温度分布计算得到的供暖工况(室外温度 $-20\sim5℃$)和自然通风工况(室外温度 $5\sim24℃$)下的 C_T 变化曲线。因为供暖工况的室内外温差大于自然通风工况,所以供暖工况下的 C_T 的变化范围($1.0\sim1.8$)小于自然通风工况($1.0\sim13.8$)。此外,笔者利用上述两个工况的室内垂直温度分布计算渗透风/自然通风换气次数并进行比较,如图 4.17 所示(其中室外风参数取值相同:$u_{w,ref}=4$ m/s,C_p 依据图 4.4)。相比自然通风工况,供暖工况不同室内垂直温度分布(不同 $T_{in,u}$ 取值造成不同的 C_T)作用下的渗透风换气次数相对在一个较小的范围内变化。在高大空间建筑的设计和运行中,$T_{in,ref}$ 为人员活动区的参数,因此非常容易给出;然而 $T_{in,u}$ 通常难以精准确定,从而造成 C_T 不准确,影响渗透风/自然通风量的估计。基于图 4.17 的结果,在供暖工况下对 $T_{in,u}$ 的粗糙估计(对 C_T 的粗糙估计)造成的换气次数偏差显著小于自然通风工况。具体而言,如果同样取 $T_{in,ref}$ 和 $T_{in,u}$ 的温差为 5 K,考察在常见室内垂直温度分布变化范围内的换气次数估计潜在偏差:在供暖工况下($T_{in,ref}=20℃$,$T_{in,u}=25$ ℃),风热助力和风热对抗两种模式中的偏差分别为 10.6% 和 24.5%;然而在自然通风工况下($T_{in,ref}=25℃$,$T_{in,u}=30℃$),风热助力和风热对抗两种模式中的偏差分别可高达 17.1% 和 100%。

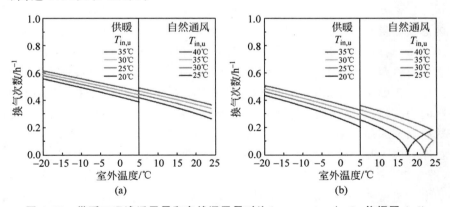

图 4.17　供暖工况渗透风量和自然通风量对比($u_{w,ref}=4$ m/s,C_p 依据图 4.4)

(a) 风热助力;(b) 风热对抗

4.3.3.3 多解的可能性

基于 1.2.2 节对高大空间理论模型的文献综述,当呈现风热对抗模式时,高大空间自然通风的状态可能存在多个解[144],这给室内热湿环境的设计和控制带来了不确定因素。本章研究的冬季渗透风与自然通风具有相同的流体力学机理,因此下文将讨论在供暖工况下冬季渗透风存在多解的可能性。Yuan 和 Glicksman 通过系统动力学分析给出了热压与风压共同作用下单体两高度开口的高大空间建筑中自然通风存在多解的条件[145],该条件形式如式(4.15)所示。

$$f_{\text{lower}}(u_{\text{w,ref}}^2(C_{\text{p,b}} - C_{\text{p,t}}), H, KF) \leqslant$$
$$Q \leqslant f_{\text{upper}}(u_{\text{w,ref}}^2(C_{\text{p,b}} - C_{\text{p,t}}), H, KF, \overline{C_{\text{d}}A}) \qquad (4.15)$$

其中,Q 为室内总发热量,包含空调供热量和多种内热源的产热量(人员、设备、灯光等);KF 为建筑围护结构传热能力,即围护结构传热系数乘以总面积。多解条件本质上是 Q 的一个取值区间,下边界与室外风压、建筑高度及围护结构传热能力有关,上边界与室外风压、建筑高度、围护结构传热能力及建筑有效开口面积有关。

笔者以实测案例 A3(详见表 4.4)为例进行分析,考虑其建筑开口位置处于较为不利的情景,即正好满足风热对抗模式且风压驱动力较强(参考图 4.11 中的分布,取 $C_{\text{p,b}} - C_{\text{p,t}} = -1$,等价于文献中自然通风多解分析[145]常采用的 $C_{\text{p,t}} = 0.65$、$C_{\text{p,b}} = -0.35$)。当室外参考风速 $u_{\text{w,ref}}$ 和室内总发热量 Q 满足不等式(4.15)时,室内外的空气流动状态存在多解。图 4.18 给出了该高大空间建筑在供暖工况和自然通风工况的多解区间,笔者同时将两个工况下典型周逐小时的实测 $u_{\text{w,ref}}$ 和 Q 作为数据点添加在图中。正如文献[144]所述,自然通风工况下有较多的实测数据点落在多解区间中,即自然通风在实际中存在多解的可能性。然而供暖工况下的实测数据点全部远离多解区间,其原因具体分析如下:①供暖工况下,空调系统在原有内热源基础上提供了额外的室内发热量,因此需要更大的室外风速(图 4.18(a)情况下 $u_{\text{w,ref}}$ 为 14.5~16.5 m/s)才有可能落入多解区间;②由于建筑有效开口面积的差异,供暖工况下的多解区间明显小于自然通风工况,本质上是 $\overline{C_{\text{d}}A}$ 影响了式(4.15)中的上边界。

综上所述,高大空间建筑供暖工况下的渗透风是以热压驱动力作为主导的,在常见的建筑开口位置及室外风作用下,室内外间空气流动状态落入

多解区间的可能性较小。该结论同时也给本章简化计算方法的有效性提供
了保障。

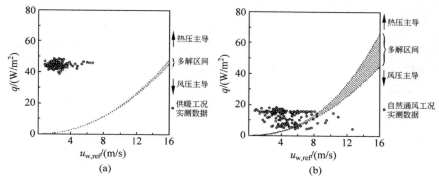

图 4.18　高大空间建筑供暖工况渗透风与自然通风的多解区间对比
(a) 供暖工况；(b) 自然通风工况

4.4　小　　结

　　本章聚焦高大空间中热压与风压共同作用的渗透风,讨论了不同情景
下的渗透风流动模式,提出了渗透风量的简化计算方法。在此基础上,应用
简化计算方法分析了热压与风压共同作用下高大空间冬季渗透风的特征。
主要结论如下。

　　(1) 简化计算方法包含两部分:室内理论模型(在第 3 章建立的理论模
型中引入风压作用,即建筑开口上的风压系数 C_p)和室外风场模拟(用于获
得 C_p)。计算得到的渗透风量与全尺度 CFD 模拟(同时包含室内和室外)
的偏差基本在 $\pm 10\%$。在高大空间建筑的实际工程中,简化计算方法可将
既有的建筑风荷载数据作为输入,应用室内理论模型的解析表达式快速计
算风压和热压共同作用的渗透风量,用于替代需要庞大计算量的全尺度
CFD 模拟。

　　(2) 在室内理论模型中,类似第 3 章定义的 C_T,定义了渗透风无量纲
风压驱动力 C_w。基于此给出了风热助力、风热对抗(热压主导)和风热对
抗(风压主导)3 种情况下渗透风量的解析表达式。风热助力情况下,室外
风会加剧渗透风,应在设计和运行中尽量避免;风热对抗情况下,室外风很
可能是减少渗透风的有利因素。

（3）应用简化计算方法分析高大空间中冬季渗透风和过渡季自然通风的差异。自然通风工况的平均室内外温差为 $2.2\sim4.8$ K，供暖工况的温差可达 $10.3\sim31.6$ K。而自然通风工况的建筑有效开口面积为供暖工况时的 $3.5\sim3.9$ 倍。在上述两个因素的共同作用下，实际中两个工况的换气次数没有很大的数量级差异。同时由于冬季热压驱动力占主导作用，渗透风流动状态落入多解区间的可能性较小，这给本章简化计算方法的有效性提供了保障。

第 5 章　最小化渗透风量的垂直温度分布控制原则与实现

5.1　本 章 引 言

第 2 章实地测试发现交通建筑高大空间中存在严重的渗透风问题,其流动特征以热压驱动力作为主导。那么对于给定的高大空间建筑,是否存在降低渗透风量的理论极限? 如果存在,如何能够通过可行的方法来趋近这个理论极限,从而有效降低供暖和供冷工况下的渗透风量? 基于前文建立的渗透风理论模型,本章将以最小化渗透风量为目的,分析供暖和供冷工况下高大空间室内热环境分别需要满足的条件,进而研究渗透风影响下不同高大空间空调末端实际营造的室内热环境,揭示空调末端对于渗透风的影响作用机理,最终给出可实现最小化渗透风量的高大空间空调末端方式。

5.2　从热压驱动力出发最小化高大空间渗透风量

第 3 章提出的热压主导的高大空间渗透风理论模型采用室内参考温度($T_{in,ref}$)和无量纲热压驱动力(C_T)来刻画高大空间中的渗透风热压驱动力。其中 $T_{in,ref}$ 为人员活动区的空气温度,可取为定值。本节将从高大空间中主导的渗透风热压驱动力出发,通过最小化 C_T 来实现最小化供暖和供冷工况下的渗透风量。

5.2.1　渗透风影响下高大空间室内垂直温度分布

图 3.8 显示供暖和供冷工况下渗透风量与 C_T 均呈正相关。因此,对于给定的建筑(空间、开口等建筑本体参数确定),最小化渗透风量的目标等价于寻求可能实现的 C_T 最小值。再者根据其定义式(3.10),C_T 可用于量化描述高大空间室内垂直温度分布。因此,可通过对高大空间室内垂直温

度分布的具象化分析来探讨 C_T 的可及范围,而确定 C_T 最小值可等价于给出垂直温度分布的控制原则。下文将分析渗透风影响下的高大空间室内垂直温度分布特征。

　　基于 1.2.2 节对高大空间热湿环境营造研究的综述,目前对于高大空间室内垂直温度分布的研究多数考虑供暖或供冷时建筑关闭门窗的情景(不考虑渗透风的影响)或者自然通风的情景(室内不供暖或供冷)。在渗透风的影响下,大量供暖和供冷工况的实测结果(分别见图 2.8 和图 2.9)同样揭示了室内主流区域(除热源、壁面和送风口附近的区域外)普遍存在的"上热下冷"热分层现象,即对于给定的 $0 < h_1 < h_2 < H$,一般均满足 $T_{in}(h_1) \leqslant T_{in}(h_2)$。

　　渗透风影响下冬季供暖工况的室内垂直温度分布可以部分参照自然通风空间中热源浮力羽流造成的热分层流动理论来进行解释[114]。本书研究的渗透风即可等同于该理论中的自然通风;室内热源则是在原有内热源的基础上增加了空调系统供热,其中送风末端的作用类似于局部热源产生的受迫羽流(对纯粹浮力羽流采用虚拟极点修正从而考虑初始动量),辐射地板末端即为底部均布的热源。根据第 2 章中的实测数据,冬季供暖工况下空调系统供热量占室内总发热量的比例一般可达到 70% 以上,因此空调系统供热成为该工况下室内热分层流动的决定性因素。具体结合图 5.1(a)进行说明,局部热源(送风末端、人员、设备、灯光等)产生的羽流在上升过程中卷吸周围空气造成向上的空气流量不断增加。当向上流动的羽流到达顶部开口高度时,假如该部分空气流量大于房间总渗透风量,则有部分热空气将被迫反向向下流动;同时由于侧边围护结构的表面温度一般低于室内空气温度,附近空气会被冷却并呈现沿垂直壁面向下的自然对流。在房间不同高度断面上,上述向上与向下的空气流量差即为房间总渗透风量。在某个高度位置,假如向上流动的空气流量等于房间总渗透风量,则此高度以下的空间将不再有来自上层空间的热空气稳定向下流动,因此形成了热分层流动理论中稳定存在的"上热下冷"两个温度分区。上述理论在考虑壁面绝热且室内仅有一个点热源作用时,即为经典的高大空间自然通风"排灌箱模型"[132]。结合第 2 章中的实测结果(见图 2.8),上述理论很好地解释了射流送风高度以上空间温度较高且较为均匀的现象;然而,射流送风高度以下的空调控制区并非热分层流动理论给出的是均匀且接近室外温度的,而是从底部明显高于室外温度的值逐渐过渡到上层空间的温度。这主要是因为空调控制区内实际存在多种因素将各类热源自身热量或上层空间热空气掺混进入下层空间(如空调送风、人员走动等),这与热分层流动理论给定的纯粹浮力羽流作用有较大差别。上述基于热分层流动理论的解释与第 2 章中 M2 航站楼高大空间 CFD 模拟所得的流速场也能较好吻合(见图 2.17(a))。

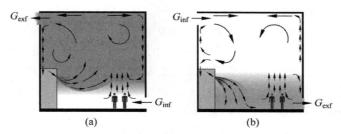

图 5.1　渗透风影响下高大空间室内气流及垂直温度分布示意图
(a) 冬季供暖工况；(b) 夏季供冷工况

　　渗透风影响下夏季供冷工况的室内垂直温度分布则是空调系统供冷与室内热源共同作用的结果,如第 2 章中的实测结果所示(详见图 2.9)。这与上述供暖工况的室内垂直温度分布及浮力羽流造成的传统热分层流动理论均有较大不同,具体结合图 5.1(b)进行说明。首先,此时空调系统送出的冷风不再呈现热源浮力羽流的上升流动现象,而是由于送风空气密度低于周围空气密度而呈现出送风下沉的现象,因此射流送风高度以下的空调控制区内温度较为均匀。再者,基于第 2 章的实地测试,此时的渗透风流动模式变成了"上进下出";而传统认知中"烟囱效应"造成的顶部排风现象只有可能发生在有足够大空间高度内均满足室内温度高于室外温度时(室内空间足够高、热源足够强),由此造成顶部开口处的室内外压差为正值。然而由于夏季交通建筑高大空间中的供冷作用,笔者在实地调研中并没有发现满足上述"烟囱效应"的情景。由于上述渗透风的作用,室外空气从顶部开口直接进入上部空间；同时由于屋面通常被太阳辐射加热,进而向室内传热,上部空间的温度一般高于室外温度。此外,空调控制区内的热源依旧会产生浮力羽流造成局部向上的空气流动；同时由于侧边围护结构的表面温度一般高于室内空气温度,因此附近空气会被加热并呈现沿垂直壁面向上的自然对流。上述两部分局部向上的空气流动也造成了更多的热量掺混进入上部空间,因此随室内高度增加,空气温度不断上升。上述解释也与第 2 章中 CFD 模拟所得的航站楼高大空间室内流速场能较好吻合(详见图 2.17(b))。

　　此外,上述关于室内垂直温度分布的讨论关注的是高大空间室内的主流区域,不关注送风口及各类壁面附近的特殊区域。严格意义上来说,冬季供暖工况下,室内最高空气温度点应该位于空调送风口附近或各类热源周围,而围护结构附近也会出现低于同一高度主流空气温度的区域;夏季供冷工况下,室内最低空气温度点应该位于空调送风口附近,而各类热源周围及围护结构附近也会出现高于同一高度主流空气温度的区域。上述特殊区域的体积在高大空间中占比较小(图 5.9 所示的 CFD 模拟结果可体现该结论),而本章关注的渗透风热压驱动力需要将空气温度差(密度差)对空间高度进行积分(详见式(3.2)),因此上述特殊区域对高大空间中整体渗透风流动的影响较小,第 3 章提出的理论模型可以通过检验为这一结论提供支撑。综上所述,本章在分析高大空间室内垂直温度分布特征时将忽略上述特殊区域的影响。

以上分析基本解释了在渗透风影响下供暖和供冷工况的高大空间室内垂直温度分布特征,即在室内主流区域内普遍存在的"上热下冷"热分层现象。接下来本书将基于上述高大空间室内垂直温度分布特征,进一步探讨最小化 C_T 的垂直温度分布控制原则。

5.2.2　垂直温度分布控制原则探讨

高大空间"上热下冷"热分层现象转化为数学语言表达即为:对于给定的 $0 < h_1 < h_2 < H$,一般均满足 $T_{in}(h_1) \leqslant T_{in}(h_2)$。室内参考温度 $T_{in,ref}$ 可近似认为是处于高度为 0 位置的空气温度,则可得到:对于任意 $0 < h < H$,一般均满足 $T_{in}(h) \geqslant T_{in,ref}$,进而室内平均温度 $\overline{T}_{in} \geqslant T_{in,ref}$。基于上述不等式和 C_T 的定义式(3.10),在供暖和供冷工况的 $T_{in,ref}$ 各自给定时,C_T 的可及范围如图 5.2 所示:在冬季供暖工况下,室外温度低于室内温度($T_{out} < T_{in}$),则 $C_T \approx (\overline{T}_{in} - T_{out}) / (T_{in,ref} - T_{out}) \geqslant 1$;在夏季供冷工况下,室外温度高于室内温度($T_{out} > T_{in}$),则 $C_T \approx (T_{out} - \overline{T}_{in}) / (T_{out} - T_{in,ref}) \leqslant 1$。

在上述 C_T 的可及范围内取最小值,则冬季供暖工况应该尽量实现 $C_T = 1$,夏季供冷工况应该在小于 1 的范围内尽量降低 C_T。结合图 5.2 直接显示的室内垂直温度分布范围(阴影区域),可以初步得到最小化渗透风量的高大空间室内垂直温度分布控制原则,即冬季供暖工况缓解上热下冷,夏季供冷工况实现有效分层。理论上来说,冬季供暖工况下如果可以实现室内"上冷下热",则可以进一步降低 C_T,然而由于空气温度越低密度越大,上述现象在以对流换热为主的供暖/空调房间内难以稳定存在,目前的

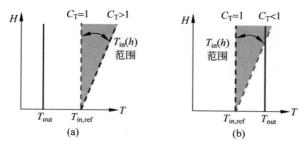

图 5.2　供暖和供冷工况下垂直温度分布及 C_T 的可及范围

(a) 冬季供暖工况；(b) 夏季供冷工况

实际工程或实验研究中也未曾给出过稳定维持上述现象的可行方式。

那么如何在高大空间中实现上述室内垂直温度分布控制原则呢？室内垂直温度分布与室内热量/冷量的供给方式有关，主要体现为空调末端、渗透风、内热源和冷/热壁面的共同作用。在供暖/供冷工况下、由于空调末端提供了最大的热量/冷量，因此对室内垂直温度分布有最显著的影响（如图 2.8 和图 2.9 所示的实测结果）。接下来，笔者将冬季供暖工况和夏季供冷工况的室内情景均抽象为"单体高大空间内冷热两股流体的相互作用"，并对其室内热分层现象进行无量纲分析，来揭示热量/冷量的供给方式对垂直温度分布的作用机理。

5.3　单体高大空间内冷热两股流体相互作用下的热分层

5.3.1　冬季供暖工况

文献中对于室内热分层的无量纲分析主要集中在描述一股冷流体进入房间从而带走室内热量的情景，主要包含自然通风排热[114]、混合通风供冷[192,195] 和置换通风供冷[193-195]。文献通常采用通风效率（也称无量纲过余温度，或采用其倒数热分布系数）来描述非等温房间的通风情况或热分层强度。通风效率与笔者在第 3 章中定义的冬季供暖工况 C_T 类似，即把式（3.10）中的室内平均温度 $\overline{T}_{in}$ 替换为排风温度（或空间顶部最高温度），而式（3.10）中的室外温度 T_{out} 即等同于自然通风或供冷时的送风温度。对室内空气非等温流动的控制方程进行无量纲化[192]，则室内热分层的主要影响因素可采用阿基米德数 Ar 来描述，定义如式（5.1）所示：

$$Ar = \frac{Gr}{Re^2} = \frac{g\beta\Delta TH}{u^2} \qquad (5.1)$$

其中 β 为空气体积膨胀系数；H 为特征长度，可取为室内高度。式(5-1)表征了非等温流动中浮升力和惯性力之比，可用格拉晓夫数 Gr 与雷诺数 Re 表示。

　　基于 2.3 节的实测结果，冬季供暖工况下高大空间室内主要的热量由空调末端给出，而主要的冷量由渗透风带来。因此借鉴上述文献研究，冬季供暖工况渗透风作用下单体高大空间的室内热分层问题可归纳为冷热两股流体的相互作用(详见图 5.3)，即一股冷流体的非等温贴壁射流(渗透风从底部门沿地板流入)和一股热流体的非等温自由射流(空调热风从送风口流入)。

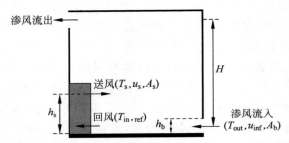

图 5.3　冷热两股流体相互作用：冬季供暖工况单体高大空间的室内热分层

　　针对上述研究问题，笔者同样采用第 3 章中定义的 C_T 来描述室内热分层强度，而室内热分层的影响因素需要定义两个 Ar 来描述，即渗透风造成的冷流体 Ar_c 和空调供暖造成的热流体 Ar_h。两个 Ar 的定义可基本参照式(5.1)，而其中的特征长度需要引入几个流体入流几何特征参数来进行修正。

　　冷流体入流的几何特征参数包括开口高度(取底部门高度 h_b)和开口面积(取底部门面积 A_b)。将两个参数无量纲化后分别如式(5.2)和式(5.3)所示：

$$h_c^* = \frac{h_b}{H} \qquad (5.2)$$

$$A_c^* = \frac{A_b}{H^2} \qquad (5.3)$$

　　热流体入流的几何特征参数包括开口高度(取送风口中心高度 h_s)和

开口面积(取送风口面积 A_s)。将两个参数无量纲化后分别如式(5.4)和式(5.5)所示:

$$h_h^* = \frac{h_s}{H} \tag{5.4}$$

$$A_h^* = \frac{A_s}{H^2} \tag{5.5}$$

文献中也多采用上述定义的无量纲开口高度(h^*)和无量纲开口面积(A^*)对 Ar 进行形如 $Ar(h^*)^m(A^*)^n$ 的修正,如混合通风供冷[192]取 $m=1,n=0$;置换通风供冷[193-194]取 $m=0,n=0$;混合通风和置换通风同时供冷[195]取 $m=3,n=-1$;自然通风排热[114]在取 $m=0,n=-2$ 后,再整体乘以 F^2/H^4(F 为房间地板面积)。笔者用本节的数据进行尝试,最终取 $m=1,n=-2$ 时可获得较好的拟合结果,因此冬季供暖工况下的 Ar_c 和 Ar_h 分别定义如式(5.6)和式(5.7)所示:

$$Ar_c = Ar \cdot h_c^* \cdot A_c^{*-2} = \frac{g\beta(T_{in,ref} - T_{out})H^4 h_b}{u_{inf}^2 A_b^2} \tag{5.6}$$

$$Ar_h = Ar \cdot h_h^* \cdot A_h^{*-2} = \frac{g\beta(T_s - T_{in,ref})H^4 h_s}{u_s^2 A_s^2} \tag{5.7}$$

其中,热流体由空调末端给出,需要对不同空调末端的参数取法进行说明:送风末端(混合通风和置换通风)即可按照前文给出的参数定义取值;对于辐射地板,笔者将其近似等效为以人员活动区风速从地面附近垂直向上送出热空气的送风末端,则式(5.7)中的 $T_{in,ref}$ 即为人员活动区空气温度,T_s 取为地板表面温度,h_s 取为 0.01 m(辐射地板的空气热边界层厚度一般在该量级),u_s 取为人员活动区平均风速(一般为 0.1~0.5 m/s),并通过辐射地板供热量、$T_{in,ref}$、T_s 和 u_s 反算出等效的送风面积 A_s。以上对于辐射地板的等效定义方式将在后文进行合理性验证。

基于以上分析,下文将给出形如式(5.8)的冬季供暖工况 C_T 无量纲关系式:

$$C_T = f(Ar_c, Ar_h) \tag{5.8}$$

笔者采用单体高大空间交通建筑 CFD 模型(详见附录 C)来获得拟合无量纲关系式所需的数据。该模型的算例参数及其变化范围见表 5.1,能够覆盖常见的冬季室外温度、建筑参数和空调末端方式。

表 5.1　冬季供暖工况 C_T 无量纲关系式拟合算例的参数变化范围

参　　　数	变　化　范　围
室外温度/℃	$-20\sim10$
建筑高度	$0.5H,0.75H,H,1.25H,1.5H$
建筑面积	$0.5F,0.75F,F,1.25F,1.5F$
天窗面积	$0.125A,0.25A,0.35A,0.4A,0.5A,A,2A$
天窗高度位置/m	$9,10,14,18,20,24,29$
空调末端方式	混合通风(19 m/12 m/5 m 射流送风),置换通风,辐射地板
循环风量	$0.5G,0.75G,G,2G,3G,4G$
新风量-排风量/h^{-1}	$-0.3\sim0.3$

注：H、F、A 和 G 分别表示原始算例的建筑高度、地板面积、天窗面积和循环风量。

根据表 5.1 中参数的变化范围,笔者共计算了 58 组算例,所有算例的人员活动区平均温度均在 $10\sim25℃$,能够体现冬季供暖工况的真实情景。由于送风末端(混合通风和置换通风)情景下的无量纲参数定义方法已被广泛采用,因此笔者将采用 53 组送风末端算例(43 组混合通风算例和 10 组置换通风算例)的数据用于拟合无量纲关系式,然后检验余下 5 组辐射地板算例是否能够符合送风末端的无量纲关系式,从而确定笔者定义的辐射地板 Ar_h 是否有效。

拟合表 5.1 中的送风末端算例(混合通风和置换通风)得到无量纲关系式：

$$C_T = 1 + 0.259 Ar_c^{-0.272} Ar_h^{0.420}, \quad R^2 = 0.93 \tag{5.9}$$

其中,$1\times10^2 < Ar_c < 2\times10^6$; $6\times10^{-1} < Ar_h < 3\times10^3$; Ar_c 的 p 值小于 10^{-15},Ar_h 的 p 值小于 10^{-20},可认为回归结果显著。

图 5.4 给出了式(5.9)生成的拟合曲面及 C_T 的计算结果对比。采用无量纲关系式(5.9)计算 C_T 的结果与 CFD 模拟结果的偏差基本在 $\pm10\%$(最大偏差为 -12.4%),平均绝对值偏差为 4.4%。基于笔者给出的辐射地板 Ar_h 等效定义(详见式(5.7)后的说明),该无量纲关系式同样能较为准确地计算采用辐射地板供暖时的 C_T(最大偏差为 -6.8%,平均绝对值偏差为 4.2%,详见图 5.4(b)),因此上述辐射地板 Ar_h 的等效定义方式具有合理性。

接下来将应用拟合得到的 C_T 无量纲关系式对高大空间冬季室内热分层进行分析。首先由式(5.9)可知,C_T 随冷流体 Ar_c 的增加而呈现单调递减,随热流体 Ar_h 的增加而呈现单调递增。上述变化趋势具体分析如下。

对于冷流体(渗透风),较大的 Ar_c 意味着其流动状态主要受到浮升力

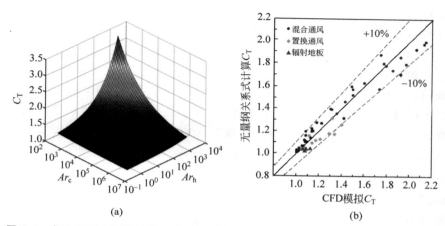

图 5.4　冬季供暖工况渗透风驱动力的无量纲关系式 $C_T = f(Ar_c, Ar_h)$（见文前彩图）

(a) 拟合曲面；(b) C_T 计算结果对比

的影响。浮升力主导时，密度较大的冷空气通过贴近地面的外门进入室内人员活动区，被内热源加热后随热羽流上升并最终从顶部开口流出，因此上部空间中的空气温度较为均匀。理论上当没有渗透风时（$u_{inf} = 0$ m/s），Ar_c 趋于无限大，则 C_T 趋于 1，室内空气温度完全均匀，该情景即为供暖设计阶段认为门窗关闭不考虑室内热分层。上述趋势与置换通风供冷情景下的主体趋势相同[114,193,195]；然而随着 Ar_c 减小，惯性力的作用增加，上述文献指出在达到一定的转变点时置换通风将变为混合通风，即激荡的气流加剧室内空气掺混进而破坏热分层，最终造成房间温度再次趋向均匀。笔者将上述文献中的流动转变点按照式(5.6)整理得到冷流体 Ar_c 的范围分别如下：8～33[114]，18～82[193] 和 32～106[195]。由此可见，转变点的 Ar_c 一般在 10^1 量级。而冬季渗透风的冷流体 Ar_c 取值范围一般为 $1 \times 10^2 \sim 2 \times 10^6$（源于表 5.1 中算例），大于上述转变点，因此冬季渗透风作为冷流体入流时一般可忽略上述文献中提及的高速入流破坏热分层的情景。综上所述，高大空间中冬季渗透风作为冷流体入流与传统研究中置换通风供冷对于室内热分层的作用机理类似。

对于热流体（空调供暖），较大的 Ar_h 同样意味着其流动状态主要受到浮升力的影响。然而，此时浮升力主导的流动情景与冷流体有所不同：密度较小的热空气通过空间中下部的送风口进入室内（由于是空调末端送出热风，入流位置一般靠近人员活动区），惯性力相对较弱时流动造成的掺混作用不强烈,热空气容易上升至空间上部从而加剧室内热分层。因此,为了能够满足 5.2.2 节提出的垂直温度分布控制原则("冬季供暖工况缓解上热下冷"),需要空调末端的热量供给方式能够实现尽量小的 Ar_h,即减少浮升力的相对强度。根据 Ar_h 的定义式(5.7),对于送风末端(置换通风和混合通风)来说,较高的送风温度、较高的送风高度或较小的送风风速均会造成较大的 Ar_h,因此一般不希望上述情况发生。在供给相同热量的情况下,置换通风相较于混合通风可以降低送风温度和送风高度,因此可以获得较小的 Ar_h,理论上可使房间垂直温度分布接近均匀(C_T 接近 1,如图 5.4(b)所示)。对于辐射地板,文献[114]分析得出其在供暖工况下可使热边界层的 Gr 达到 10^9 量级,因此自然对流足以形成湍流,从而使房间垂直温度分布较为均匀。而笔者给出的 Ar_h 定义将辐射地板等效为从地面附近垂直向上低速送出热空气的送风末端,其相较于一般置换通风可进一步降低等效送风高度和等效送风温度,同样可以解释其营造的垂直均匀热环境。

5.3.2　夏季供冷工况

夏季供冷工况下高大空间室内的冷量主要由空调末端给出,而热量由渗透风、内热源、太阳辐射等带来。本节主要考虑空调供冷和渗透风对室内热分层的影响(假定内热源、太阳辐射等其余热量变化不大),同样可将单体高大空间的室内热分层问题归纳为冷热两股流体的相互作用(详见图 5.5),即一股冷流体的非等温射流(空调冷风从送风口流入)和一股热流体的非等温射流(渗透风从顶部窗流入)。

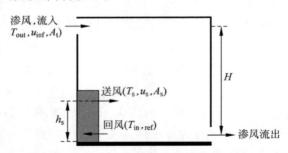

图 5.5　冷热两股流体相互作用:夏季供冷工况单体高大空间的室内热分层

针对上述研究问题,同样可以采用第 3 章中定义的 C_T 来描述室内热分层强度,采用两个 Ar 来描述室内热分层的影响因素(冷流体 Ar_c 和热流体 Ar_h)。然而,夏季供冷工况下这 3 个参数的含义与冬季供暖工况下有所不同。首先,C_T 定义式(3.10)中的室外温度 T_{out} 高于室内温度 T_{in},此时 C_T 越小热分层越强烈,因此夏季供冷工况下的 C_T 与冬季供暖工况下的 C_T 及研究室内热分层时常用的通风效率[114,192-195] 均存在不同。再者,此时空调的影响采用冷流体 Ar_c 描述,而渗透风的影响采用热流体 Ar_h 描述,两个参数与冬季供暖工况相反。综上所述,虽然可以借鉴冬季供暖工况的分析方法(采用 Ar_c 和 Ar_h 拟合 C_T),但需要重新定义 Ar_c 和 Ar_h。Ar 的基本定义同样可参照式(5.1),而用于修正特征长度的流体入流几何特征参数重新定义如下。

冷流体入流的几何特征参数包括开口高度(取送风口中心高度 h_s)和开口面积(取送风口面积 A_s)。将两个参数无量纲化后分别如式(5.10)和式(5.11)所示。

$$h_c^* = \frac{h_s}{H} \tag{5.10}$$

$$A_c^* = \frac{A_s}{H^2} \tag{5.11}$$

热流体入流的几何特征参数包括开口高度(室内有效高度 H)和开口面积(取顶部窗面积 A_t)。将两个参数无量纲化后分别如式(5.12)和式(5.13)所示。

$$h_h^* = 1 \tag{5.12}$$

$$A_h^* = \frac{A_t}{H^2} \tag{5.13}$$

同样采用上述定义的无量纲开口高度(h^*)和无量纲开口面积(A^*)对 Ar 进行形如 $Ar(h^*)^m(A^*)^n$ 的修正。笔者用本节的数据进行尝试,最终取 $m=-1,n=0$ 时可获得较好的拟合结果,因此夏季供冷工况下的 Ar_c 和 Ar_h 分别定义如式(5.14)和式(5.15)所示。

$$Ar_c = Ar \cdot h_c^{*-1} = \frac{g\beta(T_{in,ref} - T_s)H^2}{u_s^2 h_s} \tag{5.14}$$

$$Ar_h = Ar \cdot h_h^{*-1} = \frac{g\beta(T_{out} - T_{in,ref})H}{u_{inf}^2} \tag{5.15}$$

式(5.14)在采用辐射地板时的等效方式与冬季供暖工况类似:$T_{in,ref}$ 取为人员活动区空气温度,T_s 取为地板表面温度,h_s 取为 0.01 m,u_s 取为人员活动区平均风速。以上对于辐射地板的等效方式将在后文进行合理性验证。

下文将类似地给出形如式(5.8)的夏季供冷工况 C_T 无量纲关系式。笔者采用单体高大空间交通建筑 CFD 模型(详见附录 C)来获得拟合无量纲关系式所需的数据。该模型的算例参数及其变化范围(见表 5.2)能够覆盖常见的夏季室外温度、建筑参数和空调末端方式。

表 5.2　夏季供冷工况 C_T 无量纲关系式拟合算例的参数变化范围

参　　数	变　化　范　围
室外温度/℃	$30 \sim 40$
建筑高度	$0.5H, 0.75H, H, 1.25H, 1.5H$
建筑面积	$0.5F, 0.75F, F, 1.25F, 1.5F$
天窗面积	$0.125A, 0.25A, 0.35A, 0.4A, 0.5A, A, 2A$
天窗高度位置/m	$9,10,14,18,20,24,29$
空调末端方式	混合通风(19 m/12 m/5 m 射流送风),置换通风,辐射地板
循环风量	$0.1G, 0.2G, 0.3G, 0.5G, 0.6G, 0.75G, G, 2G, 3G, 4G$
新风量-排风量/h^{-1}	$-0.3 \sim 0.3$

注: H、F、A 和 G 分别表示原始算例的建筑高度、地板面积、天窗面积和循环风量。

根据表 5.2 中参数的变化范围,笔者共计算了 46 组算例,所有算例的人员活动区平均温度均在 $20 \sim 30$℃,能够体现夏季供冷工况的真实情景。由于送风末端(混合通风和置换通风)情景下的无量纲参数定义方法已被广泛采用,因此笔者将采用 41 组送风末端算例(21 组混合通风算例和 20 组置换通风算例)的数据用于拟合无量纲关系式,然后检验余下 5 组辐射地板算例是否能够符合送风末端的无量纲关系式,从而确定笔者定义的辐射地板 Ar_c 是否有效。

拟合表 5.2 中的送风末端算例(混合通风和置换通风),得到无量纲关系式:

$$C_T = 0.819 Ar_c^{-0.0445} Ar_h^{-0.0434}, \quad R^2 = 0.93 \quad (5.16)$$

其中,$5 \times 10^{-3} < Ar_c < 2 \times 10^5$;$1 \times 10^0 < Ar_h < 6 \times 10^1$。$Ar_c$ 的 p 值小于 10^{-15},Ar_h 的 p 值为 0.031,基本可认为回归结果显著,Ar_h 显著性较弱的原因将在后文具体讨论。

图 5.6 给出了式(5.16)生成的拟合曲面及 C_T 的计算结果对比。采用无量纲关系式(5.16)计算 C_T 的结果与 CFD 模拟结果的偏差基本在 $\pm10\%$(最大偏差为 14.8%),平均绝对值偏差为 5.3%。基于笔者给出的辐射地板 Ar_c 等效定义(详见式(5.14)后的说明),该无量纲关系式同样能较为准确地计算采用辐射地板供冷时的 C_T(最大偏差为 14.3%,平均绝对值偏差为 6.8%,详

见图 5.6(b)),因此上述辐射地板 Ar_c 的等效定义方式具有合理性。

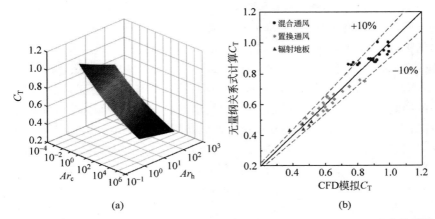

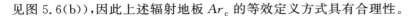

图 5.6　夏季供冷工况渗透风驱动力的无量纲关系式 $C_T = f(Ar_c, Ar_h)$（见文前彩图）

(a) 拟合曲面；(b) C_T 计算结果对比

接下来将应用拟合得到的 C_T 无量纲关系式对高大空间夏季室内热分层进行分析。首先由式(5.16)可知,C_T 随冷流体 Ar_c 和热流体 Ar_h 的增加均呈现单调递减趋势。上述变化趋势具体分析如下。

对于冷流体(空调供冷),较大的 Ar_c 意味着其流动状态主要受到浮升力的影响。浮升力主导时,密度较大的冷空气通过空调送风口进入室内人员活动区,其可能通过回风口回到空调系统,可能通过外门流向室外,也可能被室内热源加热后随热羽流上升。然而由于夏季供冷工况主导的渗透风流动方向与冬季供暖工况相反,空调送出的冷空气在被内热源加热后,一般情况下,其温度仍然低于上部空间温度(室外温度的空气渗透进入上部空间,然后还可能会被各类热壁面进一步加热),因而难以像冬季供暖工况的冷流体(渗透风)那样,被内热源加热后大量上浮进入上部空间使垂直温度分布变得均匀。换言之,浮升力越强意味着空调送出的冷空气越难进入上部空间,因而室内热分层越显著。而当惯性力主导时,流动造成的掺混作用强烈,容易使室内温度均匀。因此,为了能够满足 5.2.2 节提出的垂直温度分布控制原则("夏季供冷工况实现有效分层"),需要空调末端的冷量供给方式能够实现尽量大的 Ar_c,即增加浮升力的相对强度。根据 Ar_c 的定义式(5.14),对于送风末端(置换通风和混合通风)来说,较高的送风温度、较高的送风高度或较大的送风风速均会造成较小的 Ar_c,因此一般不希望上述情况发生。在供给相同冷量的情况下,置换通风相较于混合通风可以降低送风风速和送风高度,因此可以获得较大的 Ar_c,而实际应用中的限制是送风温度的下限(在供冷量一定时,要降低送风风速,则需要降低送风温度)。对于辐射地板,根据笔者给出的 Ar_c 定义,其相对于一般置换通风可以进一步降低等效送风高度和等效送风风速,因此可以进一步加强室内热分层(降低 C_T)。

对于热流体(渗透风),较大的 Ar_h 同样意味着其流动状态主要受到浮升力的影响。在浮升力主导时,室外热空气渗透进入室内后倾向于停留在上部空间,而惯性力相对较弱,流动造成的掺混作用并不强烈,两方面共同作用从而加剧室内热分层。然而从式(5.16)的回归结果可知,无论相较于夏季供冷工况 Ar_c,还是 5.3.1 节中同样是渗透风作用的冬季供暖工况 Ar_c,此处 Ar_h 的显著性相对较弱,其原因可结合 2.3 节的实地测试结果进行解释。夏季供冷工况下,室内的冷量主要由空调给出,冬季供暖工况下室内的热量主要被渗透风带走,因此夏季供冷工况 Ar_c 和冬季供暖工况 Ar_c 对于室内热分层具有主导作用,体现在回归结果显著性强。而夏季供冷工况下室内的热源由多部分组成(渗透风、内热源、太阳辐射等),且每一部分都占据了相当的比例。因此夏季供冷工况 Ar_h(渗透风)对于室内热分层的影响相对较弱,体现在回归结果显著性较弱。本节算例设定渗透风以外热源带来的热量变化不大,而实际中影响夏季高大空间室内热分层的热源因素会更加复杂。

5.4 垂直温度分布控制原则的空调末端实现方式

本节将利用 CFD 模拟对比几种常见高大空间空调末端营造的室内垂直温度分布和造成的渗透风量,并应用前文的理论分析方法对模拟结果进行讨论,从而给出 5.2.2 节所述垂直温度分布控制原则的具体实现方式。

5.4.1 模拟算例说明

高大空间简化 CFD 模型的示意图详见图 C.4,为了对比不同的空调末端方式,该模型包含了两个子模型:混合通风子模型和置换通风/辐射地板子模型。模型的基本设定和边界条件详见表 C.2。本节的对比算例如表 5.3 所示,其中主要包含 4 种高大空间中常见的空调末端方式:全空间空调(19 m高处射流送风,编号为 MV19)、分层空调(12 m 和 5 m 高处射流送风,分别编号为 MV12 和 MV5)、置换通风(正常风量和风量变化,分别编号为 DV 和DV-1)和辐射地板+置换通风(以辐射地板为主提供冷或热量,编号为 RF+

DV)。另外,MV5-d 和 DV-d 算例中各类与室外连通的开口均处于关闭状态,即可认为是 MV5 和 DV 算例分别对应的设计情景(2.3.3 节的调研结果显示设计阶段一般不考虑渗透风)。该模型中的外墙均通过给定换热系数[196] 和室外综合温度[197] 的方式来计算,因此可计算得到不同空调末端作用下的围护结构传热量。该模型的求解设置和模型检验详见附录 C。

表 5.3　Y 案例高大空间简化 CFD 模型的算例列表

	编号	空调末端	送风参数		
			换气次数 /h^{-1}	供暖温度/℃	供冷温度/℃
外门开启 (空气幕开启)	MV19	19 m 高处射流送风	1.9	49.1	16.2
	MV12	12 m 高处射流送风	1.9	50.4	15.2
	MV5	5 m 高处射流送风	1.9	40.2	16.9
	DV	置换通风	1.9	35.2	18.6
	DV-1	置换通风-风量变化	3.9	27.2	—
			0.9	—	14.6
	RF+DV	辐射地板＋置换通风	1.4	20.0	21.5
外门关闭 (无渗透风)	MV5-d	5 m 高处射流送风	1.9	22.9	18.1
	DV-d	置换通风	1.9	22.1	19.9

注:各算例中的机械新风量 $a_f(a_f=a_s-a_r)$ 均设为 0.26 h^{-1},即 39 m^3/(h·人)。
"—"表示无此算例。

为了公平比较不同空调末端营造的室内垂直温度分布及造成的渗透风量,冬季供暖工况和夏季供冷工况下各算例人员活动区的热舒适状态应该分别保持相同。根据上述比较基准,表 5.3 中的送风温度是在给定送风换气次数的基础上迭代所得,以此来实现各算例中人员活动区(坐姿为主时取距地面 0.6 m 高度处)的平均操作温度达到目标值:冬季供暖工况下为 20℃,夏季供冷工况下为 26℃(夏季供冷工况同时控制含湿量在 12 g/kg)。上述人员活动区的操作温度[172] 定义为

$$T_{op,0.6m} = \frac{\alpha_r T_r + \alpha_c T_a}{\alpha_r + \alpha_c} \tag{5.17}$$

其中,T_a 和 T_r 分别为空气温度和平均辐射温度;α_c 和 α_r 分别为对流换热系数和辐射换热系数,分别采用 ASHRAE Handbook 中给出的式(5.18)和式(5.19)进行计算[172]:

$$\alpha_r = 4\varepsilon_{cl}\sigma \frac{A_r}{A_D}\left(\frac{T_r + T_{cl}}{2} + 273.15\right)^3 \tag{5.18}$$

$$\alpha_{\mathrm{c}}=\begin{cases} 8.3u^{0.6}, & 0.2 < u < 0.4 \ \mathrm{m/s} \\ 3.1, & 0.0 < u < 0.2 \ \mathrm{m/s} \end{cases} \tag{5.19}$$

其中，$\varepsilon_{\mathrm{cl}}$ 为着装人体表面的平均发射率，一般可取为 0.95；σ 为斯特藩-玻尔兹曼常数，5.67×10^{-8} W/$(\mathrm{m}^2\cdot\mathrm{K}^4)$；$A_{\mathrm{r}}/A_{\mathrm{D}}$ 为人体表面有效辐射区域的比例，对于坐姿人体一般可取为 0.7；T_{cl} 为着装人体表面的温度；u 为人员活动区的空气流速，单位为 m/s。

为了量化比较高大空间主流区域内的非均匀室内环境，笔者定义了垂直温度梯度（g_T）和垂直室内外压差梯度（$g_{\Delta p}$）：

$$g_T = \frac{T_{\mathrm{a,top}} - T_{\mathrm{a,bottom}}}{h_{\mathrm{top}} - h_{\mathrm{bottom}}} \tag{5.20}$$

$$g_{\Delta p} = \frac{\Delta p_{\mathrm{top}} - \Delta p_{\mathrm{bottom}}}{h_{\mathrm{top}} - h_{\mathrm{bottom}}} \tag{5.21}$$

其中，T_{a} 和 Δp 分别取同一高度平面上主流区域空气温度和室内外压差的平均值；h_{top} 和 h_{bottom} 为高大空间主流区域的顶部高度和底部高度，在后文的计算对比中分别取为 19.8 m 和 0.2 m（室内总高度为 20 m）。

5.4.2　模拟结果分析

表 5.3 中冬季供暖和夏季供冷工况下采用不同空调末端方式的 CFD 模拟结果具体如下：渗透风量如图 5.7 所示，温度和压力垂直分布如图 5.8 所示，典型位置的速度场（$x=32$ m 剖面）如图 5.9 所示。本节将对上述模拟结果进行详细分析，从而对比不同空调末端对于垂直温度分布及渗透风量的影响。

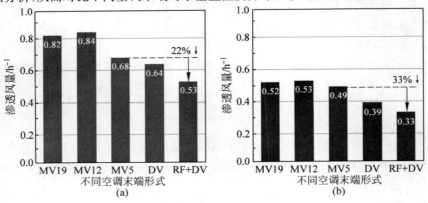

图 5.7　不同空调末端作用下渗透风量的比较

(a) 冬季供暖工况；(b) 夏季供冷工况

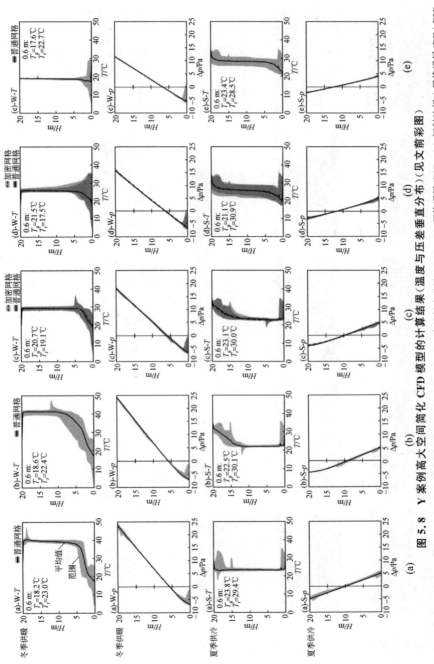

图 5.8　Y 案例高大空间简化 CFD 模型的计算结果（温度与压差垂直分布）（见文前彩图）

(a) 19 m 高处射流送风（MV19）；(b) 12 m 高处射流送风（MV12）；(c) 5 m 高处射流送风（MV5）；(d) 置换通风（DV）；(e) 辐射地板 + 置换通风（RF+DV）

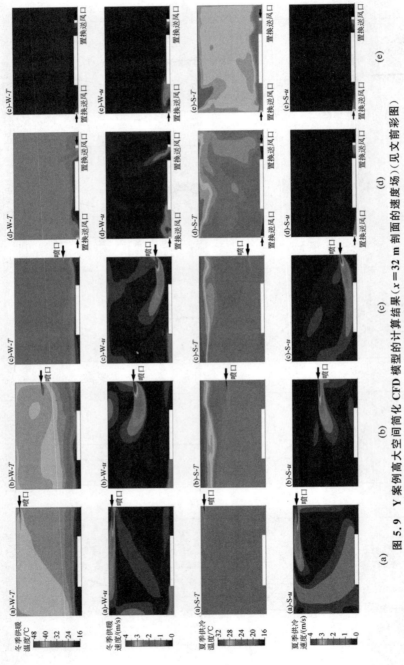

图 5.9　Y 案例高大空间简化 CFD 模型的计算结果（x = 32 m 剖面的速度场）（见文前彩图）

(a) 19 m 高处射流送风（MV19）；(b) 12 m 高处射流送风（MV12）；(c) 5 m 高处射流送风（MV5）；
(d) 置换通风（DV）；(e) 辐射地板＋置换通风（RF＋DV）

5.4.2.1　混合通风（MV）

采用混合通风的高大空间中最常见的气流组织形式为全空间空调和分层空调，分别对应表 5.3 中的 19 m 高处射流送风（MV19）和 5 m 高处射流送风（MV5）。在渗透风影响下，两种末端形式造成了不同程度的室内热分层，如图 5.8(a)和(c)所示。在冬季供暖工况下，全空间空调（MV19，g_T＝1.17 K/m，$g_{\Delta p}$＝1.53 Pa/m）比分层空调（MV5，g_T＝0.49 K/m，$g_{\Delta p}$＝1.23 Pa/m）造成了更强烈的室内热分层；然而在夏季供冷工况下，全空间空调（MV19，g_T＝0.02 K/m，$g_{\Delta p}$＝−0.49 Pa/m）却比分层空调（MV5，g_T＝0.44 K/m，$g_{\Delta p}$＝−0.44 Pa/m）营造出了更均匀的室内热环境。上述室内垂直温度分布可通过模拟所得的速度场进行解释，如图 5.9(a)和(c)所示。全空间空调（MV19）在冬季供暖工况下难以将密度较低的热风送入人员活动区，而在夏季供冷工况下，贴附顶面射流可以将上部空间完全冷却。最终全空间空调（MV19）造成的渗透风量在冬季供暖工况和夏季供冷工况均高于分层空调（MV5），如图 5.7 所示。

以最常见的 5 m 高处射流送风为例，图 5.10 对比了设计算例 MV5-d（外门关闭，无渗透风）和实际算例 MV5 的垂直温度分布。设计情景中冬季供暖工况和夏季供冷工况均能达到较为均匀的室内垂直温度分布。然而实际情景中门窗开启造成了严重的渗透风，为了将人员活动区的操作温度控制到与设计相同，冬季需要将送风温度从 22.9℃升高到 40.2℃，夏季需要将送风温度从 18.1℃降到 16.9℃。最终造成两个工况下均出现了显著的室内热分层现象，由此说明热分层现象是开启的门窗和空调系统共同作用的结果。

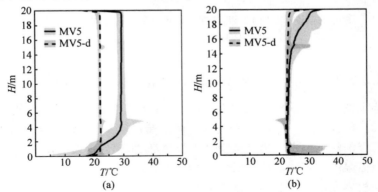

图 5.10　设计（外门关闭）与实际的垂直温度分布对比：5 m 高处射流送风

(a) 冬季供暖工况；(b) 夏季供冷工况

5.4.2.2　置换通风（DV）

如图 5.8 所示，置换通风在冬季供暖工况（$g_T = 0.28$ K/m，$g_{\Delta p} = 1.12$ Pa/m）比混合通风营造出了更均匀的室内热环境，而在夏季供冷工况（$g_T = 0.49$ K/m，$g_{\Delta p} = -0.41$ Pa/m）造成了更强烈的室内热分层。置换通风造成的渗透风量在冬季供暖工况和夏季供冷工况均低于混合通风，如图 5.7 所示。

图 5.11 对比了采用置换通风时设计算例 DV-d（外门关闭，无渗透风）和实际算例 DV 的垂直温度分布。与混合通风类似（详见图 5.10），开启的门窗和空调系统共同作用造成了室内热分层现象。为了将人员活动区的操作温度控制到与设计相同，冬季需要将送风温度从 22.1℃升高到 35.2℃，夏季需要将送风温度从 19.9℃降到 18.6℃。

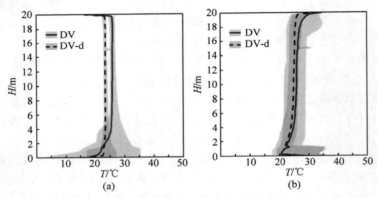

图 5.11　设计（外门关闭）与实际的垂直温度分布对比：置换通风

(a) 冬季供暖工况；(b) 夏季供冷工况

5.4.2.3　辐射地板＋置换通风（RF＋DV）

为了营造出更加舒适的室内环境，实际工程中辐射地板时常与送风空调末端共同使用。一方面需要送风空调末端供给新风，另一方面需要同时满足夏季的除湿需求。再者考虑到人员热舒适，辐射地板的供热/供冷能力受到表面温度的限制，有时需要送风空调末端补充供热/供冷量（文献推荐辐射地板表面温度一般应控制在 17～29℃[198]）。因此，表 5.3 中的辐射地板算例同时也开启了置换通风，最终计算得到的冬季地板表面温度为 26.9℃，夏季为 19.8℃，均可满足热舒适的要求。

如图 5.8 所示,辐射地板+置换通风的系统在冬季供暖工况($g_T =$ 0.09 K/m,$g_{\Delta p} =$ 0.86 Pa/m)比上述所有空调末端都营造出了更均匀的室内热环境,而在夏季供冷工况($g_T =$ 0.52 K/m,$g_{\Delta p} = -$ 0.31 Pa/m)形成了强烈的室内热分层。除此之外相较于置换通风,辐射地板+置换通风的系统在冬季供暖工况可将人员活动区的平均辐射温度从 17.5℃升高到 22.7℃,在夏季供冷工况可将平均辐射温度从 30.9℃降到 28.5℃。因此在保证操作温度相同的情况下,该系统可在冬季供暖工况将人员活动区的空气温度从 21.5℃降到 17.6℃,在夏季供冷工况将空气温度从 21.1℃升高到 23.4℃。最终辐射地板+置换通风的系统造成的渗透风量在冬季供暖工况和夏季供冷工况均为所有空调末端中的最小值,如图 5.7 所示。

5.4.3 空调末端与渗透风无量纲热压驱动力 C_T 的关系

图 5.12 对比了冬季供暖和夏季供冷工况下 5 种空调末端(MV19、MV12、MV5、DV 和 RF+DV)营造的室内垂直温度分布(平均值)。

在冬季供暖工况下(见图 5.12(a)),混合通风算例 MV19 和 MV12 有相似的垂直温度分布,其喷口送出的热风均难以有效作用到人员活动区。当送风高度下降到距地面 5 m 处时(MV5),送风高度以上空间的平均温度相比 MV12 有大幅降低。而置换通风相当于将送风口进一步降低并直接置于人员活动区中,可将热风直接送入人员活动区,比上述所有混合通风空调末端都营造出了更均匀的室内热环境;如果将置换通风量加倍(送风温度降低),则室内垂直温度分布更加接近完全均匀的情况。再者,如果室内主要的热量采用辐射地板来供给(RF+DV),则实现最为均匀的室内垂直温度分布($g_T =$ 0.09 K/m),相比送风末端可将人员活动区的空气温度进一步降低。以上模拟结果与第 2 章供暖工况的实测数据(见图 2.8)均有较好的吻合。

在夏季供冷工况下(见图 5.12(b)),全空间空调(MV19)营造出了最均匀的室内垂直温度分布($g_T =$ 0.02 K/m)。当送风高度进一步降至 12 m (MV12,$g_T =$ 0.45 K/m)和 5 m(MV5,$g_T =$ 0.44 K/m)时,由于冷风下沉作用,送风高度以下的空调控制区均呈现出均匀的热环境,而高温顶面造成上部空间空气温度较高。置换通风相当于将送风口进一步降低并直接置于人员活动区中,可将冷风直接送入人员活动区(详见图 5.9(d)-S-u 所示的流速场),因此产生了更大的室内垂直温度梯度($g_T =$ 0.49 K/m);如果将置换通风量减半(送风温度降低),则热分层现象更加显著。再者,如果室内主要的冷量采用辐射地板来供给(RF+DV),室内垂直温度梯度将进一步

增大至 $0.55\,\mathrm{K/m}$,相比送风末端可将人员活动区的空气温度进一步提高。以上模拟结果与第 2 章供冷工况的实测数据(见图 2.9)均能较好吻合。

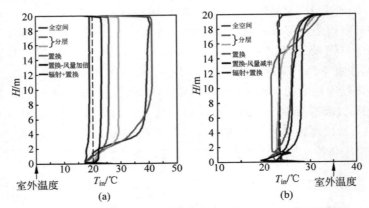

图 5.12　不同空调末端作用下垂直温度分布的比较(见文前彩图)

(a) 冬季供暖工况;(b) 夏季供冷工况

上述室内垂直温度分布数据也可用于进一步计算得到渗透风无量纲热压驱动力 C_T,示意如图 5.13 所示(具体数据详见表 3.2)。

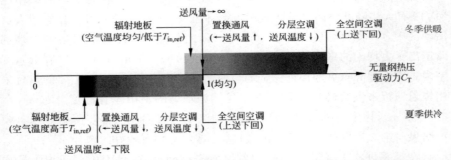

图 5.13　供暖、供冷工况下空调末端与渗透风无量纲热压驱动力 C_T 之间的关系(见文前彩图)

冬季供暖工况下,全空间空调(上送下回)无法将低密度的热空气有效送入人员活动区,因此造成室内严重的热分层现象,产生了较大的 C_T。随着送风高度不断降低,气流组织形式逐渐转变为分层空调及置换通风(送风高度降至人员活动区),同时 C_T 也在不断降低。随着置换通风的送风量不断增加(送风温度不断降低),室内垂直温度分布逐渐趋向均匀;理想情况下当送风量无限大时,室内将不存在热分层($C_T=1$),然而这在实际中难以实现。而辐射地板同样能够在供暖工况下实现均匀的垂直温度分布,同时由于辐射换热的作用,其可以在相同人员活动区操作温度的情况下实现更低的空气温度。因此当不同空调末端情景下取相同的参考温度 $T_{in,ref}$ 时,辐射地板可以将 C_T 进一步降至 1 以下,从而在冬季供暖工况下达到 C_T 的最小值,实现最低的渗透风量。

夏季供冷工况下,全空间空调(上送下回)营造出最均匀的室内垂直温度分布,即 C_T 趋近 1。随着送风高度不断降低,气流组织形式逐渐变为分层空调及置换通风(送风高度降低至人员活动区),同时 C_T 也在不断降低。随着置换通风的送风量不断降低(送风温度不断降低),C_T 降低的下限受到送风温度的限制,即考虑人员热舒适和制冷设备能效,送风温度不可过低。而辐射地板同样可以营造出显著的室内热分层。同时由于辐射地板对于人体的辐射换热作用,其可以在相同人员活动区操作温度的情况下实现更高的空气温度,因此当不同空调末端情景下取相同的参考温度 $T_{in,ref}$ 时,辐射地板可在置换通风的基础上进一步将 C_T 降低,从而在夏季供冷工况下同样达到 C_T 的最小值,实现最低的渗透风量。

综上所述,在控制人员活动区热舒适状态相同的情况下,辐射地板在冬季供暖和夏季供冷工况下均可满足 5.2.2 节提出的最小化高大空间渗透风量的垂直温度分布控制原则,因此均可实现最小的 C_T 及渗透风量。在此基础上,图 5.14 给出了上述不同空调末端情景下高大空间室内冷热量的平

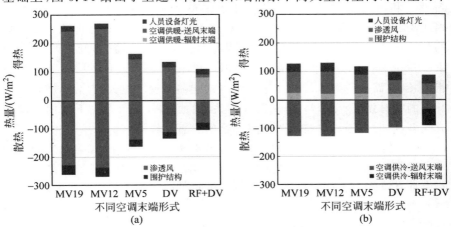

图 5.14　不同空调末端作用下得热量/散热量的比较

(a) 冬季供暖工况;(b) 夏季供冷工况

衡关系。相较于最常见的分层空调（5 m 高处射流送风），辐射地板＋置换通风的空调末端方式可以将冬季热负荷从 145 W/m^2 降至 90 W/m^2（下降38%），将夏季冷负荷从 118 W/m^2 降至 91 W/m^2（下降 23%）。

5.5　小　　结

本章从热压驱动力（C_T）出发分析了最小化高大空间渗透风量需要营造的室内垂直温度分布，通过无量纲分析揭示了热量/冷量的供给方式对于室内垂直温度分布的作用机理，进而分析空调末端对于渗透风的影响，最终给出可实现最小化渗透风量的高大空间空调末端方式。主要结论如下。

（1）在相同人员活动区温度（$T_{in,ref}$）的前提下，降低给定高大空间建筑渗透风量的过程等价于寻求无量纲热压驱动力（C_T）的最小值。由于高大空间室内主流区域在稳态/准稳态下不可避免地存在"上热下冷"热分层现象，通过分析 C_T 的可及范围得到最小化渗透风量的高大空间室内垂直温度分布控制原则：冬季供暖工况缓解上热下冷；夏季供冷工况实现有效分层。

（2）将单体高大空间的室内热分层现象抽象为冷热两股流体的相互作用（冬季对应渗透风和空调供暖，夏季对应空调供冷和渗透风），分别定义了冷/热流体阿基米德数（Ar_c 和 Ar_h），并分别给出了冬季和夏季工况下 C_T 与 Ar_c 和 Ar_h 的无量纲关系式。冬季供暖工况下，C_T 与 Ar_h 呈正相关，因此需要空调末端的热量供给方式能够实现尽量小的 Ar_h，即减少浮升力的相对强度；C_T 与 Ar_c 呈负相关，因此渗透风作为冷流体入流与置换通风供冷对于室内热分层的作用机理类似。夏季供冷工况下，C_T 与 Ar_c 呈负相关，因此需要空调末端的冷量供给方式能够实现尽量大的 Ar_c，即增加浮升力的相对强度；C_T 与 Ar_h 呈负相关，然而夏季供冷工况下室内热源组成较多，此时渗透风对室内热分层影响的显著性较弱。

（3）建立 CFD 模型来对比在渗透风影响下不同空调末端营造的室内垂直温度分布，发现辐射地板可最大程度满足最小化渗透风量的高大空间室内垂直温度分布控制原则，即在冬季供暖工况缓解上热下冷，在夏季供冷工况实现有效分层，最终在两个工况下均实现了最低的渗透风量和空调负荷。

第6章 高大空间与普通空间的
渗透风对比分析

6.1 本章引言

基于 1.2.1 节的文献综述,高大空间和普通空间中的渗透风虽然在流体力学原理上相同,并且实测换气次数的数量级相当(详见图 1.7),但是其流动特征,以及对建筑能耗和室内空气品质的影响均存在较大差异。本章将针对渗透风最为严重的冬季供暖工况,应用前文建立的高大空间渗透风理论模型和文献中的普通空间渗透风理论模型,详细对比分析两类空间的理论模型、模型输入参数及模型计算结果,从而揭示两类空间在渗透风上的相同点与不同点背后的原因,以及其在室内环境营造过程中分别面临的主要矛盾,为降低高大空间的渗透风量及其不利影响指明方向。

6.2 理论模型

本节对比的高大空间指的是室内空间高度为 $10\sim40$ m 的建筑,如机场航站楼、铁路客站、体育场馆、工业厂房、会展场馆等;普通空间指的是室内空间高度为 $2.5\sim5$ m 的建筑,如住宅、办公室、教室等。基于 1.2.1 节的文献综述和前文的研究,图 6.1 给出了冬季供暖工况下两类空间中热压主导渗透风的流动模式,其中总渗透风量(m_{inf})由通过门窗等明显开口的渗透风量($m_{\text{inf,o}}$)和通过围护结构缝隙的渗透风量($m_{\text{inf,c}}$)两部分构成。

6.2.1 高大空间

高大空间的渗透风理论模型如图 6.1(a)所示,模型的基本内容详见第 3 章,本节对该理论模型的调整具体说明如下。由于本章的对比分析将通过围护结构缝隙的渗透风量纳入考虑,因此第 3 章中的室内空气质量平衡方程(式(3.1))将改写为

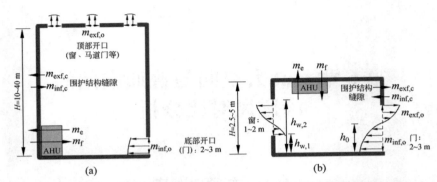

图 6.1　高大空间和普通空间中热压主导的冬季渗透风流动模式示意图

(a) 高大空间；(b) 普通空间

$$m_{\mathrm{inf,o}} + m_{\mathrm{inf,c}} + m_{\mathrm{f}} = m_{\mathrm{exf,o}} + m_{\mathrm{exf,c}} + m_{\mathrm{e}} \tag{6.1}$$

其中,下标 o 和 c 分别表示高大空间中明显的开口(如开启的门、窗、通道等)和围护结构缝隙。

如图 6.1(a)所示,式(6.1)中的 $m_{\mathrm{inf,o}}$ 和 $m_{\mathrm{exf,o}}$ 分别对应建筑底部和顶部开口的空气质量流量。空气质量流量和开口两侧压差的关系见式(3.3)和式(3.4)。基于第 2 章的实地调研(详见图 2.11),实际高大空间建筑的顶部开口通常数量较多且形式各异,计算中难以将其进行单独描述。为了给出实用的屋面气密性指标,笔者采用屋面面积(F_{r})替代每个顶部开口面积(A_{t}),并对式(3.4)进行改写,从而定义了屋面开口流量系数($C_{\mathrm{d,r}}$):

$$m_{\mathrm{exf,o}} = C_{\mathrm{d,t}} A_{\mathrm{t}} \sqrt{2 \left| \Delta p_{\mathrm{t}} \right| \rho} = C_{\mathrm{d,r}} F_{\mathrm{r}} \sqrt{2 \left| \Delta p_{\mathrm{t}} \right| \rho} \tag{6.2}$$

此外,式(6.1)中的 $m_{\mathrm{inf,c}}$ 和 $m_{\mathrm{exf,c}}$ 分别为通过建筑围护结构缝隙流入和流出的空气质量流量。空气质量流量和缝隙两侧压差的关系[34]表示为

$$m_{\mathrm{c}} = \rho C_{\mathrm{d,c}} F_{\mathrm{env}} \left| \Delta p \right|^{n} \tag{6.3}$$

其中,$C_{\mathrm{d,c}}$ 为围护结构缝隙流量系数(单位：$\mathrm{m/(s \cdot Pa}^{n}))$；$F_{\mathrm{env}}$ 为围护结构面积；n 是缝隙空气流量与压差关系的幂指数,通过实验测量得到的范围一般为 $0.6 \sim 0.7$,本书取为 0.65[34]。

为了方便比较与计算,笔者假设缝隙在建筑围护结构上均匀分布,该假设也经常在研究建筑整体渗透风量的文献中被采用[75]。将第 3 章中的热压驱动力表达式(3.2)带入式(6.3),即可得到式(6.1)中 $m_{\mathrm{inf,c}}$ 和 $m_{\mathrm{exf,c}}$ 的表达式,分别如式(6.4)和式(6.5)所示：

$$m_{\mathrm{inf,c}} = \int_{0}^{h_{0}} \rho C_{\mathrm{d,c}} l_{\mathrm{env}} \left(\int_{h}^{h_{0}} (\rho_{\mathrm{out}} - \rho_{\mathrm{in}}(\eta)) g \, \mathrm{d}\eta \right)^{n} \mathrm{d}h \tag{6.4}$$

$$m_{\mathrm{exf,c}} = \int_{h_0}^{H} \rho C_{\mathrm{d,c}} l_{\mathrm{env}} \left(\int_{h_0}^{h} (\rho_{\mathrm{out}} - \rho_{\mathrm{in}}(\eta)) \, g \, \mathrm{d}\eta \right)^n \mathrm{d}h \tag{6.5}$$

其中, l_{env} 为围护结构长度, 即 F_{env}/H。

基于上述对第 3 章理论模型的调整, 可计算得到高大空间的渗透风量 a_{inf}。

6.2.2　普通空间

普通空间的渗透风理论模型如图 6.1(b)所示, 该模型的建立和检验过程详见文献[101-102], 本节仅对其基本设定和原理进行简要说明。普通空间的室内空气质量平衡方程同样如式(6.1)所示。式(6-1)中通过围护结构缝隙的空气质量流量同样如式(6.4)和式(6.5)所示。如图 6.1(b)所示, 普通空间中的门窗开口一般不区分底部和顶部开口, 由于开口的高度和室内高度相近, 开口断面上的空气可能存在双向流动, 则通过开口流入和流出的空气质量流量分别式(6.6)和式(6.7)所示:

$$m_{\mathrm{inf,o}} = \begin{cases} 0, & 0 < h_0 \leqslant h_{\mathrm{w,1}} \\[2mm] \int_{h_{\mathrm{w,1}}}^{h_0} C_{\mathrm{d}} l_{\mathrm{o}} \sqrt{2\rho \int_{h}^{h_0} (\rho_{\mathrm{out}} - \rho_{\mathrm{in}}(\eta)) \, g \, \mathrm{d}\eta} \, \mathrm{d}h, & h_{\mathrm{w,1}} < h_0 < h_{\mathrm{w,2}} \\[2mm] \int_{h_{\mathrm{w,1}}}^{h_{\mathrm{w,2}}} C_{\mathrm{d}} l_{\mathrm{o}} \sqrt{2\rho \int_{h}^{h_0} (\rho_{\mathrm{out}} - \rho_{\mathrm{in}}(\eta)) \, g \, \mathrm{d}\eta} \, \mathrm{d}h, & h_{\mathrm{w,2}} \leqslant h_0 < H \end{cases} \tag{6.6}$$

$$m_{\mathrm{exf,o}} = \begin{cases} \int_{h_{\mathrm{w,1}}}^{h_{\mathrm{w,2}}} C_{\mathrm{d}} l_{\mathrm{o}} \sqrt{2\rho \int_{h_0}^{h} (\rho_{\mathrm{out}} - \rho_{\mathrm{in}}(\eta)) \, g \, \mathrm{d}\eta} \, \mathrm{d}h, & 0 < h_0 \leqslant h_{\mathrm{w,1}} \\[2mm] \int_{h_0}^{h_{\mathrm{w,2}}} C_{\mathrm{d}} l_{\mathrm{o}} \sqrt{2\rho \int_{h_0}^{h} (\rho_{\mathrm{out}} - \rho_{\mathrm{in}}(\eta)) \, g \, \mathrm{d}\eta} \, \mathrm{d}h, & h_{\mathrm{w,1}} < h_0 < h_{\mathrm{w,2}} \\[2mm] 0, & h_{\mathrm{w,2}} \leqslant h_0 < H \end{cases} \tag{6.7}$$

其中, $h_{\mathrm{w,1}}$ 和 $h_{\mathrm{w,2}}$ 分别为开口的下边沿和上边沿距离地板的高度, 门一般取 $h_{\mathrm{w,1}} = 0$, $h_{\mathrm{w,2}}$ 为门的高度, 窗的取法如图 6.1(b)所示; l_{o} 为开口的宽度, 即 $A/(h_{\mathrm{w,2}} - h_{\mathrm{w,1}})$。

普通空间渗透风理论模型的基本原理与高大空间相同, 基于以上模型设定可计算得到普通空间的渗透风量 a_{inf}。

6.2.3 关键输入参数对比

本节将详细对比高大空间和普通空间渗透风理论模型的关键输入参数,对比的参数主要包括气密性参数(开口和缝隙的流量系数)和暖通空调系统参数(室内空气温度和机械新排风量),对比的数据主要来自第2章的实地测试和文献。

6.2.3.1 气密性参数(流量系数)

基于6.2节的模型设定,渗透风流通通道主要分为明显的开口和围护结构缝隙,因此气密性参数的对比将主要针对开口流量系数(包括单个开口的 C_d 和式(6.2)中定义的屋面 $C_{d,r}$)和围护结构缝隙流量系数($C_{d,c}$)。基于对大量实测和文献数据的分析,笔者给出了上述3个参数的分级建议用于评价两类空间的建筑气密性(详见表6.1),后文将对此进行详细说明。

表 6.1　建筑气密性参数(流量系数)分级建议

气密性等级	C_d[①]	$C_{d,r}$[②]	$C_{d,c}/(\mathrm{m/(s \cdot Pa^n)})$[③]
Ⅰ(渗漏)	0.70	1×10^{-3}	1×10^{-3}
Ⅱ(平均)	0.45	3×10^{-4}	1×10^{-4}
Ⅲ(严密)	0.20	1×10^{-4}	1×10^{-5}
Ⅳ(密封)	0.00	1×10^{-5}	1×10^{-6}

① C_d 适用于高大空间和普通空间中的各类开口;

② $C_{d,r}$ 适用于高大空间屋面;

③ $C_{d,c}$ 适用于高大空间和普通空间的围护结构。

（1）开口流量系数

建筑中与室外连通的明显开口在高大空间和普通空间中均广泛存在,如外门、侧窗、天窗、通道等。在两类空间中,上述开口的空气流量和压差关系可采用类似定义的开口流量系数(C_d)来刻画。文献中有大量研究通过实地测试、实验测量或数值模拟的方法来获取 C_d 的具体数值,相关文献详见表6.2。为了方便对比,笔者将上述文献中的数据按式(3.3)整理折算(采用开口断面的总面积),对比结果如图6.2所示。C_d 的取值范围为 $0\sim0.8$,其中0表示开口关闭。当开口全开时为 $0.4\sim0.8$,若采用表6.2中的各种措施(如调整门窗开度、设置门厅/门斗、使用空气幕等)最低可将 C_d 降至0.05。基于以上数据,笔者给出了 C_d 的分级建议(详见表6.1):Ⅰ级(渗漏)代表接近理想全开开口的情况;Ⅱ级(平均)代表目前建筑实地测试

中的常见取值；Ⅲ级（严密）代表能够通过一些可行的方法来实现的取值，
如安装外门棉风帘（如图 2.11（a）所示）、减小门窗开度[201]、使用空气
幕[202,204]等；Ⅳ级（密封）代表开口完全关闭。

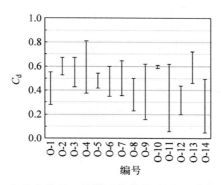

图 6.2　表 6.2 文献中的开口流量系数范围（线段示意最大值与最小值）

表 6.2　门窗开口流量系数的文献

编号	来源	具 体 信 息
O-1	实地测试	航站楼中的门，$T_{in} - T_{out} = 2 \sim 30$ K
O-2[176]	实地测试	办公楼中全开的窗，$T_{in} - T_{out} = 8.6 \sim 11.8$ K
O-3[176]	实地测试	办公楼中全开的门（单向流动），$T_{in} - T_{out} = 8.6 \sim 11.8$ K
O-4[199]	实地测试	不同窗扇开度的窗户
O-5[199]	实地测试	不同卷帘百叶开度的窗户
O-6[200]	实验测量	住宅中全的开窗，$T_{in} - T_{out} = 0.5 \sim 45$ K
O-7[201]	实验测量	不同开度角的单开门（30°,45°,60°,90°,180°）
O-8[201]	实验测量	不同开度角的单开门（30°,60°,90°,180°），门内有模型人
O-9[201]	实验测量	不同开度角的双开门（30°,45°,60°,90°,180°）
O-10[201]	实验测量	不同开启位置的移门（1/8,1/2,3/8,3/4 开度）
O-11[201]	实验测量	带有不同形式内/外门的门厅（门斗）
O-12[202]	实验测量	带有空气幕的全开门
O-13[203]	数值模拟	全的开窗，$T_{in} - T_{out} = 0 \sim 13$ K,高宽比 $= 0.75 \sim 2.25$
O-14[204]	数值模拟	带有空气幕的全开门

注：表中所有门窗均为长方形的开口；未标注文献来源的数据来自第 2 章实地测试。

　　高大空间的顶部开口采用笔者定义的屋面开口流量系数（$C_{d,r}$）来刻画
（详见式（6.2））。根据第 2 章的交通建筑高大空间屋面开口实地调研和风
量平衡测试结果（详见图 2.11 和图 2.14），$C_{d,r}$ 的常见取值范围为 $10^{-5} \sim$

10^{-3}。基于以上数据，笔者同样给出了 $C_{d,r}$ 的分级建议，详见表 6.1。

（2）围护结构缝隙流量系数

围护结构缝隙同样广泛存在于高大空间和普通空间中，是渗透风的流通通道之一。本章采用围护结构缝隙流量系数（$C_{d,c}$）来刻画两类空间中通过缝隙的空气流量和压差的关系。基于 1.2.1 节的文献综述，大量研究通过实地测试给出了各地不同建筑的围护结构缝隙参数数据库，并形成了多个建筑气密性标准。为了方便对比，笔者将上述文献中的数据按式（6.3）整理折算，对比结果如图 6.3 所示，相关文献详见表 6.3。$C_{d,c}$ 的取值范围为 $10^{-6} \sim 10^{-3}$，各类标准给出的 $C_{d,c}$ 限值在 $6.6 \times 10^{-5} \sim 1.1 \times 10^{-4}$，实测数据的平均值在 $4.3 \times 10^{-5} \sim 2.4 \times 10^{-4}$。值得注意的是，各类建筑围护结构的 $C_{d,c}$ 数值没有明显的数量级差异。很多学者[34,62,83,205] 也曾基于实地测试数据指出商业建筑围护结构的气密性等级其实和当地住宅建筑较为相近。基于以上数据，笔者针对高大空间和普通空间给出了同样的 $C_{d,c}$ 分级建议（详见表 6.1），其中 Ⅰ ～ Ⅳ 级的分级含义与前文中的 C_d 和 $C_{d,r}$ 类似。

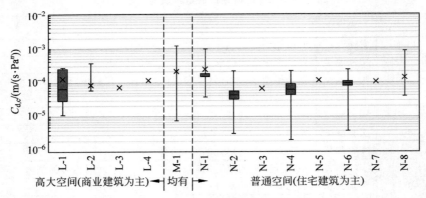

图 6.3　表 6.3 文献中的围护结构缝隙流量系数

表 6.3　围护结构缝隙流量系数的文献

结构类型	编号	来源	具 体 信 息
高大空间（商业建筑为主）	L-1[111]	实地测试	笔者综述高大空间的实测数据（机场航站楼、高铁客站、厂房、体育馆、会议厅、教堂、水公园等）
	L-2[83]	实地测试	加拿大办公楼数据库
	L-3[205]	标准	ASHRAE Standard 189.1
	L-4[206]	标准	IECC 标准
均有	M-1[63]	实地测试	美国商业建筑数据库

续表

结构类型	编号	来源	具 体 信 息
普通空间（住宅建筑为主）	N-1[111]	实地测试	笔者综述普通空间的实测数据（公寓房间、独栋住宅、学生宿舍、办公室、教室等）
	N-2[84]	实地测试	法国独栋住宅数据库
	N-3[84]	标准	RT2012 单户独栋住宅标准
	N-4[84]	实地测试	法国多户独栋住宅数据库
	N-5[84]	标准	RT2012 多户独栋住宅标准
	N-6[207]	实地测试	英国住宅数据库
	N-7[207]	标准	英国住宅标准
	N-8[208]	实地测试	西班牙住宅数据库

6.2.3.2 空调系统参数

根据第 3 章的分析，空调系统对热压主导渗透风的影响可拆分为两方面，即室内热分层和机械新排风量不等。下文将对比这两个因素对应的模型输入参数。

（1）室内空气温度

渗透风热压驱动力主要由室内外温度差（空气密度差）决定。根据 1.2.1 节的文献综述，传统渗透风模型通常假设室内空气温度分布均匀。由 5.3 节的分析可知，该假设在室内空气充分混合或采用辐射地板供热时可以实现；然而高大空间和普通空间在采用各自最常见的空调末端时，不可避免地存在室内热分层。图 6.4 给出了两类空间中的实测典型室内垂直温度分布（人员活动区温度均为 20℃），其中高大空间采用分层空调射流送风（详见图 3.7(a)），普通空间采用天花板散流器送热风[209]。在常见空调末端作用下，高大空间的室内热分层（$C_T = 1.50$）比普通空间（$C_T = 1.08$）更加剧烈。后文的模型计算也将采用图 6.4 给出的室内垂直温度分布作为输入参数。

（2）机械新排风量

机械新排风量不等的情况也广泛存在于高大空间和普通空间中。3.3.2 节给出高大空间中 $a_f - a_e$ 的取值范围为 $-0.30 \sim 0.28 \ \text{h}^{-1}$。在普通空间的实际运行中（主要指住宅），通常不会在冬季长时间连续供给机械新排风。ASHRAE Handbook[34] 推荐连续供给 3.5 L/(s·人) 的机械新风，并对盥洗室设定 10 L/s 的机械排风。对于 2.7 m 室内高度的住宅（人员密度取 0.12 人/m²），上述机械新排风量可折算成换气次数，分别为 0.56 h⁻¹ 和 −0.13 h⁻¹。因此，后文的模型计算中普通空间的 $a_f - a_e$ 取值范围为 −0.13～0.56 h⁻¹。

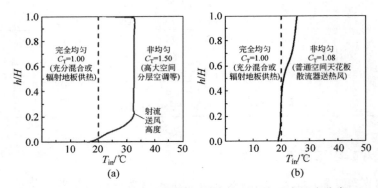

图 6.4　高大空间和普通空间的实测典型室内垂直温度分布
（a）高大空间；（b）普通空间

6.3　渗透风量对比

本节将采用 6.2 节的理论模型及其输入参数对比分析典型建筑案例的渗透风量，如图 6.5 所示，具体信息详见表 6.4。案例包含了两个高大空间和两个普通空间，分别由航站楼值机大厅（第 2 章实测案例 M2）、高铁客站候车厅（第 2 章实测案例 Y）、单层独栋住宅[49] 和单层公寓房间[59] 简化所得。所有案例计算中室外温度均取为 0℃。

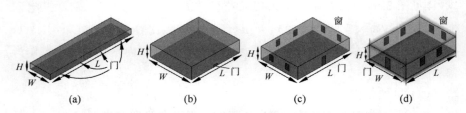

图 6.5　用于对比分析的 4 个建筑案例（具体信息详见表 6.4）
（a）高大空间-航站楼；（b）高大空间-高铁客站；
（c）普通空间-独栋住宅；（d）普通空间-公寓房间

表 6.4　4 个建筑案例的具体信息

	编号	建筑类型	H/m	L/m	W/m	窗[①]	门
高大空间	L1	航站楼	25	400	100	—[②]	3 m×2.5 m×4[③]
	L2	高铁客站	17.5	72.6	61.9	—[②]	4 m×2.5 m×1
普通空间	N1	独栋住宅	3.05	14.00	10.00	1 m×1.5 m×6	1 m×2.1 m×1
	N2	公寓房间	2.7	11.0	8.0	1 m×1.5 m×6	1 m×2.1 m×1

① 窗户下边沿距离地板高度设为 0.9 m；

② 高大空间的顶部开口采用式(6.2)中的 $C_{d,r}$ 和 F_r 描述，因此在图 6.5 中不单独标注。

③ 参数表示为"宽×高×数量"。

6.3.1　渗透风流通通道的影响

6.2 节将渗透风的流通通道分为明显的开口（开启的门窗等）和围护结构缝隙，本节将采用表 6.1 给出的建筑气密性参数分级（流量系数 C_d、$C_{d,r}$ 和 $C_{d,c}$）来分析两种渗透风流通通道在高大空间和普通空间中的作用。分析过程采用控制变量法：当分析某个流量系数时，其余均取为表 6.1 给出的 II 级（平均）数值。

图 6.6 给出了表 6.4 中两个高大空间案例的总渗透风量（a_{inf}）和通过明显开口的渗透风量（$a_{inf,o}$）计算结果。显然 a_{inf} 和 $a_{inf,o}$ 均随着底部开口 C_d 和屋面 $C_{d,r}$ 的降低而降低。如图 6.6(a)所示，当底部开口的气密性不足表 6.1 中的 III 级时（$C_d \geqslant 0.2$），通过开口的渗透风量占比（$a_{inf,o}/a_{inf}$）在航站楼和高铁客站案例中分别达到 81% 和 94% 以上。如图 6.6(b)所示，随屋面 $C_{d,r}$ 不断变化，$a_{inf,o}/a_{inf}$ 在两个案例中分别达到 87% 和 97% 以上。综上所述，在目前高大空间的实际运行中，通过各类明显开口的渗透风占据了主要的比例。以上结论也为第 2 章的风速测试法和 CFD 模拟及第 3 章和第 4 章提出的理论模型提供了支撑。

图 6.7 给出了表 6.4 中两个普通空间案例的 a_{inf} 和 $a_{inf,o}$ 计算结果。显然 a_{inf} 和 $a_{inf,o}$ 均随着窗 C_d 的降低而降低。当窗处于开启状态时（$C_d \geqslant 0.05$，即不小于图 6.2 给出的最低值），$a_{inf,o}/a_{inf}$ 在两个案例中均可达到 98% 以上。因此，普通空间的门窗一旦开启，通过这类开口的渗透风占据了主要比例，此时缝隙的作用可以忽略。然而普通空间的门窗在冬季供暖工况通常处于长时间关闭状态，因此正如 1.2.1 节文献综述得到的结论，普通空间中的渗透风研究主要聚焦在围护结构缝隙上。

分析上述计算结果可以得出结论：在目前冬季供暖工况实际运行中，高大空间中的渗透风主要由各类明显的开口造成，而普通空间中的渗透风

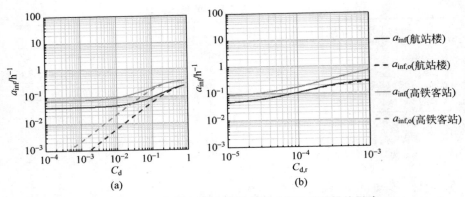

图 6.6　高大空间中开口流量系数对于渗透风量的影响

（a）底部开口；（b）屋面开口

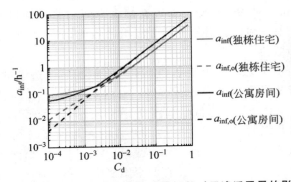

图 6.7　普通空间中窗的开口流量系数对于渗透风量的影响

主要由围护结构缝隙造成。假如能够将高大空间中各类明显的开口关闭，此时两类空间中主要的空气流通通道均为围护结构缝隙，那么此时高大空间的渗透风量又应该是多少呢？接下来将针对围护结构缝隙主导的渗透风对两类空间进行相似分析。

高大空间和普通空间均可简化为一个长方体（长 L×宽 W×高 H），如图 6.8（a）所示。考虑实际建筑尺寸，可认为高大空间和普通空间满足几何相似（式（6.8）），几何相似比可近似取 6～14。

$$L_1/L_2 = W_1/W_2 = H_1/H_2 \qquad (6.8)$$

其中，下标 1 和 2 分别表示高大空间和普通空间。

在图 6.8（a）的空间中，渗透风通过立面下部的缝隙流入，通过立面上

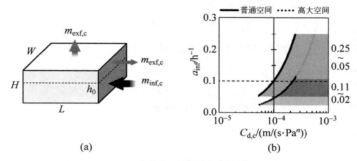

图 6.8　高大空间和普通空间中围护结构缝隙主导的渗透风相似分析

(a) 示意图；(b) 渗透风量范围

部的缝隙和屋面缝隙流出。基于 1.2.1 节的文献综述，在分析围护结构缝隙主导的渗透风时可近似认为室内温度均匀，通过理论模型推导可得无量纲零压面高度 $(\hat{h}_0 = h_0/H)$ 为常数。根据 6.2.3.1 节的对比分析，可将两类空间中的围护结构缝隙流量系数 $C_{d,c}$ 近似取为相同。基于以上假设，两类空间的渗透风换气次数可类似表示为如式(6.9)所示。式(6.9)的前半部分均为常数，后半部分和空间的几何尺寸相关。

$$a_{\inf} = \frac{2C_{d,c}\Delta\rho^n g^n \hat{h}_0^{\,n+1}}{n+1}\frac{(W+L)H^n}{WL} \tag{6.9}$$

基于式(6.9)，高大空间和普通空间的渗透风换气次数比 $(a_{\inf,1}/a_{\inf,2})$ 可表示为如式(6.10)所示，其仅与两类空间的几何相似比有关。

$$\frac{a_{\inf,1}}{a_{\inf,2}} = \left(\frac{H_1}{H_2}\right)^{n-1} \tag{6.10}$$

根据式(6.8)的几何相似比范围，在式(6.10)中，$a_{\inf,1}/a_{\inf,2}$ 的取值范围为 $0.39\sim0.53$。笔者取典型参数试算 $(L:W:H=4:4:1,$ $H_1:H_2=10, T_{out}=0\,℃, T_{in}=20\,℃)$，图 6.8(b)给出两类空间在常见围护结构缝隙情况下的渗透风换气次数，高大空间为 $0.02\sim0.11\ h^{-1}$，普通空间为 $0.05\sim0.25\ h^{-1}$。由上述相似分析可知，当仅有围护结构缝隙作为渗透风流通通道时，高大空间的渗透风换气次数理应小于普通空间。

而文献综述发现两类空间中实测冬季渗透风换气次数相近(集中在 $0.1\sim1.0\ h^{-1}$，详见图 1.7)，其中的主要原因应是两类空间中主导的渗透风流通通道有所不同。图 6.9 具体给出了表 6.4 中 4 个建筑案例的渗透风换气次数在不同开口气密性情况下随围护结构缝隙 $C_{d,c}$ 变化的曲线。对于高大空间,在有明显开口的情况下(C_d 为 Ⅰ～Ⅲ 级),总渗透风换气次数为 $0.07 \sim 1.13 \ h^{-1}$,即实测中常见的取值区间;假如开口均关闭(C_d 为 Ⅳ 级),围护结构缝隙作用的换气次数大多小于 $0.1 \ h^{-1}$ 量级。对于普通空间,参考图 6.2 的数据,在窗全开时 C_d 取为 0.45,窗开度为 $30°$ 时 C_d 取为 0.225。在窗开启时,总渗透风换气次数全部不小于 $1 \ h^{-1}$ 量级;假如窗完全关闭,围护结构缝隙作用的渗透风换气次数一般小于 $1 \ h^{-1}$ 量级。

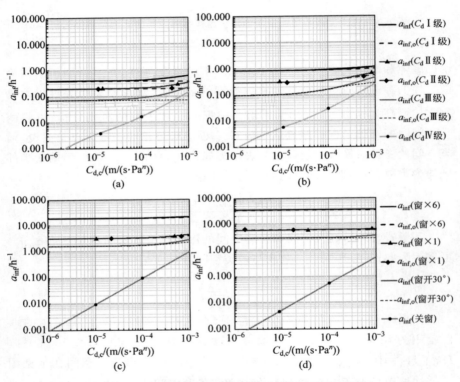

图 6.9　围护结构缝隙流量系数对于渗透风量的影响

(a) 高大空间-航站楼;(b) 高大空间-高铁客站;
(c) 普通空间-独栋住宅;(d) 普通空间-公寓房间

　　基于以上对渗透风流通通道的讨论,图 6.10 总结了两类空间在不同流通通道主导情况下渗透风换气次数的取值区间,由此可以揭示文献综述中图 1.7 所示实测结果背后的原因:在冬季供暖工况下,如果仅有通过围护结构缝隙造成的渗透风,高大空间的渗透风换气次数理应比普通空间小约一个数量级;然而实际情况下普通空间中的渗透风主要由围护结构缝隙造成,而高大空间中的渗透风主要由开口造成,最终导致两类空间中实测的渗透风换气次数数值相近。

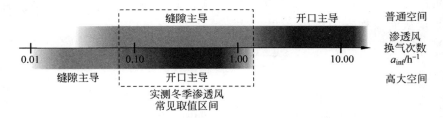

图 6.10　高大空间和普通空间冬季实测渗透风量取值范围

6.3.2　空调系统的影响

根据 6.2.3.2 节对理论模型中空调系统相关参数的分类,本节将分别讨论室内热分层和机械新排风量不等对于两类空间中渗透风量的影响。

6.3.2.1　室内热分层

将图 6.4 中的室内垂直温度分布作为输入参数,图 6.11 给出了室内热分层对两类空间中渗透风量的影响。若不考虑室内热分层,在不同气密性等级下将低估高大空间的渗透风量达 $17\%\sim26\%$,而在普通空间中仅为 $4\%\sim8\%$。由此说明在普通空间中即使不考虑室内热分层,也不会对渗透风量的估计产生较大影响,也正因如此,文献中对普通空间渗透风的研究基本采用了室内温度均匀假设。然而为了能够准确估计高大空间中的渗透风量,必须妥善考虑室内热分层的影响。

6.3.2.2　机械新排风量不等

图 6.12 给出了机械新排风量差 (a_f-a_e) 对两类空间中渗透风量的影响。显然,通过增加机械新风量 a_f 或减少机械排风量 a_e 均能够减少两类空间中的渗透风量。然而考虑 a_f-a_e 在两类空间中的实际取值范围,普通空间中(a_f-a_e 取 $-0.13\sim0.56\ \mathrm{h^{-1}}$)一般很容易通过增加

机械新风将渗透风量降至 0（除建筑气密性较差的情况外，即表 6.1 中的建筑气密性等级为Ⅰ级），即实现设计阶段认为的室内正压状态[34]；然而对于高大空间（$a_f - a_e$ 取 $-0.30 \sim 0.28\ \mathrm{h}^{-1}$），在目前常见的建筑气密性情况下（表 6.1 中的建筑气密性等级为Ⅱ级），由于室内空间体积巨大，空调系统一般难以供给足够大的机械新风量来完全排除渗透风量从而实现室内正压。

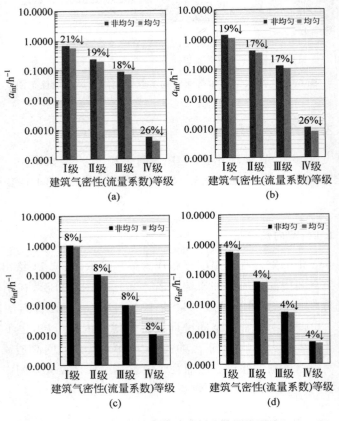

图 6.11　室内热分层对于渗透风量的影响

（a）高大空间-航站楼；（b）高大空间-高铁客站；

（c）普通空间-独栋住宅；（d）普通空间-公寓房间

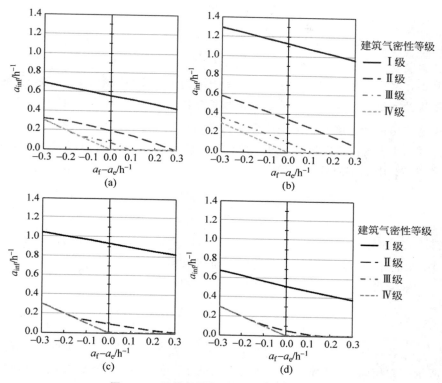

图 6.12　机械新排风对于渗透风量的影响

（a）高大空间-航站楼；（b）高大空间-高铁客站；
（c）普通空间-独栋住宅；（d）普通空间-公寓房间

6.4　渗透风造成的影响对比

6.3 节表明在各自主导的空气流通通道作用下，两类空间冬季供暖工况的渗透风换气次数实际上较为相近。基于以上结论，本节将对比两类空间中渗透风造成的影响，即对热负荷的影响和对室内 CO_2 浓度的影响。

6.4.1　对热负荷的影响

冬季供暖工况下，建筑热负荷主要由渗透风负荷（Q_{inf}）、机械新风负荷（Q_f）和围护结构传热负荷（Q_{env}）组成，在稳态情况下可分别采用式（6.11）～式（6.13）计算[34]。

$$Q_{\text{inf}} = \rho c_p G_{\text{inf}} (T_{\text{in,u}} - T_{\text{out}}) \tag{6.11}$$

$$Q_{\text{f}} = \rho c_p G_{\text{f}} (T_{\text{in,f}} - T_{\text{out}}) \tag{6.12}$$

$$Q_{\text{env}} = \overline{K} F_{\text{env}} (\overline{T}_{\text{in}} - T_{\text{out}}) \tag{6.13}$$

其中，c_p 为空气比定压热容；$\overline{K}$ 为围护结构平均传热系数；F_{env} 为外围护结构的面积；室内空气温度分别取为室内上部空间温度（$T_{\text{in,u}}$，即室内空气渗透流出处的温度）、新风送风温度（$T_{\text{in,f}}$）和室内平均温度（$\overline{T}_{\text{in}}$）。

由于冬季连续供暖时室内外温差较大且波动较小，可近似取式（6.11）~式（6.13）中的室内外温差项相等（记为 ΔT），则总热负荷（Q_{h}）表示为

$$Q_{\text{h}} = Q_{\text{inf}} + Q_{\text{f}} + Q_{\text{env}} \approx \Delta T (\rho c_p G_{\text{inf}} + \rho c_p G_{\text{f}} + \overline{K} F_{\text{env}})$$

$$= \Delta T V (\rho c_p a_{\text{inf}} + \rho c_p a_{\text{f}} + \overline{K} S) \tag{6.14}$$

其中，S 为建筑体形系数（单位：m^{-1}），即 F_{env}/V；为了简化公式表达，式（6-14）中换气次数（a_{inf} 和 a_{f}）的单位暂取 s^{-1}。

基于式（6.14），渗透风负荷占比（γ_{inf}）可表示为

$$\gamma_{\text{inf}} = \frac{Q_{\text{inf}}}{Q_{\text{h}}} \approx \frac{\rho c_p a_{\text{inf}}}{\rho c_p (a_{\text{inf}} + a_{\text{f}}) + \overline{K} S} \tag{6.15}$$

笔者整理了文献中两类空间的 a_{inf} 和 γ_{inf} 实测数据[111]，如图 6.13（a）所示。在相同 a_{inf} 的情况下，高大空间的 γ_{inf} 明显高于普通空间。该现象可通过式（6.15）进行解释，首先笔者基于文献综述[111]对式中变量的取值进行说明，即 a_{f}、$\overline{K}$ 和 S。由于两类空间在冬季供暖工况均较少开启机械新风，因此 a_{f} 通常均为 0。高大空间中的 $\overline{K}$ 一般为 0.7~2.2 W/（$\text{m}^2 \cdot \text{K}$）（均值为 1.2 W/（$\text{m}^2 \cdot \text{K}$）），普通空间中的 $\overline{K}$ 一般为 0.9~2.1 W/（$\text{m}^2 \cdot \text{K}$）（均值为 1.4 W/（$\text{m}^2 \cdot \text{K}$）），两类空间中的围护结构热工性能差异较小，这可能是因为建筑节能标准一直以来对围护结构保温有较为严格的要求。两类空间的主要差异体现在 S 上，高大空间的 S 一般为 0.07~0.27 m^{-1}，而普通空间的 S 一般为 0.20~0.80 m^{-1}。基于以上变量取值的说明，图 6.13（b）基于式（6.15）的理论计算给出了两类空间在典型 S 取值情况下的 γ_{inf} 区间（其中 $\rho = 1.2$ kg/m^3，$c_p = 1005$ J/（$\text{kg} \cdot \text{K}$），$a_{\text{f}} = 0$ h^{-1}，$\overline{K} = 1.5$ W/（$\text{m}^2 \cdot \text{K}$））。上述理论计算结果与图 6.13（a）中的实测结果也能较好吻合。综上所述，因为高大空间有较小的建筑体形系数 S，渗透风对其热负荷造成的影响显著大于普通空间。

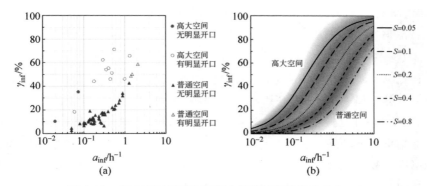

图 6.13　高大空间和普通空间中的渗透风负荷占比（$\gamma_{\inf}$）

（a）实测数据；（b）理论计算

6.4.2　对室内 CO_2 浓度的影响

CO_2 浓度是一种方便测量的室内空气品质指标，可用于体现与人员相关的室内污染物浓度水平（人源污染物）[210-211]。因此本节将以室内 CO_2 浓度为例分析渗透风对于两类空间中室内空气品质影响的差异。

类似 2.2.2 节中以人作为室内 CO_2 发生源采用示踪气体恒定浓度法时的情景，此时室内外 CO_2 浓度差（$C_{in} - C_{out}$）可表示为

$$C_{in} - C_{out} = \frac{R_{CO_2}}{\rho_{CO_2}(G_{inf} + G_f)} = \frac{N_{oc} r_{CO_2}}{\rho_{CO_2} V(a_{inf} + a_f)} = \frac{n_{oc} r_{CO_2}}{\rho_{CO_2}(a_{inf} + a_f)}$$

$$(6.16)$$

其中，n_{oc} 为单位空间体积室内人数（单位：人/m^3），即 N_{oc}/V。

由于 n_{oc} 在实际中不容易直接获取，笔者将 n_{oc} 进一步推导得到式（6.17），则在实际中可采用人员密度（d_{oc}）和空间高度（H）来计算得到 n_{oc}。

$$n_{oc} = \frac{N_{oc}}{V} = \frac{d_{oc} F_{floor}}{V} = \frac{d_{oc}}{H}$$

$$(6.17)$$

笔者整理了文献中两类空间的 n_{oc} 和 $C_{in} - C_{out}$ 实测数据[111]，如图 6.14（a）所示。在相同 a_{inf} 的情况下，高大空间的室内 CO_2 浓度一般均处于较低水平，而普通空间中的实测数据非常容易超过室内空气质量标准的要求[27]（除个别案例有额外供给机械新风外）。该现象可通过式（6.16）进行解释，首先笔者基于文献[111]中的综述对式中变量的取值进行说明，即 a_f、r_{CO_2}/ρ_{CO_2} 和 n_{oc}。a_f 同样通常为 0。r_{CO_2}/ρ_{CO_2} 主要与室内人员相关

（如代谢率、呼吸商等）[171]，若认为室内人员活动量相近，则两类空间的 r_{CO_2}/ρ_{CO_2} 取值相近。两类空间的主要差异体现在 n_{oc} 上，高大空间的 n_{oc} 一般为 $1.6\times10^{-4}\sim1.2\times10^{-2}$ 人$/m^3$，而普通空间的 n_{oc} 一般为 $1.3\times10^{-2}\sim2.1\times10^{-1}$ 人$/m^3$。基于以上变量取值的说明，图 6.14(b) 基于式(6.16)的理论计算给出了两类空间在典型 n_{oc} 取值情况下的 $C_{in}-C_{out}$ 区间（其中 $r_{CO_2}/\rho_{CO_2}=5.35$ mL$/(s\cdot$人$)$，$a_f=0$ h^{-1}）。上述理论计算结果与图 6.14(a) 中的实测结果也有较好的吻合。综上所述，因为高大空间有较小的单位空间体积室内人数 n_{oc}，所以其室内环境被人源污染物严重影响的可能性小于普通空间。

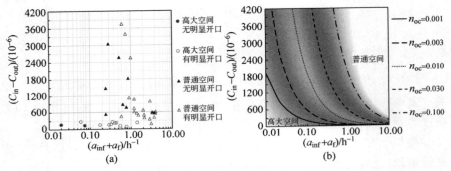

图 6.14　高大空间和普通空间中的室内外 CO_2 浓度差（$C_{in}-C_{out}$）

(a) 实测数据；(b) 理论计算

6.5　小　　结

　　针对大量实测数据体现出的高大空间和普通空间在渗透风上的异同，本章针对渗透风最为严重的冬季供暖工况，应用高大空间和普通空间的渗透风理论模型，通过对比分析揭示了相同点与不同点背后的原因，并指出两类空间在室内环境营造过程中分别面临的主要矛盾和关键影响因素。主要结论如下。

　　（1）详细对比了两类空间理论模型的主要输入参数，即气密性参数和空调系统参数。对于气密性参数，给出了单个开口流量系数 C_d、屋面开口流量系数 $C_{d,r}$ 和围护结构缝隙流量系数 $C_{d,c}$ 的分级建议表，用于评价两类空间的建筑气密性水平。若仅有通过围护结构缝隙的渗透风，高大空间的换气次数理应比普通空间小约一个数量级；然而实际情况下普通空间的渗透风主要由围护结构缝隙造成，而高大空间的渗透风主要由明显的开口造成，由此导致两者实测的渗透风换气次数相近（集中在 0.1～1.0 h^{-1}）。对于空调系统参数，高大空间的特点在于室内热分层对渗透风量的影响不可忽略，同时难以通过增加机械新风量来维持室内正压。

（2）通过实测数据和理论计算对比分析了两类空间中渗透风对热负荷造成的影响。两类空间的主要差异体现在建筑体形系数（S）上，高大空间的 S 一般为 0.07～0.27 m^{-1}，而普通空间的 S 一般为 0.20～0.80 m^{-1}。高大空间有较小的建筑体形系数，因此渗透风对其热负荷造成的影响显著大于普通空间。

（3）通过实测数据和理论计算对比分析了两类空间中渗透风对室内 CO_2 浓度（指示人源污染物浓度水平）造成的影响。两类空间的主要差异体现在单位空间体积室内人数（n_{oc}）上，高大空间的 n_{oc} 一般为 1.6×10^{-4}～1.2×10^{-2} 人/m^3，而普通空间的 n_{oc} 一般为 1.3×10^{-2}～2.1×10^{-1} 人/m^3。高大空间有较小的单位空间体积室内人数，因此其室内环境被人源污染物严重影响的可能性小于普通空间。

第7章　交通建筑高大空间
冬季渗透风的应对方法

7.1　本 章 引 言

基于前文的实地测试与理论分析,交通建筑高大空间的渗透风在冬季供暖工况下最为严重,目前已对该类建筑的运行能耗及室内环境产生了巨大影响。本章将前文建立的模型与理论分析结果应用于典型空间形式的交通建筑,提出工程实用的交通建筑高大空间冬季渗透风简化计算方法,来量化分析该类建筑中的渗透风量与空调热负荷(及耗热量);基于简化计算方法,建立从阻力和动力两方面出发降低该类建筑渗透风量的系统分析框架,提出一系列实际可行的渗透风应对方法,评估降低交通建筑高大空间渗透风量带来的供暖节能潜力。

7.2　冬季渗透风简化计算方法

7.2.1　简化计算方法

基于第2章的实地测试,图7.1给出了3种典型空间形式的交通建筑,即单体空间建筑、二层楼建筑和三层楼建筑。单体空间建筑代表支线机场航站楼、小型铁路客站等(如表2.2中的L1、T、Y等);二层楼建筑是目前高大空间交通建筑最常见的形式,代表干线/枢纽机场航站楼、中型铁路客站等(如表2.2中的A3、D2、E2、M1、R1、X等),其中F2层和F1层分别为出发层和到达层;三层楼建筑代表近年来高速建设的各类综合交通枢纽(如表2.2中的D3、E3、M2、Q2、S1、W3等),其中B1层为交通换乘层,通常也直接连接室外环境。本节将把前文建立的渗透风理论模型扩展至上述3种典型建筑,提出工程实用的交通建筑高大空间冬季渗透风简化计算方法。

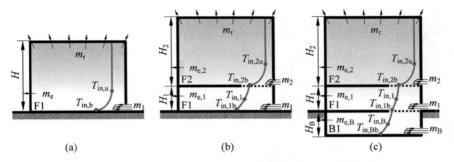

图 7.1　交通建筑高大空间冬季渗透风简化计算方法（建筑示意图）
（a）单体空间建筑；（b）二层楼建筑；（c）三层楼建筑

　　简化计算方法同样考虑冬季热压主导的渗透风，3 种典型建筑情况下的计算公式及推导过程详见附录 D，下文仅对其基本设定与计算流程进行说明。

　　3 种典型建筑中的最高楼层均为高大空间（室内高度 10～30 m），其余楼层均为相对低矮的普通空间（室内高度 4～10 m）。不同楼层之间通过开敞的连通空间连接（见图 2.5(d)），空气可在其中无阻碍地流动。围护结构立面均设为玻璃幕墙，屋面设为非透光围护结构。顶部开口（天窗、检修门等）均匀设在屋面上，采用式（6.2）描述；底部开口设为各楼层的外门，采用式（3.3）描述。基于第 6 章对高大空间中渗透风主导流通通道的讨论，简化计算方法仅考虑上述明显开口造成的渗透风。由于第 2 章的实地测试发现交通建筑的机械新风在冬季几乎处于关闭状态，因此简化计算方法仅考虑餐饮/厕所的机械排风（图 7.1 中的 m_e）。

　　图 7.2 给出了简化计算方法的计算流程，计算流程与冬季空调负荷计算的思路基本类似[172]：在室外温度、建筑尺寸、围护结构、建筑开口、内热源确定的情况下，通过设计空调系统参数使室内人员活动区温度达到目标值，并可同时计算出本书关注的渗透风量、室内垂直温度分布和空调热负荷组成。上述计算过程中的基本方程包括室内温度分布方程、空气流量平衡方程、能量平衡方程和渗透风驱动力方程。由于 3 种典型建筑在多个高度上均有开口与室外环境连接，热压作用下的零压面高度位置将决定不同楼层外门上的空气流动方向（图 7.1 仅示意性给出所有外门均为室外空气流入室内的情景）。针对上述问题的分情况讨论包含在图 7.2 中 3 种典型建筑的模块内，其内部流程详见图 D.3。

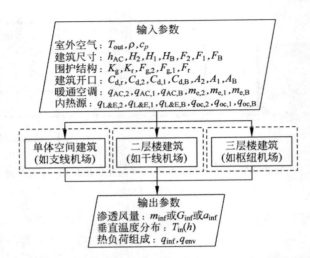

图 7.2　交通建筑高大空间冬季渗透风简化计算方法（计算流程图）

7.2.2　计算方法验证

　　笔者采用第 2 章实测的 5 个高大空间交通建筑案例来验证简化计算方法。上述案例包含了图 7.1 中 3 种典型建筑形式，其具体信息详见表 7.1。图 7.3 将简化计算所得的室内垂直温度分布和各楼层的空气流量与实测数据进行对比，其中流量正值表示空气流向室内。各案例室内不同高度的空气温度均方根偏差均在 1.2℃ 以内（最大偏差为 1.8℃）。各案例不同高度处的空气流量相对偏差基本在 ±10%，除 E2 和 E3 案例的 F2 层分别为 37% 和 42% 外。以上两个案例的 F2 层均靠近各自整体空间的零压面位置（详见图 2.14(b) 和 (c)），此处热压驱动力较小，空气流量也较小，因此通过风速法测量得到的渗透风量本来也可能存在较大的误差。此外，由于上述相对偏差较大处的空气流量绝对值较小，其对渗透风总量的影响也较小。最终简化计算方法可将 5 个案例各自的总渗透风量预测偏差控制在 ±10%（最大偏差为 5.3%），平均绝对值偏差为 2.3%。因此，简化计算方法可较为准确地计算典型交通建筑高大空间的冬季渗透风量和室内垂直温度分布。

表 7.1　交通建筑高大空间冬季渗透风简化计算方法检验案例的具体信息

调研案例	符号及单位	高铁客站 Y	航站楼 A3	航站楼 E2	航站楼 E3	航站楼 M2
建筑类型		单体空间建筑	二层楼建筑	二层楼建筑	三层楼建筑	三层类建筑
室外温度	T_{out}/℃	12.5	-0.4	0.8	2.5	8.9
室内高度	H/m	F1:17.5	F2:30.0 F1:8.2	F2:19.0 F1:7.0	F2:26.5 F1:10.9 B1:4.0	F2:25.4 F1:8.4 B1:6.5
围护结构传热系数	K_g/(W/(m²·K))	2.2	2.5	5.8	2.3	2.5
	K_r/(W/(m²·K))	0.40	0.40	0.60	0.55	0.38
底部开口	A/m²	F1:22.5	F2:4.6 F1:10.5	F2:25.4 F1:26.9	F2:9.1 F1:15.1 B1:42.2	F2:47.4 F1:28.5 B1:107.4
	C_d	F1:0.50	F2:0.33 F1:0.28	F2:0.38 F1:0.43	F2:0.39 F1:0.49 B1:0.02	F2:0.46 F1:0.53 B1:0.37
屋面开口	F_r/m²	4494	17 809	23 000	41 259	44 295
	$C_{d,r}$	$8.0×10^{-4}$	$2.0×10^{-5}$	$2.6×10^{-4}$	$9.6×10^{-5}$	$9.6×10^{-4}$
空调系统	高大空间空调末端	4.2 m 高处射流送风	7.0 m 高处射流送风	5.0 m 高处射流送风	辐射地板	5.0 m 高处射流送风
	q_{AC}/(W/m²)	F1:0	F2:31 F1:31	F2:63 F1:44	F2:24 F1:46 B1:40	F2:71 F1:36 B1:40
	G_e/(10⁴ m³/h)	F1:0	F2:0 F1:0	F2:3.4 F1:1.3	F2:4.6 F1:1.8 B1:0	F2:8.4 F1:0 B1:0
内热源	$q_{L\&E}+q_{oc}$/(W/m²)	F1:8	F2:14 F1:18	F2:32 F1:10	F2:16 F1:12 B1:4	F2:23 F1:15 B1:15

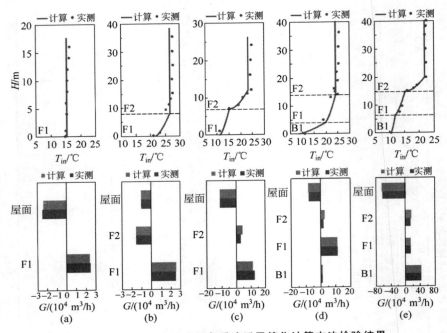

图 7.3　交通建筑高大空间冬季渗透风简化计算方法检验结果
（a）单体空间-Y；（b）二层楼-A3；（c）二层楼-E2；（d）三层楼-E3；（e）三层楼-M2

7.3　降低渗透风量的系统分析框架

　　7.2 节提出的简化计算方法为实际工程提供了量化分析渗透风及其影响的工具。本节将从渗透风量的影响因素出发，利用简化计算方法建立降低渗透风量的系统分析框架，从而给出交通建筑高大空间冬季渗透风的一系列应对方法。

　　图 7.4 给出了建筑渗透风的影响因素：室外环境，建筑本体和空调系统。室外环境因素一般难以随意改变，因此实际中多从建筑本体和空调系统着手降低渗透风量。从渗透风流动机理的角度看，余下的影响因素可归结为"阻力"和"动力"两方面，分别对应式（3.3）和式（3.4）中的流量系数 C_d 和室内外压差 Δp。

　　"阻力"体现的是建筑气密性，由渗透风的流通通道决定。基于第 6 章的分析结果，交通建筑高大空间中主导的渗透风流通通道分为底部开口和顶部开口，可分别采用底部开口流量系数 C_d 和屋面开口流量系数 $C_{d,r}$ 来刻画。从"阻力"角度出发降低交通建筑高大空间的渗透风量即可等价于采用有效方法来降低 C_d 和 $C_{d,r}$。

目前对于交通建筑高大空间渗透风的应对方法多从"阻力"角度出发，如关门堵漏等。然而"动力"是渗透风产生的根本原因，从"动力"角度出发提出应对方法有助于从源头解决问题，本书第 3～5 章正是聚焦高大空间渗透风的"动力"特征开展研究。交通建筑高大空间的冬季渗透风由热压主导，热压驱动力由高度和室内外温差共同作用产生（详见式（3.2）），因此降低热压驱动力即可从降低室内有效高度 H 和室内外温差（室内参考温度相同情况下降低 C_T）两方面着手。此外，空调系统还为渗透风提供了额外的机械动力（机械新排风），因此还需注重减少不必要的机械排风（a_e）或进行适当补风（a_f）。从"动力"角度出发降低交通建筑高大空间的渗透风量即可等价于采用有效方法来降低 H 和 C_T，增加 $a_f - a_e$。

综上所述，笔者提出应该从"增加阻力"和"减少动力"两方面共同着手，系统性地提出交通建筑高大空间冬季渗透风的应对方法。

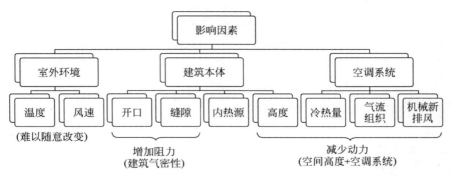

图 7.4　降低渗透风量的系统分析框架：从阻力和动力两方面出发

基于上述降低渗透风量的系统分析框架，笔者将采用 7.2 节提出的简化计算方法分析"阻力"相关参数（C_d 和 $C_{d,r}$）和"动力"相关参数（H、C_T 和 $a_f - a_e$）对典型交通建筑高大空间渗透风的影响。基于第 2 章实地测试，表 7.2 给出图 7.1 中 3 种典型建筑的基本参数，表中数据将作为简化计算方法的输入参数。

表 7.3 给出了简化计算案例的参数变化范围。其中室外温度的变化范围基本覆盖了我国有供暖需求地区的冬季室外温度，底部开口和屋面开口的流量系数参考了表 6.1 给出的建议取值，高大空间空调末端包含了两个不同送风高度（10 m 和 5 m）的射流送风末端和辐射地板末端。

表 7.2　3 种典型高大空间交通建筑的基本参数

建筑类型	符号及单位	单体空间建筑	二层楼建筑	三层楼建筑
室内高度	H/m	F1：15	F2：20 F1：8	F2：25 F1：8 B1：6
每层地板面积	$(L \times W)$/m²	200×50	300×75	400×100
屋面面积	F_r/m²	200×50	300×75	400×100
围护结构 传热系数	K_g/(W/(m²·K))	2.5	2.5	2.5
	K_r/(W/(m²·K))	0.4	0.4	0.4
底部开口面积	A/m²①	F1：2.5×3×2	F2：2.5×3×3 F1：2.5×3×3	F2：2.5×3×4 F1：2.5×3×4 B1：2.5×3×4
每层机械排风	G_e/h⁻¹	0.1	0.1	0.1
内热源	$q_{L\&E}+q_{oc}$/(W/m²)	F1：33	F2：25 F1：35	F2：40 F1：30 B1：15

① 底部开口即为外门,其参数表示为"宽×高×数量"。

表 7.3　交通建筑高大空间简化计算案例的参数变化范围

参　　数	变　化　范　围
室外温度 T_{out}/℃	−25～10
底部开口流量系数 C_d①	0.1～0.7
屋面开口流量系数 $C_{d,r}$	1×10^{-5}～1×10^{-3}
高大空间空调末端	10 m 高处射流送风,5 m 高处射流送风,辐射地板

① 后文计算中每个典型建筑各楼层的底部开口流量系数同时变化。

　　为了公平比较不同计算案例的渗透风量,笔者通过调整各案例中的空调供热量使人员活动区的温度达到目标值。参考高大空间交通建筑的空调设计参数(详见表 2.2),供暖季人员活动区的温度多设在 18～20℃。表 7.4 给出了 3 种典型建筑各楼层人员活动区的温度控制目标值。考虑到实际普遍存在的室内热分层现象,B1 层温度均设为 18℃(交通换乘层的室内热舒适要求相对较低),F1 层温度均设为 20℃,F2 层温度均设为 22℃。由于辐射地板对人体的辐射换热作用,其相对送风空调末端可在较低的空气温度下实现相同的人体热舒适状态[198]。在普通空间中一般可将空气温度降低 1～1.5 K[212],由于高大空间中较大的角系数,空气温度最大甚至可降低 3 K(详见 5.4 节中的 CFD 模拟结果)。因此,表 7.4 中辐射地板算例的人员活动区温度设定如下：在低楼层普通空间中比射流送风算例降低 1 K，在高大空间中降低 2 K。

表 7.4　交通建筑高大空间简化计算案例的人员活动区温度控制目标　　单位：℃

建筑类型	单体空间建筑	二层楼建筑		三层楼建筑		
	F1	F1	F2	B1	F1	F2
射流送风[①]	20	20	22	18	20	22
辐射地板	18	19	20	17	19	20

注：交通建筑室内人员多为站姿状态，本章中人员活动区高度取 1.1 m。
① 表 7.3 中的 10 m 高处和 5 m 高处射流送风。

7.3.1　阻力

本节将分析阻力（建筑气密性）对交通建筑高大空间冬季渗透风量的影响，将分为底部开口（C_d）和屋面开口（$C_{d,r}$）两部分来展开讨论。

7.3.1.1　建筑气密性：底部开口

在前文给出的建筑气密性分级建议基础上（详见表 6.1），笔者进一步比较交通建筑高大空间中各类底部开口的 C_d 数值，给出该类建筑底部开口 C_d 取值的标尺，如图 7.5 所示。理想方形开口的 C_d 一般为 0.6～0.8[34]；由于交通建筑中开口前后通常存在如人员、安检设施、装饰物等各种阻碍，因此实际该类建筑中常开开口的 C_d 一般为 0.4～0.6（详见表 7.1）；若对外门增加各类阻隔设施，可进一步降低 C_d，如设置门斗或多层外门（一

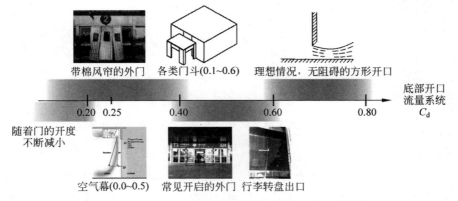

图 7.5　交通建筑高大空间底部开口流量系数 C_d 的标尺

般为 $0.1\sim0.6^{[201]}$)、安装棉风帘(可降至 0.25,详见表 7.1)、安装空气幕(与空气幕送风参数和室内外压差密切相关,实验和模拟数据显示 C_d 可在 $0.0\sim0.5$ 范围内变化$^{[188,202,204]}$)。最终,随着开口开度的不断减小,C_d 将不断减小。

基于上述 C_d 标尺,图 7.6 给出了 3 种典型建筑中渗透风量 a_{inf} 随 C_d 变化的曲线。计算中认为各楼层底部开口同时开闭(各楼层的 C_d 同时变化),其余参数取定值:$T_{out}=0℃$,$C_{d,r}=3\times10^{-4}$(表 6.1 所示的气密性等级Ⅱ级-平均)。显然整体趋势呈现 a_{inf} 随 C_d 减小而减小,即渗透风量随外门开度减小而减小。然而在采用送风空调末端的二层楼建筑中(详见图 7.6(b)中 10 m 和 5 m 高处射流送风),存在一段 a_{inf} 随 C_d 减小而增加的区间($C_d=0.35\sim0.40$)。为了解释上述反常的变化趋势,图 7.7 进一步给出了采用 10 m 高处射流送风的二层楼建筑中各楼层渗透风量的变化曲线。其中 F1 层的渗透风量的确一直随 C_d 减小而减小,然而 F2 层的渗透风量以 $C_d=0.30$ 为分界呈现先增加后减小的趋势,两者相加最终造成总风量在此区间内的反常变化趋势。图 7.7 中出现的 F2 层渗透风量变化趋势可采用高大空间室内外压差垂直分布线来解释,如图 7.8(a)所示。随着 C_d 减小,室内外压差分布线不断负向移动,零压面不断升高,因此 F2 层的室内外压差不断增加。由于压差变化与 C_d 变化趋势相反,基于开口空气流量的计算公式(3.3),由此产生上述 F2 层渗透风量的非单调变化趋势。

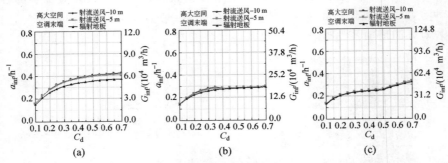

图 7.6　渗透风量随底部开口流量系数 C_d 的变化曲线

(a) 单体空间建筑;(b) 二层楼建筑;(c) 三层楼建筑

此外,图 7.7 中的阴影区域给出了该建筑中 F2 层存在室内热分层现象的区间($C_d=0.20\sim0.35$),其中 3 组典型的室内垂直温度分布如图 7.8(b)所示(对应图 7.7 中 3 组实心数据点)。在此区间内,F2 层的渗透风量较大,因此供热量也较大,非常容易产生室内热分层现象。而实地测试中交通建筑高大空间外门的 C_d 一般为 $0.02\sim0.53$(详见表 7.1),因此非常容易落入如图 7.7 所示出现室内热分层的区间,以上分析结果也印证了实地测试中普遍发现的高大空间室内热分层现象。

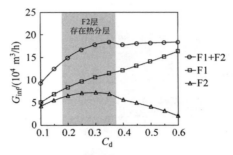

图 7.7　各楼层渗透风量随 C_d 的变化(二层楼建筑 10 m 高处射流送风)

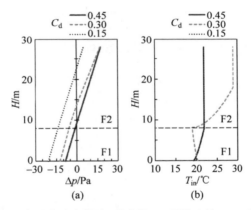

图 7.8　压差和温度垂直分布随 C_d 的变化(二层楼建筑 10 m 高处射流送风)

其中,$\Delta p = p_{in} - p_{out}$

(a) 室内外压差;(b) 室内空气温度

　　综上所述,采用有效方法降低 C_d 来缓解交通建筑高大空间的室内热分层现象将有助于减小渗透风量,具体而言,可采用图 7.5 所示的 C_d 标尺来给出实际可行的措施,如设置门斗或多层外门、在各楼层外门上安装棉风帘等。

7.3.1.2　建筑气密性:屋面开口

在前文给出的建筑气密性分级建议基础上(详见表 6.1),笔者进一步比较交通建筑高大空间屋面的 $C_{d,r}$ 数值,给出该类建筑 $C_{d,r}$ 取值的标尺,如图 7.9 所示。基于实地测试结果(详见表 7.1),当发现交通建筑高大空间的屋面存在大量明显开口时,$C_{d,r}$ 一般在 $10^{-4} \sim 10^{-3}$ 量级;当未发现存在大量明显开口时,$C_{d,r}$ 一般在 $10^{-5} \sim 10^{-4}$ 量级;最终随着屋面气密性不断增加,$C_{d,r}$ 将不断减小。

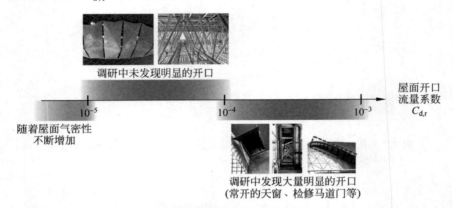

图 7.9　交通建筑高大空间屋面开口流量系数 $C_{d,r}$ 的标尺

　　基于上述 $C_{d,r}$ 标尺,图 7.10 给出了 3 种典型建筑中渗透风量 a_{inf} 随 $C_{d,r}$ 变化的曲线,其余参数取定值:$T_{out}=0℃$,$C_d=0.45$(表 6.1 所示的气密性等级 Ⅱ 级-平均)。显然整体趋势呈现 a_{inf} 随 $C_{d,r}$ 减小而减小,即渗透风量随屋面气密性增加而减小。若将 $C_{d,r}$ 从 10^{-3} 减小至 10^{-4}(关闭屋面的明显开口),可平均将渗透风量降低 67.2%;若将 $C_{d,r}$ 从 10^{-4} 减小至

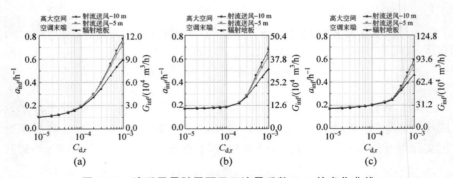

图 7.10　渗透风量随屋面开口流量系数 $C_{d,r}$ 的变化曲线

(a)单体空间建筑;(b)二层楼建筑;(c)三层楼建筑

10^{-5}（进一步封堵缝隙等），渗透风量仅能降低 23.0%。同时考虑到在实际应用中将 $C_{d,r}$ 从 10^{-3} 减小至 10^{-4} 显然比进一步减小更具可操作性，因此可将屋面开口流量系数的目标值设定为 10^{-4}。

7.3.2　动力

本节将分析动力对交通建筑高大空间冬季渗透风量的影响，将分为室内有效高度（H）和空调系统（C_T 和 $a_f - a_e$）两部分来展开讨论。

7.3.2.1　室内有效高度

较大的室内有效高度是高大空间的主要建筑特征之一。基于前文对高大空间渗透风特征的分析，如果能够有效降低室内有效高度，则能够显著降低渗透风的热压驱动力。根据图 7.1 给出的交通建筑典型空间形式，该类建筑的室内有效高度一般主要由两部分空间高度组成，即最高楼层的高大空间室内高度和各楼层之间的跨层连通空间高度。

最高楼层的高大空间一般为机场航站楼的值机大厅或者高铁客站的候车室。在交通建筑的建筑设计阶段，设计师通常考虑建筑美学、室内人员的视觉体验等因素，将该类空间的室内高度设计为 10~40 m，且高度通常与交通建筑的规模呈正相关（详见图 1.3）。为了确定实际满足人员视觉舒适的室内高度，学者们[213]应用虚拟现实技术（VR）构建了不同室内高度、进深和承重柱布置的高大空间模型，采用主观评价的方法给出了交通建筑高大空间尺度参数的取值建议。研究结果表明，对于常见的交通建筑高大空间（进深 200 m 以内，室内有承重柱遮挡视线），视觉舒适的室内高度一般在 15 m 以内；即使进深达到 400 m，视觉舒适的室内高度也未超过 20 m。因此在设计中可考虑将交通建筑中最高层的空间高度控制在 15~20 m 来减小渗透风的热压驱动力。

此外，交通建筑室内有效高度还受到跨层连通空间的影响。以第 2 章的航站楼 M2 为例（详见图 2.5（d）），最高楼层值机大厅的室内最大高度为 25.4 m，然而跨层连通空间将 B2 层直接连通至 F4 层，最终造成该建筑的室内最大有效高度达到近 40 m。如果能够有效封闭上述跨层连通空间从而减少跨楼层的室内空气流动，则相当于将室内最大有效高度降低了 37%。笔者利用第 2 章中基于航站楼 M2 建立的 CFD 模型（详见图 2.16）来分析减小垂直连通处面积对于冬季渗透风量的影响，计算结果如图 7.11 所示。随着连通面积减小，最高楼层高大空间(F3 层)的渗透风量将会有所增加,这是由于其内部热压作用的零压面向上移动,从而造成该楼层底部外门处的室内外压差增大;然而,低楼层(F1 层和 B2 层)的渗透风量将会显著降低,最终使该建筑的总渗透风量显著降低。若能将连通空间完全封闭(采用透明材料阻断跨层空气流动),该建筑的总渗透风量可降低 51%;即使依旧保留有扶梯、楼梯等连通空间(将连通面积减小为原来的 1/64,剩余 6.6 m²),该建筑的总渗透风量也可降低 30%。

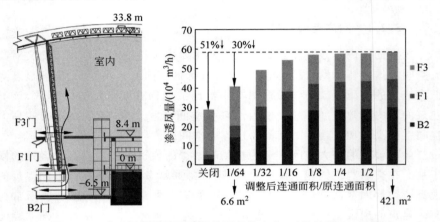

图 7.11　渗透风量随跨层连通处面积的变化(以航站楼 M2 为例)

7.3.2.2　空调系统

基于第 5 章的理论分析,空调末端方式决定了高大空间内主要冷热量的供给量和供给形式,从而营造出不同的室内垂直温度分布,影响渗透风的热压驱动力。

图 7.6 和图 7.10 对比了不同建筑气密性情况下 3 种典型高大空间空调末端作用下的渗透风量,即 10 m 高处射流送风、5 m 高处射流送风和辐射地板。正如第 5 章的对比结果,辐射地板作用下的渗透风量均小于其余两种送风空调末端。特别值得注意的是,辐射地板供暖对渗透风的削减作用在建筑气密性较差(较大的 C_d 和 $C_{d,r}$)时有更突出的体现。当建筑处于气密性等级Ⅰ级-渗漏和Ⅱ级-平均时(详见表 6.1),辐射地板相比通常采用的 5 m 高处射流送风可将渗透风量分别降低 15%～20% 和 5%～10%。其根本原因是能够在渗透风量较大的情况下依旧营造出垂直方向较为均匀的室内热环境(详见 5.4 节的分析结果)。因此,对于交通建筑这类外门等各

类开口频繁开启的建筑,辐射地板供暖的优越性将会得到更大程度的体现。

图 7.12 给出了 3 种空调末端作用下渗透风量 a_{inf} 随室外温度变化的曲线,其中建筑气密性参数取 Ⅱ 级-平均:$C_d=0.45,C_{d,r}=3\times10^{-4}$(详见表 6.1)。在不同室外温度情况下,辐射地板供暖作用下的渗透风量同样均小于其余两种送风空调末端。此外,辐射地板供暖对渗透风的削减作用在室外温度较低时有更突出的体现。当室外温度在 -10 ℃ 以下时,辐射地板相比通常采用的 5 m 高处射流送风可将渗透风量降低 $5\%\sim15\%$。以单体空间建筑为例,图 7.13 进一步给出了 3 组室外温度情况下的室内垂直温度分布。在室外温度较低时,室内需要供给更多的热量,当更多热量采用送风空调末端的方式给出时,室内热分层将会更加显著,而以辐射地板的方式供给热量能够很好地缓解室内热分层现象;在室外温度较高时,供热量显著下降,不同末端形式均能营造出较为均匀的垂直温度分布,此时辐射地板的优势主要体现在其能够在相对较低的空气温度下实现同样的室内热舒适状态(由于对人体的辐射换热作用)。

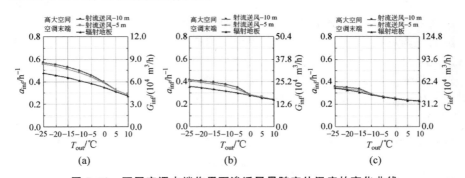

图 7.12　不同空调末端作用下渗透风量随室外温度的变化曲线
(a) 单体空间建筑;(b) 二层楼建筑;(c) 三层楼建筑

此外,前文已对机械新排风量在高大空间中的影响进行了详细分析(详见 3.3.2 节),并将其与普通空间进行了对比(详见 6.3.2 节)。由于室内空间体积巨大,空调系统一般难以供给足够大的机械新风量来完全消除渗透风从而实现室内正压。在交通建筑高大空间的实际运行中应当注重减少不必要的机械排风或对有大量排风需求的区域(如餐饮区)进行适当补风。

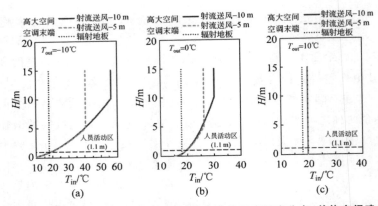

图7.13　不同室外温度下典型空调末端营造的垂直温度分布(单体空间建筑)
(a) 室外温度−10℃；(b) 室外温度0℃；(c) 室外温度10℃

7.4　渗透风应对方法的效果评估

　　基于7.3节建立的从阻力和动力两方面出发降低高大空间渗透风量的系统分析框架,本节将利用7.2节提出的简化计算方法从降低渗透风量和降低空调热负荷两方面评估前文提出的渗透风应对方法。表7.5给出了渗透风应对方法评估的算例,其中的"比较基准"是交通建筑建筑气密性现有水平和常见高大空间空调末端情况下保障室内热舒适状态的算例,在此基础上给出两个"增加阻力"的算例(减小底部开口和减小屋面开口)和一个"减少动力"(使用辐射地板)算例,并同时给出上述方法共同作用的算例。另外,本节同样将图7.1中的3种典型建筑纳入考虑,其基本参数依旧如表7.2所示,各楼层人员活动区的温度控制目标值依旧如表7.4所示。

表7.5　渗透风应对方法的算例

算例	比较基准 (保障热舒适)	减小底部开口 (增加阻力)	减小屋面开口 (增加阻力)	使用辐射地板 (减少动力)	上述方法 共同作用
底部开口流量 系数 C_d	0.45	0.25	0.45	0.45	0.25
屋面开口流量 系数 $C_{d,r}$	5×10^{-4}	5×10^{-4}	1×10^{-4}	5×10^{-4}	1×10^{-4}
高大空间 空调末端	5 m 高处 射流送风	5 m 高处 射流送风	5 m 高处 射流送风	辐射地板	辐射地板

为了评估表 7.5 中的渗透风应对方法在不同室外气候条件下的效果,笔者在我国有冬季供暖需求的气候区中选取典型城市进行计算,即严寒地区(乌鲁木齐)、寒冷地区(北京)和夏热冬冷地区(上海)。上述 3 个城市的供暖季逐小时室外温度如图 7.14 所示,图中数据来源于该地区典型年的室外气象参数[214]。

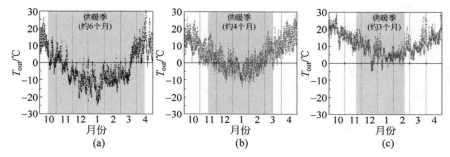

图 7.14　有冬季供暖需求气候区的典型城市逐小时室外温度
(a) 严寒地区(乌鲁木齐);(b) 寒冷地区(北京);(c) 夏热冬冷地区(上海)

7.4.1　降低渗透风量

图 7.15 给出了不同应对方法作用下的供暖季渗透风量,其中数据点表示日均值,线段表示每日最大和最小值。渗透风量在整个供暖季中大体呈现先增加后减少的趋势,这是由于室外温度越低,热压主导的渗透风量越大(详见图 7.12)。3 种方法(减小底部开口、减小屋面开口和使用辐射地板)不仅能降低逐时渗透风量,还能降低供暖季渗透风量的波动幅度(最大值与最小值的差)。3 种方法分别可将供暖季平均渗透风量降低 23.0%、52.2% 和 9.4%,可将供暖季渗透风量的波动幅度降低 18.3%、68.7% 和 29.0%。若同时采用 3 种方法,渗透风量可降低 61.4%,其波动幅度可降低 88.0%,则供暖季渗透风量将会稳定维持在较低水平($0.14 \sim 0.23 \ \text{h}^{-1}$)。

采用上述方法将高大空间交通建筑的冬季渗透风量大幅降低以后,是否需要额外供给机械新风来满足室内的新风需求呢? 由第 2 章高大空间交通建筑调研案例的设计资料可知(详见表 2.2),其中主要功能区域的人均机械新风量一般设计为 $10 \sim 30 \ \text{m}^3/(\text{h} \cdot \text{人})$。笔者参考各交通建筑的室内人员密度设计参数,将人均机械新风量进一步折算为整体建筑的换气次数,如图 7.16 所示。由于各个高大空间交通建筑设计的各区域机械新风量及人员密度数值均较为接近,最终折算得到的机械新风换气次数也较为相似,平均值为 $0.22 \ \text{h}^{-1}$。

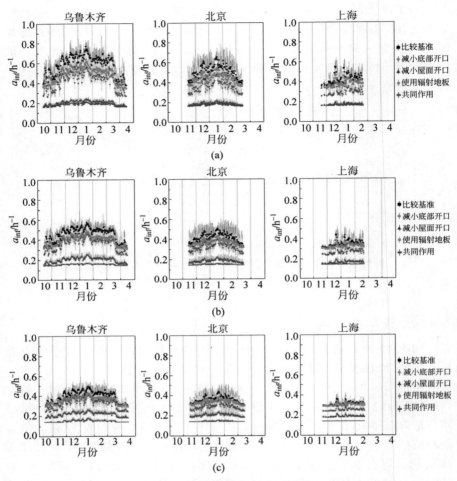

图 7.15　不同方法作用下的供暖季渗透风量（见文前彩图）

（a）单体空间建筑；（b）二层楼建筑；（c）三层楼建筑

由于设计中交通建筑各区域人员密度的取值代表了该区域人员满载时的情况,图 7.16 中的数据仅代表了机械新风量的理论最大值。然而在实际运行中,室内各区域几乎不可能同时出现人员满载的情况,使得交通建筑内的实际最大人数一般均显著小于设计中认为的室内最大人数（详见附录 A）。以第 2 章实地调研的 M2 航站楼为例,在年旅客吞吐量达到设计值的年份,不同季节的最大室内人员满载率仅为 54.8%~64.4%（详见图 A.7）。因此,交通建筑中实际新风量的需求远小于机械新风量的设计值。笔者同样以 M2 航站楼为例,采用 7.2 节提出的简化计算方法计算不同情景下的渗透风量,如图 7.17 所示。该航站楼的设计机械新风量为 0.20 h^{-1},而考虑室内人员满载率后的实际需求新风量仅为 0.13 h^{-1}。目前实测的渗透风量为 0.56 h^{-1},如果增加供热量使室内各楼层温度达标,则渗透风量将会增加到 0.71 h^{-1}。采用本节分析的 3 种方法后可将渗透风量降至 0.20 h^{-1},与设计机械新风量相当,而且高于实际需求的新风量。若将 M2 航站楼的最大室内人员满载率应用于图 7.15 中的算例,依旧可以得到结论:通过上述方法降低渗透风量后,高大空间交通建筑冬季室内的总新风量依旧可以满足需求。

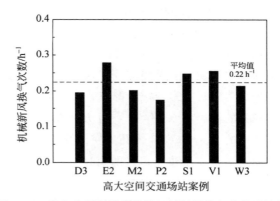

图 7.16　高大空间交通建筑的机械新风换气次数设计值

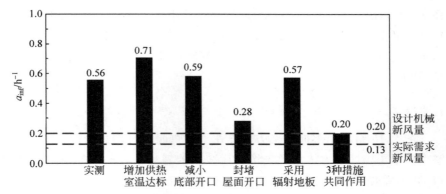

图 7.17　冬季渗透风量与机械新风需求的关系(以 M2 航站楼为例)

　　虽然冬季渗透风可以满足高大空间交通建筑的实际新风需求总量,但是室内局部区域仍然有可能出现新风量不足的情况,如航站楼中人员拥挤的值机柜台和安检区域等。针对上述情况,由于渗透风带来的室外空气总量能够满足需求,因此可以通过改进室内气流组织来满足特殊区域的新风需求,即增加室内不同区域之间的空气混合(如从高大空间的上部、人员稀少的通道走廊等位置回风)。

　　上述方法的可行性基于交通建筑的功能特征和室内人员需求。第 2 章的实地调研表明,这类建筑连接了多种交通工具,旅客流动频繁,其中不可避免地存在各类与室外连通的通道,因此建筑气密性往往较难得到保证。此外这类建筑中的主要人员为旅客,通常仅在室内短期停留。实地调研表明,旅客可容忍的室内环境参数波动范围比一般公共建筑中的人员更宽(如办公楼、商场等)[215],因此许多针对该类建筑室内环境的研究也将其认为是过渡空间而非传统意义上人员长期停留的室内空间[216]。综上所述,高大空间交通建筑的室内环境营造思路应该与人员长时间停留的传统公共建筑有所区别。由于交通建筑的室内污染源主要与人员相关,而室内 CO_2 浓度可体现与人员相关的污染物水平[210-211]且方便在多区域大量测量,因此可考虑将室内各区域的 CO_2 浓度作为高大空间交通建筑中新风量的控制指标[8]。在采用多种方法降低渗透风量的同时,室内各区域的 CO_2 浓度需要得到监控并使其控制在合理的范围内。

　　基于以上分析结果,笔者进一步计算了在全国范围内从“增加阻力”和“减少动力”两方面出发降低高大空间交通建筑渗透风量的效果(详见图 7.18,以图 7.1 中的二层楼建筑为例展示计算结果),其中各省取省会城市的供暖季逐小时室外温度进行计算[214]。综上所述,采用多种渗透风应对方法可在保障室内热舒适的同时,大幅降低高大空间交通建筑的冬季渗透风量。

7.4.2　降低空调热负荷

　　图 7.19 给出了不同应对方法作用下的供暖季日均热负荷。热负荷在整个供暖季中同样大体呈现先增加后减少的趋势。3 种方法(减小底部开口、减小屋面开口和使用辐射地板)不仅能降低日均热负荷,还能降低整个供暖季中日均热负荷的波动幅度(最大值与最小值的差)。最终 3 种方法分别可将供暖年耗热量降低 28.8％、65.4％和 49.0％;若同时采用 3 种方法,供暖年耗热量可降低 82.4％。

供暖季平均渗透风换气次数/h⁻¹

(无供暖季) 0.1　　　　0.2　　　　0.3　　　　0.4　　　　0.5　　　　0.6

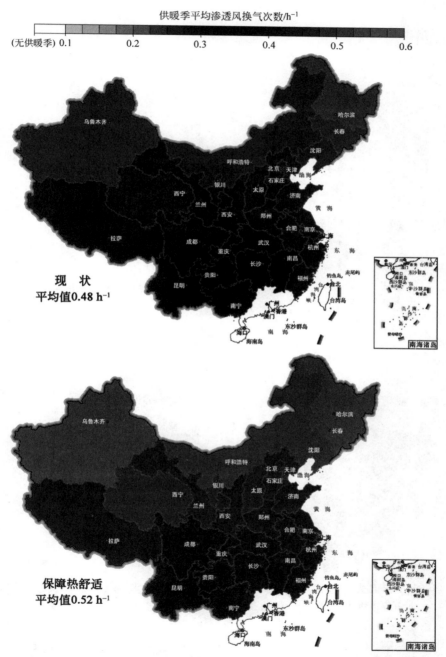

图7.18　采用不同方法降低渗透风量的效果（以二层楼建筑为例,见文前彩图）

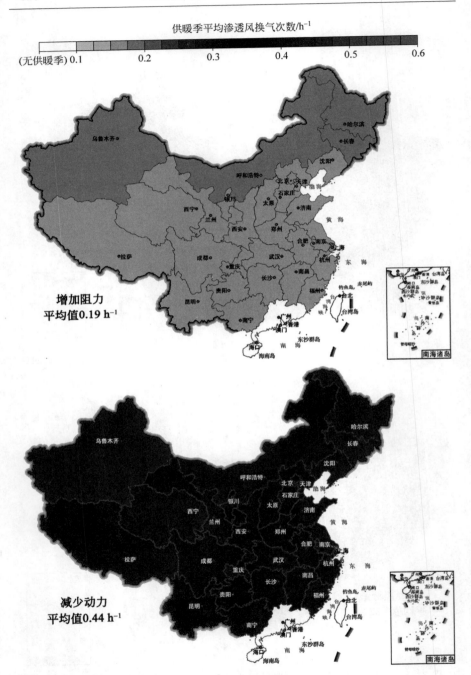

供暖季平均渗透风换气次数/h⁻¹

图 7.18　（续）

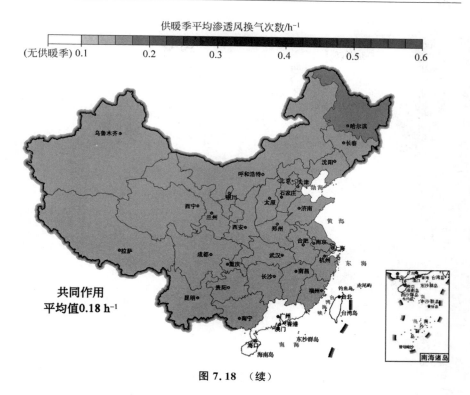

供暖季平均渗透风换气次数/h⁻¹

(无供暖季) 0.1　0.2　0.3　0.4　0.5　0.6

共同作用
平均值0.18 h⁻¹

图 7.18 （续）

将图 7.19 中的空调热负荷计算结果与图 7.15 中的渗透风量计算结果进行比较可以发现：采用"增加阻力"的方法（减小底部开口和减小屋面开口）实现的渗透风量削减比例和供暖年耗热量削减比例较为相近；采用"减少动力"的方法（使用辐射地板）虽然仅能将渗透风量平均降低 9.4%，但是可以将供暖年耗热量平均降低 49.0%。换言之，采用"减少动力"的方法可在建筑通风量变化较小的情况下大幅降低供暖能耗。其根本原因正是第 5 章理论分析得到的结论：辐射地板供暖能够在渗透风量较大的情况下依旧营造出垂直方向较为均匀的室内热环境，于是从高大空间顶部渗透流出的空气温度将会低于室内存在显著热分层的情景（采用传统送风空调末端）。以上结果说明采用"减少动力"的方法可从根本上缓解高大空间冬季渗透风的问题。另外，在建筑气密性不佳或是有较大通风需求的情况下（如呼吸道传染病疫情时需要开启交通建筑的门窗进行通风），辐射地板可在保证自然通风量的情况下最大程度降低空调热负荷。

此外，采用上述多种方法的好处不仅在于降低供暖年耗热总量，还在于

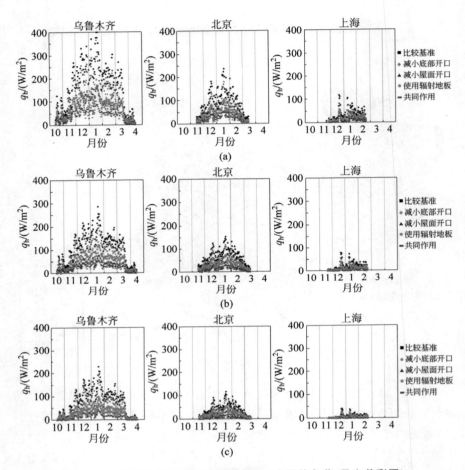

图 7.19　不同方法作用下的供暖季日均空调热负荷(见文前彩图)

(a) 单体空间建筑；(b) 二层楼建筑；(c) 三层楼建筑

大幅降低热负荷峰值(或瞬时热负荷值),使现有空调系统能够实现,从而保障冬季室内热环境。对应图 7.17 中的渗透风量计算结果,笔者同样以 M2 航站楼为例,采用 7.2 节提出的简化计算方法计算不同情景下的瞬时空调热负荷,如图 7.20 所示。该航站楼目前的渗透风非常严重,室内人员活动区温度过低,难以满足热舒适要求,在此情况下实测的供热量为 59 W/m²; 若通过增加空调供热量使室内各楼层温度达标,则需求的供热量将会增加到 131 W/m²,这是现有空调系统难以达到的数值。然而采用本节分析的 3

种方法后,可将空调热负荷降至 16 W/m^2,即可以在满足室内热舒适要求的同时大幅降低供暖能耗。

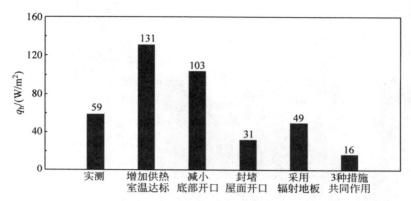

图 7.20　降低冬季渗透风量的空调热负荷削减效果(以 M2 航站楼为例)

基于以上分析结果,笔者进一步计算了在全国范围内从"增加阻力"和"减少动力"两方面出发降低高大空间交通建筑渗透风量,从而降低供暖年耗热量的效果(详见图 7.21,以图 7.1 中的二层楼建筑为例展示计算结果),其中对于各省同样取省会城市的供暖季逐小时室外温度进行计算[214]。此外,图 7.22 进一步给出采用上述方法后渗透风负荷在总热负荷中的占比。综上所述,采用多种渗透风应对方法可将其在热负荷中的占比降至与围护结构传热部分相当,最终可在保障室内热舒适的同时,大幅降低高大空间交通建筑的供暖年耗热量。

进一步分析图 7.21 中的结果,当采用上述方法共同来降低渗透风造成的热负荷后,全国范围内高大空间交通建筑的供暖年耗热量平均值降至 0.08 GJ/m^2。当该类建筑的冬季供暖热需求降低到上述水平后,可根据建筑所在地域的能源禀赋,合理利用多种可再生能源(如光伏电能、地热能等),从而实现该类建筑近零能耗供暖(甚至净零能耗供暖)的目标。具体来说,依据相关行业标准[217-219],图 7.23 进一步给出了我国不同省份高大空间交通建筑实现超低能耗供暖或近零能耗供暖的可能性。如果从"增加阻力"和"减少动力"两方面出发降低高大空间交通建筑的冬季渗透风量,则可在我国全部夏热冬冷地区实现该类建筑的近零能耗供暖(供暖能耗比同类建筑的现有标准降低 75%),可在我国全部寒冷地区实现超低能耗供暖(供暖能耗比同类建筑的现有标准降低 50%)。

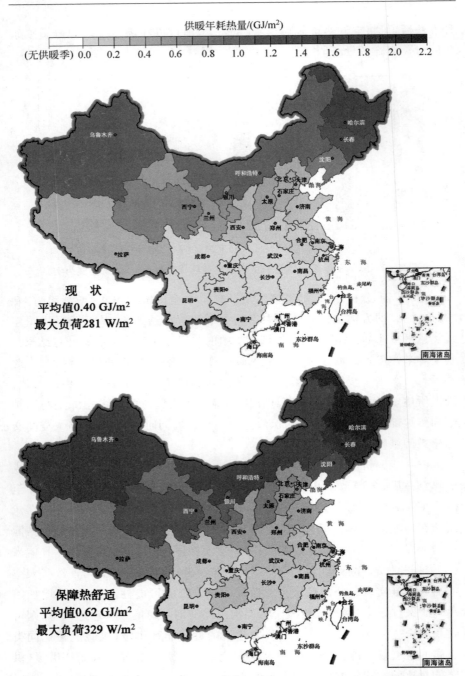

图 7.21 采用不同方法降低供暖年耗热量的效果（以二层楼建筑为例，见文前彩图）

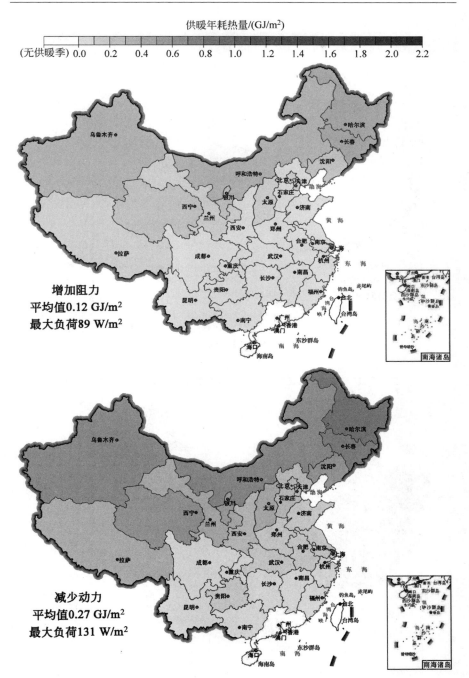

图 7.21　（续）

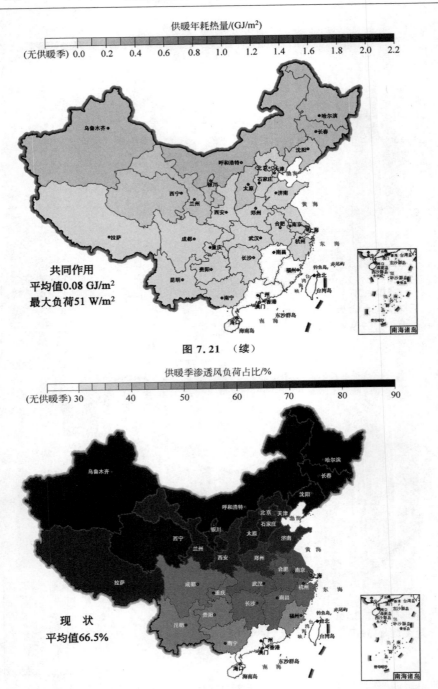

图 7.21 （续）

图 7.22 采用不同方法降低渗透风负荷占比的效果（以二层楼建筑为例，见文前彩图）

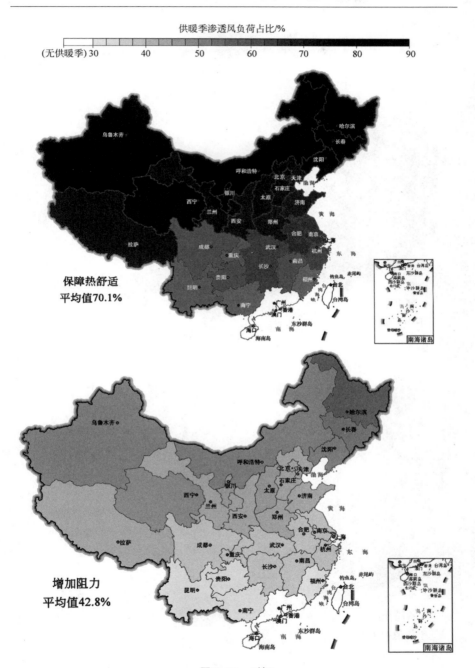

图 7.22 （续）

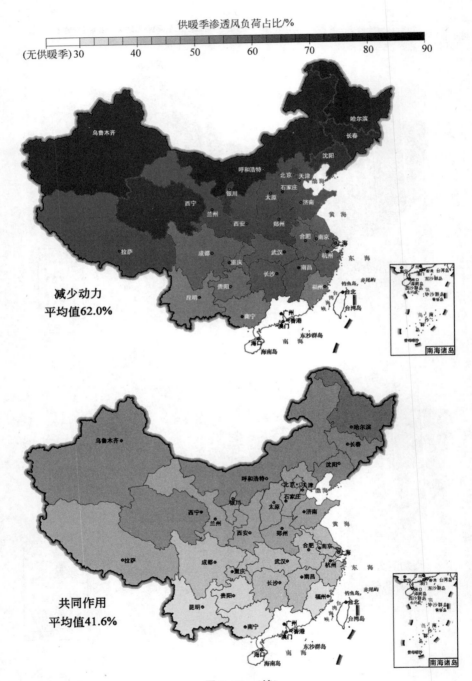

图 7.22 （续）

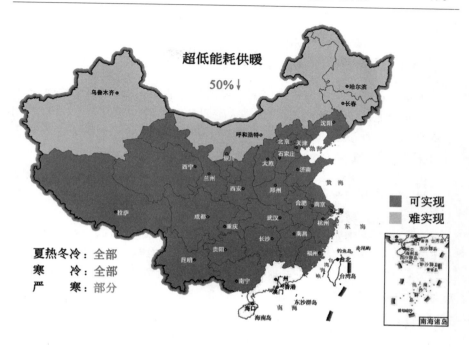

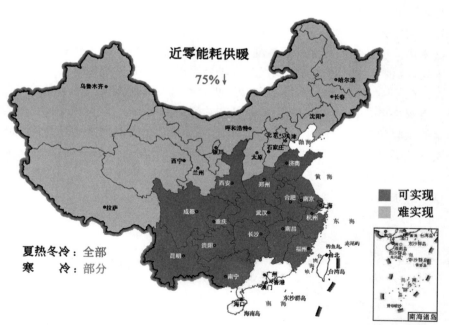

图 7.23　通过降低渗透风量实现交通建筑高大空间近零能耗供暖（见文前彩图）

7.5　小　　结

本章将前文建立的渗透风模型与理论分析结果应用于典型空间形式的高大空间交通建筑,提出交通建筑高大空间冬季渗透风的简化计算方法,用于量化分析多种渗透风应对方法的实际效果,进而评估降低交通建筑高大空间冬季渗透风量带来的供暖节能潜力。本书主要结论如下。

(1) 提出了交通建筑高大空间冬季渗透风的简化计算方法,为实际工程提供了量化分析冬季渗透风及其影响的工具,采用简化计算方法得到的冬季总渗透风量与实测值的偏差可控制在 ±10%。

(2) 建立从"阻力"和"动力"两方面出发降低交通建筑高大空间渗透风量的系统分析框架。基于实地测试结果,确定"阻力"和"动力"的关键影响参数及建议取值,并给出一系列冬季渗透风的应对方法。"阻力"方面,采用底部开口流量系数 C_d(一般在 $0 \sim 0.6$)和屋面开口流量系数 $C_{d,r}$(一般在 $10^{-5} \sim 10^{-3}$)来刻画。为了实现"增加阻力",需给各楼层外门增加阻隔设施(如门斗、棉风帘、空气幕等),从而将 C_d 降至 0.25 以下;需关闭屋面各类明显开口从而将 $C_{d,r}$ 降至 10^{-4} 以下。"动力"方面,受室内有效高度 H 和空调系统(C_T 和 $a_f - a_e$)的影响。为了实现"减少动力",需在尽可能降低室内高度的同时封闭跨层连通的空间;使用辐射地板替代传统送风空调末端,减少不必要的机械排风或对有排风需求的区域适当补风。

(3) 从"增加阻力"和"减少动力"两方面出发降低高大空间交通建筑的冬季渗透风量,可在保证室内新风量和热舒适的前提下,将高大空间交通建筑的供暖年耗热量平均值降至 0.08 GJ/m^2。可在我国全部夏热冬冷地区实现该类建筑的近零能耗供暖(供暖能耗比同类建筑的现有标准降低 75%),可在我国全部寒冷地区实现超低能耗供暖(供暖能耗比同类建筑的现有标准降低 50%)。

第 8 章　总结与展望

我国的机场航站楼、高铁客站等高大空间交通建筑正处于高速建设阶段。渗透风给该类建筑的热湿环境营造带来了巨大挑战,目前已成为该类建筑运行能耗的关键影响因素。研究交通建筑高大空间的渗透风特征及其应对方法对于该类建筑的节能低碳运行有着重大意义。以往对于建筑渗透风的研究主要关注住宅、办公室等普通室内高度的空间,对于高大空间热湿环境营造的研究通常仅在通风工况考虑室内外之间的空气流动,欠缺对于供暖和供冷工况高大空间渗透风特征及其作用机理的深入认识,因此缺乏系统的应对方法来有效解决实际工程中普遍存在的高大空间渗透风问题。针对上述不足,本书开展了以下研究工作。

第一,对我国典型高大空间交通建筑开展了广泛的测试调研(包含 33 座机场航站楼和 3 座高铁客站),揭示了该类建筑中冬夏季热压主导的渗透风流动模式,针对其中主要的空气流通通道采用风速测量法结合 CFD 模拟法能够得到较为准确的渗透风量。实地测试发现该类建筑的冬季渗透风问题尤为突出:长时间开启的外门、天窗等各类开口造成了巨大的渗透风量(换气次数为 $0.06\sim0.56\ \mathrm{h^{-1}}$),冬季室内 CO_2 浓度维持在极低的水平(平均值为 $478\times10^{-6}\sim682\times10^{-6}$),渗透风耗热量占供热量的比例为 $23\%\sim92\%$,因此降低交通建筑高大空间的渗透风将会产生巨大的节能潜力。

第二,分析典型单体高大空间中热压主导和热压、风压共同作用的渗透风流动特征。分别定义了无量纲热压驱动力 C_T 和无量纲风压驱动力 C_w,基于此建立了高大空间渗透风的理论模型,用于快速、准确地计算该类空间的渗透风量。理论模型着重考虑了空调系统的影响,并将其拆分为两部分刻画:室内热分层(采用 C_T 描述)和机械新排风量不等(采用 $a_f - a_e$ 描述)。结果表明,上述两部分影响因素是供暖和供冷工况渗透风区别于传统过渡季自然通风的主要特点。

第三,从主导的热压驱动力(C_T)出发分析了最小化高大空间渗透风量需要营造的室内垂直温度分布,提出最小化渗透风量的垂直温度分布控制原则:冬季供暖工况缓解上热下冷,夏季供冷工况实现有效分层。通过无量纲分析揭示了冷量/热量的供给方式对于室内垂直温度分布的作用机理：将渗透风影响下供暖和供冷工况的高大空间室内热环境营造抽象为冷热两股流体的相互作用，并给出 C_T 与冷/热流体阿基米德数(Ar_c 和 Ar_h)之间的无量纲关系式。进而对比分析不同空调末端的冷量/热量供给方式及其在渗透风影响下实际营造的室内垂直温度分布，发现辐射地板可最大程度满足最小化渗透风量的高大空间室内垂直温度分布控制原则，最终在供暖和供冷工况下均可实现最低的渗透风量和空调负荷。

第四，针对渗透风最为严重的冬季供暖工况，应用前文建立的理论模型对比分析高大空间和普通空间在渗透风方面的异同。结果表明，若仅有通过围护结构缝隙造成的渗透风，高大空间的渗透风换气次数理应比普通空间小约一个数量级；然而实际情况下普通空间中的渗透风主要由围护结构缝隙造成，而高大空间中的渗透风主要由明显开口造成，最终导致两类空间中实测的渗透风换气次数相近(集中在 $0.1\sim1.0\ h^{-1}$)。基于实测相近的渗透风换气次数，由于高大空间有较小的建筑体形系数，渗透风对其热负荷造成的影响显著大于普通空间；由于高大空间有较小的单位空间体积室内人数，其室内环境被人源污染物严重影响的可能性小于普通空间。

第五，在上述理论的指导下，提出了交通建筑高大空间冬季渗透风的简化计算方法，为实际工程提供了量化分析冬季渗透风及其影响的工具。建立从"阻力"和"动力"两方面出发降低交通建筑高大空间渗透风量的系统分析框架。基于实地测试结果，确定"阻力"和"动力"的关键影响参数及建议取值，并给出一系列冬季渗透风的应对方法。从"增加阻力"和"减少动力"两方面出发降低高大空间交通建筑的冬季渗透风量，可在保证室内新风量和热舒适的前提下，将高大空间交通建筑的供暖年耗热量平均值降至 $0.08\ \text{GJ/m}^2$，可在我国全部夏热冬冷地区实现该类建筑的近零能耗供暖，在我国全部寒冷地区实现超低能耗供暖。

本书研究了交通建筑高大空间的渗透风特征，获得的主要创新性成果如下。

(1) 揭示不同季节交通建筑高大空间的渗透风特征，建立从驱动力角度出发的高大空间渗透风理论模型，指出垂直温度分布是影响高大空间渗透风驱动力的关键因素。

(2) 提出最小化渗透风量的垂直温度分布控制原则，揭示高大空间空调末端对渗透风的作用机理，指出辐射地板在供冷和供暖季均能满足上述原则，可将渗透风量降低 $10\%\sim40\%$。

（3）揭示高大空间区别于普通空间的渗透风特性，建立从阻力和动力出发降低高大空间渗透风量的系统分析方法，为高大空间交通建筑实现近零能耗供暖目标提供理论支撑。

展望未来，本领域的后续研究主要包括以下方面。

（1）高大空间渗透风量的标准测试方法，基于渗透风的流动特征提出更加方便、快捷、具有普适性的渗透风量测试方法，用于在实际工程中开展广泛的实测。

（2）交通建筑高大空间室内空气品质研究，包括室内污染物的分布情况，室外源污染物进入室内过程中的关键参数取值及污染物的控制手段等。

（3）交通建筑高大空间室内热舒适研究，考虑人员短暂停留，在渗透风和围护结构辐射换热较强时，确定该类建筑中的人体热舒适区间并修正现有指标。

参 考 文 献

[1] 国家发展改革委.学习贯彻习近平新时代中国特色社会主义经济思想 做好"十四五"规划编制和发展改革工作,加快构建现代综合交通运输体系[M].北京:中国计划出版社,中国市场出版社,2020.

[2] International Civil Aviation Organization (ICAO). Annual report 2018: air transport statistics[EB/OL]. https://www. icao. int/annual-report-2018/Pages/the-world-of-air-transport-in-2018-statistical-results. aspx.

[3] 中国民用航空局. 2019 年民航机场生产统计公报[EB/OL]. http://www. caac. gov. cn/XXGK/XXGK/TJSJ/202003/t20200309_201358. html.

[4] 国家发展改革委,中国民用航空局. 全国民用运输机场布局规划[EB/OL]. https://www. ndrc. gov. cn/xxgk/zcfb/ghwb/201703/t20170315_962231. html.

[5] 国家铁路局. 2019 年铁道统计公报[EB/OL]. http://www. gov. cn/xinwen/2020-04/30/content_5507767. htm.

[6] 国家发展改革委,交通运输部,中国铁路总公司. 中长期铁路网规划[EB/OL]. http://www. nra. gov. cn/jgzf/flfg/gfxwj/zt/other/201607/t20160721_26055. shtml.

[7] 火车票网. 全国开通高铁的车站大全[EB/OL]. http://gaotie. huochepiao. com/gaotiezhan/.

[8] 刘晓华,张涛,戎向阳,等.交通场站建筑热湿环境营造[M].北京:中国建筑工业出版社,2019.

[9] 许天宇.基于旅客体验的航站楼内部空间多样性设计研究[D]. 西安:西安建筑科技大学,2020.

[10] de Rubeis T, Nardi I, Paoletti D, et al. Multi-year consumption analysis and innovative energy perspectives: The case study of Leonardo da Vinci International Airport of Rome[J]. Energy Conversion and Management,2016,128: 261-272.

[11] Uysal M P, Sogut M Z. An integrated research for architecture-based energy management in sustainable airports[J]. Energy,2017,140: 1387-1397.

[12] Lin L, Liu X, Zhang T, et al. Energy consumption index and evaluation method of public traffic buildings in China [J]. Sustainable Cities and Society,2020, 57: 102132.

[13] Kim S C, Shin H I, Ahn J. Energy performance analysis of airport terminal buildings by use of architectural, operational information and benchmark metrics [J]. Journal of Air Transport Management,2020,83: 101762.

[14] 日本国土交通省. 空港实施状况报告书 2015[EB/OL]. http://www. mlit. go. jp/index. html.

[15] Balaras C A, Dascalaki E, Gaglia A, et al. Energy conservation potential, HVAC installations and operational issues in Hellenic airports[J]. Energy and Buildings,

2003,35：1105-1120.

[16] 赵海湉.航站楼环境质量与能效实测研究[D].北京：清华大学,2015.

[17] Alba S O,Manana M. Energy research in airports：A review[J]. Energies,2016, 9：349.

[18] 国家铁路大型客站能源消耗专项调查组.2011年国家铁路大型客站能源消耗专项调查情况分析[J].铁道经济研究,2012,109(5)：8-13.

[19] 宋歌,刘燕,朱丹丹,等.铁路客站用能现状及其影响因素分析[J].暖通空调, 2013,43(4)：85-90.

[20] 佟松贞.上海局大型客站能耗现状的分析与对策[J].上海铁道科技,2014,4： 114-115.

[21] 孙建明,张亦驰,夏建军.基于能耗监测系统的铁路客站能耗分析与节能诊断 [J].电气应用,2016,35(3)：89-93.

[22] Liu X,Liu X,Zhang T,et al. An investigation of the cooling performance of air-conditioning systems in seven Chinese hub airport terminals[J]. Indoor and Built Environment,2021,30(2)：229-244.

[23] Liu X,Zhang T,Liu X,et al. Energy saving potential for space heating in Chinese airport terminals：The impact of air infiltration[J]. Energy,2021,215：119175.

[24] 杨婉,石德勋,邹玉容.成都双流国际机场航站楼空调系统用能状况分析与节能诊断[J].暖通空调,2011,41(11)：31-35.

[25] Wang Z,Zhao H,Lin B,et al. Investigation of indoor environment quality of Chinese large-hub airport terminal buildings through longitudinal field measurement and subjective survey[J]. Building and Environment,2015,94：593-605.

[26] Geng Y,Yu J,Lin B,et al. Impact of individual IEQ factors on passengers' overall satisfaction in Chinese airport terminals[J]. Building and Environment,2017, 112：241-249.

[27] 国家质量监督检验检疫总局,卫生部,国家环境保护总局.室内空气质量标准： GB/T 18883—2002[S].北京：中国标准出版社,2002.

[28] 梁媚.航站楼冬季室内热环境实测与模拟研究[D].北京：清华大学,2017.

[29] 翁建涛,赵康,章鸿.航站楼高大空间冬季室内热环境实测分析[J].暖通空调, 2018,48(1)：72-77.

[30] 刘燕,邓光蔚,彭琛,等.铁路客站无组织渗风现状调研及数值模拟研究[J].暖通空调,2012,42(12)：53-79.

[31] Wang B,Yu J,Ye H,et al. Study on present situation and optimization strategy of infiltration air in a train station in winter[J]. Procedia Engineering,2017,205： 2517-2523.

[32] 杨德润,张旭,周翔.客站无组织通风量计算及其对空调负荷的影响[J].建筑节能,2012,40(12):1-6.

[33] 田利伟.铁路旅客站房空气幕系统的阻隔效率分析[J].铁道工程学报,2015,

32(5):77-80.

[34] ASHRAE. ASHRAE Handbook: Fundamentals 2017, Chapter 16: Ventilation and Infiltration[M]. Atlanta, GA: ASHRAE Inc, 2017.

[35] 范存养. 大空间建筑空调设计及工程实录[M]. 北京:中国建筑工业出版社,2001.

[36] 高军. 建筑空间热分层理论及应用研究[D]. 哈尔滨:哈尔滨工业大学,2007.

[37] 赵康. 高大空间辐射供冷方式研究[D]. 北京:清华大学,2015.

[38] 梁超. 非均匀室内环境的空调负荷与能耗构成及其降低方法[D]. 北京:清华大学,2017.

[39] Wouters P. IEA EBC Annex 5: Air infiltration and ventilation centre[EB/OL]. https://www.iea-ebc.org/projects/project? AnnexID=5.

[40] 高甫生. 国内外空气渗透计算方法研究现状及分析[J]. 通风除尘,1991,1: 19-23.

[41] 丁力行,于宏,刘广海. 国外渗风气流模型研究概况[J]. 建筑热能通风空调, 2005,24(1): 28-31.

[42] Hou J, Sun Y, Chen Q, et al. Air change rates in urban Chinese bedrooms[J]. Indoor Air,2019,29(5): 828-839.

[43] Shi S, Chen C, Zhao B. Air infiltration rate distributions of residences in Beijing [J]. Building and Environment,2015,92: 528-537.

[44] Huang K, Song J, Feng G, et al. Indoor air quality analysis of residential buildings in northeast China based on field measurements and longtime monitoring[J]. Building and Environment,2018,144: 171-183.

[45] Lei Z, Liu C, Wang L, et al. Effect of natural ventilation on indoor air quality and thermal comfort in dormitory during winter[J]. Building and Environment,2017, 125: 240-247.

[46] Cheng P L, Li X. Air infiltration rates in the bedrooms of 202 residences and estimated parametric infiltration rate distribution in Guangzhou, China[J]. Energy and Buildings,2018,164: 219-225.

[47] Murray D M, Burmaster D E. Residential air exchange rates in the United States: Empirical and estimated parametric distributions by season and climatic region [J]. Risk Analysis,1995,15(4): 459-465.

[48] Yamamoto N, Shendell D G, Winer A M, et al. Residential air exchange rates in three major US metropolitan areas: Results from the Relationship Among Indoor, Outdoor, and Personal Air Study 1999-2001[J]. Indoor Air,2010,20(1): 85-90.

[49] Liu Y, Misztal P K, Xiong J, et al. Detailed investigation of ventilation rates and airflow patterns in a northern California residence[J]. Indoor Air,2018,28(4): 572-584.

[50] Jones B, Das P, Chalabi Z, et al. Assessing uncertainty in housing stock infiltration rates and associated heat loss: English and UK case studies[J]. Building and Environment, 2015, 92: 644-656.

[51] Langer S, Ramalho O, Derbez M, et al. Indoor environmental quality in French dwellings and building characteristics[J]. Atmospheric Environment, 2016, 128: 82-91.

[52] Meiss A, Feijó-Muñoz J. The energy impact of infiltration: A study on buildings located in north central Spain[J]. Energy Efficiency, 2014, 8: 51-64.

[53] Guillén-Lambea S, Rodríguez-Soria B, Marín J M. Air infiltrations and energy demand for residential low energy buildings in warm climates[J]. Renewable and Sustainable Energy Reviews, 2019, 116: 109469.

[54] Bekö G, Lund T, Nors F, et al. Ventilation rates in the bedrooms of 500 Danish children[J]. Building and Environment, 2010, 45: 2289-2295.

[55] Ruotsalainen R, Rönnberg R, Säteri J, et al. Indoor climate and the performance of ventilation in finnish residences[J]. Indoor Air, 1992, 2(3): 137-145.

[56] Jokisalo J, Kurnitski J, Korpi M, et al. Building leakage, infiltration, and energy performance analyses for Finnish detached houses[J]. Building and Environment, 2009, 44, 377-387.

[57] Bornehag C G, Sundell J, Hagerhed-Engman L, et al. Association between ventilation rates in 390 Swedish homes and allergic symptoms in children[J]. Indoor Air, 2005, 15(4) 275-280.

[58] Langer S, Bekö G. Indoor air quality in the Swedish housing stock and its dependence on building characteristics[J]. Building and Environment, 2013, 69: 44-54.

[59] Hong G, Kim B S. Field measurements of infiltration rate in high rise residential buildings using the constant concentration method[J]. Building and Environment, 2016, 97: 48-54.

[60] Yoon S, Song D, Kim J, et al. Stack-driven infiltration and heating load differences by floor in high-rise residential buildings[J]. Building and Environment, 2019, 157: 366-379.

[61] 张春明, 高甫生. 北方地区建筑渗风能耗与传热能耗的比例分析[J]. 节能技术, 2002, 20(2): 26-28.

[62] Emmerich S J, Persily A K. Energy impacts of infiltration and ventilation in U. S. office buildings using multi-zone airflow simulation[C]. Atlanta, GA: Proceedings of IAQ & Energy 98, American Society of Heating, Refrigerating and Air-conditioning Engineers, 1998: 191-203.

[63] Emmerich S J, Persily A K. Analysis of US commercial building envelope air leakage database to support sustainable building design[J]. International Journal

of Ventilaiton,2014,12(4):331-343.

[64] 宋芳婷,江亿. 空调建筑无组织通风的实测分析[J]. 暖通空调,2007,37(2):110-114.

[65] Coley D A,Beisteiner A. Carbon dioxide levels and ventilation rates in schools[J]. International Journal of Ventilaiton,2002,1(1):45-52.

[66] Mahyuddin N,Awbi H B,Alshitawi M. The spatial distribution of carbon dioxide in rooms with particular application to classrooms [J]. Indoor and Built Environment,2014,23:433-448.

[67] Liu S,Yoshiko H,Mochida A. A measurement study on the indoor climate of a college classroom[J]. International Journal of Ventilaiton,2011,10(3):251-261.

[68] 杨建刚,黄晨. 大空间建筑通风与渗透风量的研究现状[J]. 发电与空调,2002,23(4):20-23.

[69] Huang C,Zou Z,Li M,et al. Measurements of indoor thermal environment and energy analysis in a large space building in typical seasons[J]. Building and Environment,2007,42:1869-1877.

[70] Lin L,Liu X,Zhang T. Performance investigation of heating terminals in a railway depot:On-site measurement and CFD simulation[J]. Journal of Building Engineering,2020,32:101818.

[71] Brinks P,Kornadt O. René O. Air infiltration assessment for industrial buildings [J]. Energy and Buildings,2015,86:663-676.

[72] Kim M H,Jo J H,Jeong J W. Feasibility of building envelope air leakage measurement using combination of air-handler and blower door[J]. Energy and Buildings,2013,62:436-441.

[73] Szymański M,Górka A,Górzeński R. Large buildings airtightness measurements using ventilation systems[J]. International Journal of Ventilaiton,2016,14(4):359-408.

[74] Shi Y,Li X,Li H. A new method to assess infiltration rates in large shopping centers[J]. Building and Environment,2017,119:140-152.

[75] Hayati A,Mattsson M,Sandberg M. Evaluation of the LBL and AIM-2 air infiltration models on large single zones:Three historical churches[J]. Building and Environment,2014,81:365-379.

[76] Lee D S,Jeong J W,Jo J H. Experimental study on airtightness test methods in large buildings:proposal of averaging pressure difference method[J]. Building and Environment,2017,122:61-71.

[77] ASHRAE. ASHRAE Handbook:Fundamentals 2017,Chapter 37:Measurement and Instruments[M]. Atlanta,GA:ASHRAE Inc,2017.

[78] Tian S,Gao Y,Shao S,et al. Measuring the transient airflow rates of the infiltration through the doorway of the cold store by using a local air velocity

linear fitting method[J]. Applied Energy,2018,227: 480-487.

[79] Hayati A, Mattsson M, Sandberg M. Single-sided ventilation through external doors: Measurements and model evaluation in five historical churches[J]. Energy and Buildings,2017,141: 114-124.

[80] Caciolo M, Stabat P, Marchio D. Full scale experimental study of single-sided ventilation: Analysis of stack and wind effects[J]. Energy and Buildings, 2011, 43: 1765-1773.

[81] ASTM International. Standard Test Method for Determining Air Leakage Rate by Fan Pressurization: ASTM E779-19 [S]. West Conshohocken, PA: ASTM International,2019.

[82] ASTM International. Standard Test Method for Determining Air Change in a Single Zone by Means of a Tracer Gas Dilution: ASTM E741-11 [S]. West Conshohocken,PA: ASTM International,2011.

[83] Tamura G T,Shaw C Y. Studies on exterior wall air tightness and air infiltration of tall buildings[J]. ASHRAE Transactions,1976,82(1): 122-134.

[84] Melois B M,Moujalled B,Guyot G,et al. Improving building envelope knowledge from analysis of 219,000 certified on-site air leakage measurements in France[J]. Building and Environment,2019,159: 106145.

[85] Claude-Alain R,Foradini F. Simple and cheap air change rate measurement using CO_2 concentration decays[J]. International Journal of Ventilation,2002,1(1): 39-44.

[86] Dewalle D R,Heisler GM. Water vapor mass balance method for determining air infiltration rates in houses[R]. Broomall,PA: Research Note Northeastern Forest Experiment Station Usda Forest Service,1980: 1-7.

[87] Liu C,Ji S,Zhou F, et al. A new $PM_{2.5}$-based CADR method to measure air infiltration rate of buildings[J]. Building Simulation,2020,14: 693-700.

[88] Remion G,Moujalled B,El Mankibi M. Review of tracer gas-based methods for the characterization of natural ventilation performance: Comparative analysis of their accuracy[J]. Building and Environment,2019,160: 106180.

[89] Zhang Q, Zhang X, Ye W, et al. Experimental study of dense gas contaminant transport characteristics in a large space chamber[J]. Building and Environment, 2018,138: 98-105.

[90] Kabirikopaei A, Lau J. Uncertainty analysis of various CO_2-Based tracer-gas methods for estimating seasonal ventilation rates in classrooms with different mechanical systems[J]. Building and Environment,2020,179: 107003.

[91] Kalamees T. Air tightness and air leakages of new lightweight single-family detached houses in Estonia[J]. Building and Environment,2007,42: 2369-2377.

[92] Liu W,Zhao X,Chen Q. A novel method for measuring air infiltration rate in buildings[J]. Energy and Buildings,2018,168: 309-318.

[93] Royuela-del-Val A, Padilla-Marcos M Á, Meiss A, et al. Air infiltration monitoring using thermography and neural networks[J]. Energy and Buildings, 2019,191: 187-199.

[94] Li H, Hong T, Sofos M. An inverse approach to solving zone air infiltration rate and people count using indoor environmental sensor data[J]. Energy and Buildings,2019,198: 228-242.

[95] Sandberg M, Mattsson M, Wigö H, et al. Viewpoints on wind and air infiltration phenomena at buildings illustrated by field and model studies[J]. Building and Environment,2015,92: 504-517.

[96] 刘畅,魏庆芃,吴序. 北方地区某高大中庭商场供暖优化[J]. 暖通空调,2018, 48(1):151-157.

[97] 朱丹丹,燕达,王闯,等. 建筑能耗模拟软件对比：DeST、Energyplus、DOE-2[J]. 建筑科学,2012,28(S2): 213-222.

[98] Ng L C, Persily A K, Emmerich S J. Improving infiltration modeling in commercial building energy models[J]. Energy and Buildings,2015,88: 316-323.

[99] Shdid C A, Younes C. Validating a new model for rapid multi-dimensional combined heat and air infiltration building energy simulation[J]. Energy and Buildings,2015,87: 185-198.

[100] Baracu T, Badescu V, Teodosiu C, et al. Consideration of a new extended power law of air infiltration through the building's envelope providing estimations of the leakage area[J]. Energy and Buildings,2017,149: 400-423.

[101] Shi Y, Li X. A study on variation laws of infiltration rate with mechanical ventilation rate in a room[J]. Building and Environment,2018,143: 269-279.

[102] Shi Y, Li X. Effect of mechanical ventilation on infiltration rate under stack effect in buildings with multilayer windows[J]. Building and Environment, 2020,170: 106594.

[103] Persily A, Musser A, Emmerich S J. Modeled infiltration rate distributions for U. S. housing[J]. Indoor Air,2010,20(6): 473-485.

[104] Han G, Srebric J, Enache-Pommer E. Different modeling strategies of infiltration rates for an office building to improve accuracy of building energy simulations [J]. Energy and Buildings,2015,86: 288-295.

[105] Feustel H E. COMIS-an international multizone air-flow and contaminant transport model[J]. Energy and Buildings,1999,30(1): 3-18.

[106] Dols W S, Polidoro B J. CONTAM user guide and program documentation version 3. 4, Technical Note (NIST TN)-1887 Rev. 1[R]. Gaithersburg: National Institute of Standards and Technology,2020.

[107] Chen Q, Lee K, Mazumdar S, et al. Ventilation performance prediction for buildings: Model assessment[J]. Building and Environment,2010,45: 295-303.

[108] Foster A M, Swain M J, Barrett R, et al. Experimental verification of analytical and CFD predictions of infiltration through cold store entrances[J]. International Journal of Refrigeration, 2003, 26: 918-925.

[109] Boussa H, Tognazzi-Lawrence C, La Borderie C. A model for computation of leakage through damaged concrete structures [J]. Cement and Concrete Composites, 2001, 23(2-3): 279-287.

[110] Younes C, Abi Shdid C. A methodology for 3-D multiphysics CFD simulation of air leakage in building envelopes[J]. Energy and Buildings, 2013, 65: 146-158.

[111] Liu X, Liu X, Zhang T, et al. Comparison of winter air infiltration and its influences between large-space and normal-space buildings[J]. Building and Environment, 2020, 184: 107183.

[112] 刘效辰, 张涛, 梁媚, 等. 高大空间建筑冬季渗透风研究现状与能耗影响分析 [J]. 暖通空调, 2019, 49(8): 92-99.

[113] Seppänen O A, Fisk W J, Mendell M J. Association of ventilation rates and CO_2 concentrations with health and other responses in commercial and institutional buildings[J]. Indoor Air, 1999, 9(4): 226-252.

[114] 赵鸿佐. 室内热对流与通风[M]. 北京: 中国建筑工业出版社, 2010.

[115] Warren P. Technical synthesis report-IEA EBC Annex 23: Multizone air flow modelling [EB/OL]. https://www.iea-ebc.org/projects/project?AnnexID=23.

[116] A. Moser. Technical synthesis report-IEA EBC Annex 26: Energy efficient ventilation of large enclosures[EB/OL]. https://www.iea-ebc.org/projects/project?AnnexID=26.

[117] Heiselberg P. Principles of Hybrid Ventilation, IEA EBC Annex 35: Control strategies for hybrid ventilation in new and retrofitted office buildings (HybVent) [EB/OL]. https://www.iea-ebc.org/projects/project?AnnexID=35.

[118] Yang B, Melikov A K, Kabanshi A, et al. A review of advanced air distribution methods-theory, practice, limitations and solutions[J]. Energy and Buildings, 2019, 202: 109359.

[119] Feng Z, Yu C W, Cao S J. Fast prediction for indoor environment: Models assessment[J]. Indoor and Built Environment, 2019, 28(6): 727-730.

[120] Nishioka T, Ohtaka K, Hashimoto N, et al. Measurement and evaluation of the indoor thermal environment in a large domed stadium[J]. Energy and Buildings, 2000, 32: 217-223.

[121] van Hooff T, Blocken B. Full-scale measurements of indoor environmental conditions and natural ventilation in a large semi-enclosed stadium: Possibilities and limitations for CFD validation [J]. Journal of Wind Engineering and Industrial Aerodynamics, 2012, 104: 330-341.

[122] Kavgic M, Mumovic D, Stevanovic Z, et al. Analysis of thermal comfort and

indoor air quality in a mechanically ventilated theatre[J]. Energy and Buildings, 2008,40: 1334-1343.

[123] Mateus N M, da Graça G C. Simulated and measured performance of displacement ventilation systems in large rooms [J]. Building and Environment, 2017, 114: 470-482.

[124] Wang L, Zhang X, Qi D. Indoor thermal stratification and its statistical distribution[J]. Indoor Air, 2019, 29(2): 347-363.

[125] Mei S, Hu J, Liu D, et al. Thermal buoyancy driven flows inside the industrial buildings primarily ventilated by the mechanical fans: Local facilitation and infiltration[J]. Energy and Buildings, 2018, 175: 87-101.

[126] Costanzo S, Cusumano A, Giaconia C, et al. Experimental determination of natural air ventilation rates based on CO_2 concentration[C]. Cambridge, UK: Proceedings of the IASME/WSEAS International Conference on Energy & Environment, 2009: 383-387.

[127] O'Donohoe P G, Gálvez-Huerta M A, Gil-Lopez T, et al. Air diffusion system design in large assembly halls. Case study of the Congress of Deputies parliament building, Madrid, Spain [J]. Building and Environment, 2019, 164: 106311.

[128] Wang X, Huang C, Cao W. Mathematical modeling and experimental study on vertical temperature distribution of hybrid ventilation in an atrium building[J]. Energy and Buildings, 2009, 41: 907-914.

[129] Ray S D, Gong N W, Glicksman L R, et al. Experimental characterization of full-scale naturally ventilated atrium and validation of CFD simulations[J]. Energy and Buildings, 2014, 69: 285-291.

[130] Lin J T, Chuah Y K. Prediction of infiltration rate and the effect on energy use for ice rinks in hot and humid climates[J]. Building and Environment, 2010, 45: 189-196.

[131] Walker C, Tan G, Glicksman L. Reduced-scale building model and numerical investigations to buoyancy-driven natural ventilation[J]. Energy and Buildings, 2011, 43: 2404-2413.

[132] Linden P F, Laneserff G F, Smeed D A. Emptying filling boxes: The fluid mechanics of natural ventilation [J]. Journal of Fluid Mechanics, 1990, 212: 309-335.

[133] Linden P F, Cooper P. Multiple sources of buoyancy in a naturally ventilated enclosure[J]. Journal of Fluid Mechanics, 1996, 311: 177-192.

[134] Livermore S R, Woods A W. Natural ventilation of a building with heating at multiple levels[J]. Building and Environment, 2007, 42: 1417-1430.

[135] Chenvidyakarn T, Woods A W. On underfloor air-conditioning of a room

containing a distributed heat source and a localised heat source[J]. Energy and Buildings,2008,40: 1220-1227.

[136] Kuesters A S,Woods A W. A comparison of winter heating demand using a distributed and a point source of heating with mixing ventilation[J]. Energy and Buildings,2012,55: 332-340.

[137] Partridge J L, Linden P F. Steady flows in a naturally-ventilated enclosure containing both a distributed and a localized source of buoyancy[J]. Building and Environment,2017,125: 308-318.

[138] Menchaca-Brandan M A, Espinosa F A D, Glicksman L R. The influence of radiation heat transfer on the prediction of air flows in rooms under natural ventilation[J]. Energy and Buildings,2017,138: 530-538.

[139] Li Y,Heiselberg P. Analysis methods for natural and hybrid ventilation-a critical literature review and recent developments[J]. International Journal of Ventilation, 2003,1(4): 3-20.

[140] Andersen K T. Theoretical considerations on natural ventilation by thermal buoyancy[J]. ASHRAE Transactions,1995,101(part 2): 1103-1117.

[141] Li Y. Buoyancy-driven natural ventilation in a thermally stratified one-zone building[J]. Building and Environment,2000,35: 207-214.

[142] Li Y, Delsante A. Natural ventilation induced by combined wind and thermal forces[J]. Building and Environment,2001,36,59-71.

[143] Chen Z,Li Y. Buoyancy-driven displacement natural ventilation in a single-zone building with three-level openings [J]. Building and Environment, 2002, 37: 295-303.

[144] Heiselberg P, Li Y, Andersen A, et al. Experimental and CFD evidence of multiple solutions in a naturally ventilated building[J]. Indoor Air,2004,14(1): 43-54.

[145] Yuan J,Glicksman L R. Multiple steady states in combined buoyancy and wind driven natural ventilation: The conditions for multiple solutions and the critical point for initial conditions[J]. Building and Environment,2008,43: 62-69.

[146] Yuan J, Glicksman L R. Transitions between the multiple steady states in a natural ventilation system with combined buoyancy and wind driven flows[J]. Building and Environment,2007,42: 3500-3516.

[147] Lu Y,Dong J,Liu J. Zonal modelling for thermal and energy performance of large space buildings: A review[J]. Renewable and Sustainable Energy Reviews, 2020,133: 110241.

[148] van Hooff T,Nielsen P V,Li Y. Computational fluid dynamics predictions of non-isothermal ventilation flow-How can the user factor be minimized? [J]. Indoor Air,2018,28(6): 866-880.

[149] Hangan H, McKenty F, Gravel L, et al. Case study: Numerical simulations for comfort assessment and optimization of the ventilation design for complex atriums [J]. Journal of Wind Engineering and Industrial Aerodynamics, 2001, 89(11-12): 1031-1045.

[150] 菅健太郎, 加藤信介, 大岡龍三, 等. 複雑形状を有する大空間の温熱環境解析: ガラス建築の大空間の対流放射連成解析[C]. 日本北陸: 日本建築学会大会学術講演梗概集, 2002: 257-258.

[151] 王昕, 黄晨, 曹伟武. 大空间建筑室内热环境 CFD 模拟中壁温及室温的求解 [J]. 暖通空调, 2006, 36(9): 15-19.

[152] Rohdin P, Moshfegh B. Numerical predictions of indoor climate in large industrial premises. A comparison between different k-ε models supported by field measurements[J]. Building and Environment, 2007, 42: 3872-3882.

[153] Li Q, Yoshino H, Mochida A, et al. CFD study of the thermal environment in an air-conditioned train station building[J]. Building and Environment, 2009, 44: 1452-1465.

[154] Hussain S, Oosthuizen P H. Validation of numerical modeling of conditions in an atrium space with a hybrid ventilation system[J]. Building and Environment, 2012, 52: 152-161.

[155] van Hooff T, Blocken B. CFD evaluation of natural ventilation of indoor environments by the concentration decay method: CO_2 gas dispersion from a semi-enclosed stadium[J]. Building and Environment, 2013, 61: 1-17.

[156] Wang Y, Wong K K L, Du H, et al. Design configuration for a higher efficiency air conditioning system in large space building[J]. Energy and Buildings, 2014, 72: 167-176.

[157] 李先庭, 沈翀, 王宝龙, 等. 降低空调系统能耗的显热负荷分级构想[J]. 建筑技术开发, 2016, 43(10): 16-20.

[158] Liang C, Shao X, Li X. Energy saving potential of heat removal using natural cooling water in the top zone of buildings with large interior spaces[J]. Building and Environment, 2017, 124: 323-335.

[159] Blocken B. LES over RANS in building simulation for outdoor and indoor applications: A foregone conclusion? [J]. Building Simulation, 2018, 11(5): 821-870.

[160] ASHRAE. Handbook-fundamental, Chapter 1: Psychrometrics [M]. Atlanta, GA: ASHRAE Inc, 2017.

[161] 姜国建. 哈尔滨阎家岗国际机场航空站楼暖通空调设计[J]. 暖通空调, 1998, 28(3): 64-66.

[162] 闫坤惠, 丁子虎, 潘峰, 等. 天津滨海国际机场 T2 航站楼暖通空调设计[J]. 暖通空调, 2016, 46(10): 106-111.

[163] 熊刚.大连周水子国际机场航站楼扩建工程空调设计[J].城市建设理论研究（电子版）,2011,15：1-4.

[164] 刘蕙兰,张建中.银川河东机场候机楼空调系统设计[C].广州：全国暖通空调制冷 2002 年学术年会资料集,2002.

[165] Zhen J,Lu J,Huang G,et al. A field study on the indoor thermal environment of the airport terminal in Tibet Plateau in winter.[J]. Journal of Engineering, 2017：7196184.

[166] Zhen J,Lu J,Huang G,et al. Groundwater source heat pump application in the heating system of Tibet Plateau airport[J]. Energy and Buildings,2017,136：33-42.

[167] 李司秀,胡嘉庆.广州新白云国际机场一期航站楼空调负荷分析[J].制冷, 2011,30(2)：44-50.

[168] 李百公,王红朝,宋孝春,等.深圳宝安国际机场 T3 航站楼集中空调冷源方案设计[J].暖通空调,2010,40(6)：103-110.

[169] 宇克莉,李咏兰,席焕久,等.中国汉族与日本人、韩国人身高和体重的比较[J].天津师范大学学报（自然科学版）,2016,36(1)：67-71.

[170] Liu H Y,Lu Y F,Chen W J. Predictive equations for basal metabolic rate in Chinese adults：A cross-validation study[J]. Journal of the American Dietetic Association,1995,95：1403-1408.

[171] Persily A,de Jonge L. Carbon dioxide generation rates for building occupants[J]. Indoor Air,2017,27(5)：868-879.

[172] ASHRAE. Handbook-fundamental,Chapter 9：Thermal Comfort and Chapter 18：Nonresidential Cooling and Heating Load Calculation[M]. Atlanta,GA：ASHRAE Inc,2017.

[173] 陆耀庆.实用供热空调设计手册[M].2 版.北京：中国建筑工业出版社,2008.

[174] Fluent Inc. Airpak 3.0 User's Guide [R]. Alex City,AL：Fluent Inc. ,2007.

[175] Kotopouleas A,Nikolopoulou M. Evaluation of comfort conditions in airport terminal buildings[J]. Building and Environment,2018,130：162-178.

[176] Flourentzou F,van der Maas J,Roulet C A. Natural ventilation for passive cooling：Measurement of discharge coefficients[J]. Energy and Buildings,1998, 27：283-292.

[177] Ding W,Minegishi Y,Hasemi Y,et al. Smoke control based on a solar-assisted natural ventilation system[J]. Building and Environment,2004,39：775-782.

[178] Saïd M N A,MacDonald R A,Durrant G C. Measurement of thermal stratification in large single-cell buildings[J]. Energy and Buildings,1996 24：105-115.

[179] 塔里夫 H.B.确定排气温度的方法[J].给水卫生技术,1966,12.

[180] 巴土林 B.B,爱尔捷曼 B.M.工业建自然筑通风[M].莫斯科：建筑出版局,1953.

［181］ Hurel N,Sherman M H,Walker I S. Sub-additivity in combining infiltration with mechanical ventilation for single zone buildings［J］. Building and Environment, 2016,98：89-97.

［182］ Gil-Lopez T, Galvez-Huerta M A, O'Donohoe P G, et al. Analysis of the influence of the return position in the vertical temperature gradient in displacement ventilation systems for large halls［J］. Energy and Buildings,2017, 140：371-379.

［183］ Architectural Institute of Japan. Wind loads［M］//AIJ Recommendations for Loads on Buildings. Tokyo：Architectural Institute of Japan,2015.

［184］ Tamura T,Kawai H,Kawamoto S, et al. Numerical prediction of wind loading on buildings and structures-activities of AIJ cooperative project on CFD［J］. Journal of Wind Engineering and Industrial Aerodynamics 1997,67&68：671-685.

［185］ Tamura T,Nozawa K,Kondo K. AIJ guide for numerical prediction of wind loads on buildings［J］. Journal of Wind Engineering and Industrial Aerodynamics,2008,96：1974-1984.

［186］ Tominaga Y,Mochida A,Yoshie R,et al. AIJ guidelines for practical applications of CFD to pedestrian wind environment around buildings［J］. Journal of Wind Engineering and Industrial Aerodynamics,2008,96：1749-1761.

［187］ Evola G,Popov V. Computational analysis of wind driven natural ventilation in buildings［J］. Energy and Buildings,2006,38：491-501.

［188］ Zhang C,Yang S,Shu C,et al. Wind pressure coefficients for buildings with air curtains［J］. Journal of Wind Engineering and Industrial Aerodynamics,2020, 205：104265.

［189］ Park J,Sun X,Choi J,et al. Effect of wind and buoyancy interaction on single-sided ventilation in a building［J］. Journal of Wind Engineering and Industrial Aerodynamics,2017,171：380-389.

［190］ Hunt G R,Linden P F. Steady-state flows in an enclosure ventilated by buoyancy forces assisted by wind［J］. Journal of Fluid Mechanics,2001,426：355-386.

［191］ Kikumoto H,Ooka R,Sugawara H, et al. Observational study of power-law approximation of wind profiles within an urban boundary layer for various wind conditions［J］. Journal of Wind Engineering and Industrial Aerodynamics,2017, 164：13-21.

［192］ Nielsen P V. Practical Aspects of the Flow in Air Conditioned Rooms［C］. Wrocaw Poland：Paper Presented at Konferencje Nr. 4,1977.

［193］ Nielsen P V. Displacement Ventilation in a Room with Low-Level Diffusers［R］. Aalborg：Indoor Environmental Technology,1988.

［194］ Nielsen P V. Vertical Temperature Distribution in a Room with Displacement Ventilation［R］. Aalborg：Indoor Environmental Technology,1995.

[195] Dominguez Espinosa F A, Glicksman L R. Determining thermal stratification in rooms with high supply momentum[J]. Building and Environment, 2017, 112: 99-114.

[196] ASHRAE Task Group. Algorithms for Building Heat Transfer Subroutines: Procedure for determining heating and cooling loads for computerizing energy calculations[M]. New York: ASHRAE Publications, 1975.

[197] Atmaca I, Kaynakli O, Yigit A. Effects of radiant temperature on thermal comfort[J]. Building and Environment, 2007, 42: 3210-3220.

[198] Rhee K, Kim K W. A 50 year review of basic and applied research in radi-ant heating and cooling systems for the built environment [J]. Building and Environment, 2015, 91: 166-190.

[199] Cruz H, Viegas J C. On-site assessment of the discharge coefficient of open windows[J]. Energy and Buildings, 2016, 126: 463-476.

[200] Wilson D J, Kiel D E. Gravity driven counterflow through an open door in a sealed room[J]. Building and Environment, 1990, 24: 379-388.

[201] Yuill G K. Impact of High Use Automatic Doors on Infiltration[R]. Peachtree Corners, GA: ASHRAE, Research Projest 763-TRP, 1996: 1-150.

[202] Frank D, Linden P F. The effects of an opposing buoyancy force on the performance of an air curtain in the doorway of a building[J]. Energy and Buildings, 2015, 96: 20-29.

[203] Favarolo P A, Manz H. Temperature-driven single-sided ventilation through a large rectangular opening[J]. Building and Environment, 2005, 40: 689-699.

[204] Costa J J, Oliveira L A, Silva M C G. Energy savings by aerodynamic sealing with a downward-blowing plane air curtain-A numerical approach[J]. Energy and Buildings, 2006, 38: 1182-1193.

[205] ASHRAE. Standard for the design of high-performance green buildings except low-rise residential buildings: 189. 1—2014[S]. Peachtree Corners, GA: ASHRAE, 2014.

[206] IECC. International energy conservation code (IECC)[R]. Washington, DC: International Code Council, 2012.

[207] Love J, Wingfield J, Smith A Z P, et al. "Hitting the target and missing the point": Analysis of air permeability data for new UK dwellings and what it reveals about the testing procedure[J]. Energy and Buildings, 2017, 155: 88-97.

[208] Feijó-Muñoz J, Pardal C, Echarri V, et al. Energy impact of the air infiltration in residential buildings in the Mediterranean area of Spain and the Canary Islands [J]. Energy and Buildings, 2019, 188-189: 226-238.

[209] Ye X, Kang Y, Yang X, et al. Temperature distribution and energy consumption in impinging jet and mixing ventilation heating rooms with intermittent cold outside air invasion[J]. Energy and Buildings, 2018, 158: 1510-1522.

[210] Seppänen O A,Fisk W J,Mendell M J. Association of ventilation rates and CO_2 concentrations with health and other responses in commercial and institutional buildings[J]. Indoor Air,1999,9：226-252.

[211] Rudnick S N, Milton D K. Risk of indoor airborne infection transmission estimated from carbon dioxide concentration[J]. Indoor Air 2003,13：237-245.

[212] Olesen B W. Radiant floor heating in theory and practice[J]. ASHRAE Journal, 2002,44(7)：19-26.

[213] 中国建筑西南设计研究院有限公司,清华大学,中国建筑设计研究院有限公司. 国家重点研发计划科技进展报告-公共交通枢纽建筑室内环境与节能的基础问题研究：第五章 建筑形态和空间尺度研究[R]. 北京："十三五"国家重点研发计划,2020.

[214] 中国气象局气象信息中心气象资料室,清华大学建筑技术科学系. 中国建筑热环境分析专用气象数据集[M]. 北京：中国建筑工业出版社,2005.

[215] Jia X, Huang Y, Cao B, et al. Field investigation on thermal comfort of passengers in an airport terminal in the severe cold zone of China[J]. Building and Environment,2021,189：107514.

[216] Kotopouleas A, Nikolopoulou M. Thermal comfort conditions in airport terminals：Indoor or transition spaces? [J]. Building and Environment,2016, 99：184-199.

[217] 中华人民共和国住房和城乡建设部,中华人民共和国国家质量监督检验检疫总局. 公共建筑节能设计标准：GB/T 50189—2015[S]. 北京：中国建筑工业出版社,2015.

[218] 中华人民共和国住房和城乡建设部,国家市场监督管理总局. 近零能耗建筑技术标准：GB/T 51350—2019[S]. 北京：中国建筑工业出版社,2019.

[219] 中国民用航空局. 民用机场航站楼能效评价指南：MH/T 5112—2016[S]. 北京：中国民用航空局,2016.

[220] Kim W, Park Y, Kim B J. Estimating hourly variations in passenger volume at airports using dwelling time distributions[J]. Journal of Air Transport Management, 2004,10：395-400.

[221] AnyLogic Inc. AnyLogic 7.0.2 User Manual[R]. St. Petersburg,Russian：AnyLogic Inc. ,2018.

附录 A 交通建筑旅客流动
调研及分析方法

本书在研究渗透风影响下交通建筑高大空间的室内环境营造过程中不可避免地会涉及室内旅客的需求与影响（如评估室内实际新风需求量、确定室内人员发热量、以人员产生的 CO_2 作为示踪气体测量渗透风量等），因此亟须从暖通空调系统设计和运行的角度提出一套调研分析该类建筑室内旅客流动的方法。

暖通空调系统的设计和运行中一般关注以下 3 个与室内人员相关的参数：停留时间（长时间停留/短暂过渡决定了室内环境设定的等级）、室内总人数（决定新风量、内热源等空调相关参数的在室内空间的总量）和区域人员密度（决定新风量、内热源等空调相关参数在局部区域的瞬时变化）。接下来本书将以实地调研案例 M2 航站楼为例，详细说明上述 3 个参数的调研及分析方法。

A.1 概　　述

M2 航站楼所在的机场在实地调研当年基本达到设计的年旅客吞吐量（5000 万人次），因此调研结果可以反映其在设计工况下的运行情况。该航站楼的旅客流动模式为交通建筑中典型的出发/到达分流模式，如图 A.1 所示。由于出发流程多在本书关注的高大空间中进行（如值机大厅、候机大厅等），同时旅客在出发流程中的停留时间较长（一般为小时量级），而在到达流程中多为快速通过（一般为几十分钟量级），因此本附录将对出发流程调研进行简述（值机大厅和候机大厅），完整内容参见笔者的论文：Liu X C,Li L S,Liu X H,et al. Field investigation on characteristics of passenger flow in a Chinese hub airport terminal[J]. Building and Environment,2018,133：51-61 和 Liu X C,Li L S,Liu X H,et al. Analysis of passenger flow and its influences on HVAC systems：An agent based simulation in a Chinese hub airport terminal[J]. Building and Environment,2019,154：55-67。

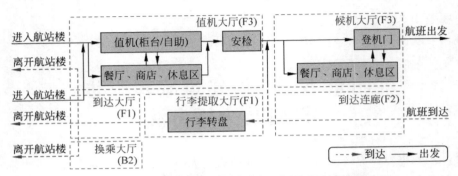

图 A.1　M2 航站楼室内旅客流动示意图（见文前彩图）

A.2　停　留　时　间

旅客在值机大厅的停留时间（t_{CH}）为通过安检时刻（τ_s）与进入值机大厅时刻（τ_g）之间的时间差，在候机大厅的停留时间（t_{DH}）为登机出发时刻（τ_d）与通过安检时刻（τ_s）之间的时间差，可分别表示为如式（A.1a）和式（A.1b）所示：

$$t_{CH} = \tau_s - \tau_g \tag{A.1a}$$

$$t_{DH} = \tau_d - \tau_s \tag{A.1b}$$

对停留时间的调研采用旅客问卷的方式开展，笔者在 M2 航站楼中收集到了 1894 份有效问卷，填写问卷旅客的基本信息如图 A.2 所示。

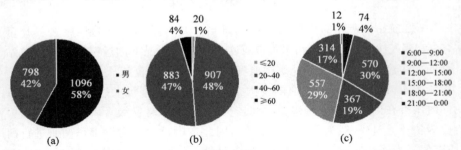

图 A.2　填写问卷旅客的基本信息统计（单位：人）

（a）性别；（b）年龄；（c）填写问卷的时间

调研人员在航站楼的安检排队区域分发问卷，则填写问卷的时刻即为 τ_s，询问得到旅客到达机场的时刻即为 τ_g，事后可通过旅客的航班号查询得到其预计的出发时刻（$\tau_{d,e}$）和实际的出发时刻（$\tau_{d,a}$，增加了航班延误的时间）。将以上调研数据代入式（A.1a）和式（A.1b），即可得到每位旅客在值机大厅的停留时间（t_{CH}）、在候机大厅的预计停留时间（$t_{DH,e}$）和在候机大厅的实际停留时间（$t_{DH,a}$）。上述 3 个停留时间的调研结果分别如图 A.3、图 A.4 和图 A.5 所示。

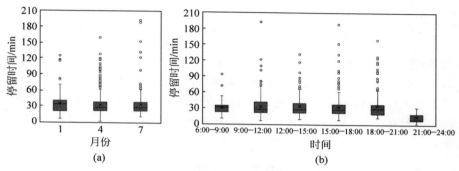

图 A.3   值机大厅旅客停留时间分布

（a）不同季节；（b）一日中的不同时间段

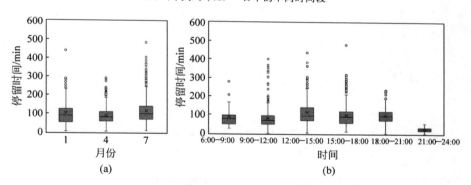

图 A.4   候机大厅旅客预计停留时间分布

（a）不同季节；（b）一日中的不同时间段

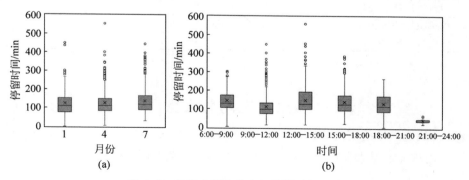

图 A.5   候机大厅旅客实际停留时间分布

（a）不同季节；（b）一日中的不同时间段

为了进行不同调研案例之间的对比,可用 Gamma 分布[220] 来参数化地描述停留时间分布,则停留时间的累积分布函数($P(t_1,t_2)$)和概率密度函数($p(t)$)分别如式(A.2a)和式(A.2b)所示:

$$P(t_1,t_2) = \int_{t_1}^{t_2} p(t)\,\mathrm{d}t \tag{A.2a}$$

$$p(t) = \frac{\beta^\alpha}{\Gamma(\alpha)} t^{\alpha-1} \mathrm{e}^{-\beta t}, \quad \text{其中 } \Gamma(\alpha) = \int_0^{+\infty} x^{\alpha-1}\mathrm{e}^{-x}\,\mathrm{d}x \tag{A.2b}$$

其中,$P(t_1,t_2)$ 表示停留时间在 t_1 和 t_2 之间的概率;$\Gamma(\alpha)$ 为 Gamma 函数;α 和 β 为 Gamma 分布的两个特征参数。

笔者先用 Gamma 分布的累积分布函数对调研的停留时间进行拟合,对拟合结果求导即可得到停留时间的概率密度函数。拟合结果如图 A.6 所示,其中的特征参数 α 和 β 详见表 A.1。

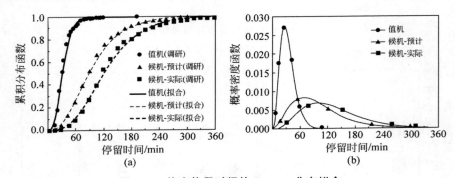

图 A.6　旅客停留时间的 Gamma 分布拟合

(a) 停留时间累积分布函数拟合;(b) 停留时间概率密度函数

表 A.1　旅客停留时间的 Gamma 分布拟合参数

参　　数	α	β
值机大厅旅客停留时间	4.3797	7.7432
候机大厅旅客预计停留时间	3.1778	31.1235
候机大厅旅客实际停留时间	4.1010	31.9694

注:满足 5% 显著性水平。

A.3　室内总人数

值机大厅的室内总人数($N_{\mathrm{CH}}(\tau)$)为上一时刻的总人数加上时间步长 $\Delta\tau$ 内进入值机大厅的人数(n_g),减去通过安检离开的人数(n_s);候机大厅的室内总人数($N_{DH}(\tau)$)为上一时刻的总人数加上时间步长 $\Delta\tau$ 内通过安检进入的人数(n_s),减去通过登机门离开的人数(n_d)。可分别表示为如式(A.3a)和式(A.3b)所示:

$$N_{CH}(\tau) = N_{CH}(\tau - \Delta\tau) + n_g(\tau - \Delta\tau, \tau) - n_s(\tau - \Delta\tau, \tau) \quad (A.3a)$$

$$N_{DH}(\tau) = N_{DH}(\tau - \Delta\tau) + n_s(\tau - \Delta\tau, \tau) - n_d(\tau - \Delta\tau, \tau) \quad (A.3b)$$

式(A.3)中的 n_g 可通过机场外门的监控获取,n_s 可通过机场安检部门获取,n_d 可通过机场实际航班表或各航空公司获取。将以上数据代入,即可得到值机大厅室内总人数(N_{CH})和候机大厅室内总人数(N_{DH})的逐时变化曲线。图 A.7 给出了室内总人数的调研结果,其中室内人员满载率为实际人数除以该大厅的设计最大人数。结果表明,对于一座达到设计吞吐量的枢纽机场航站楼,值机大厅和候机大厅的最大室内人员满载率一般仅为 60.8%~71.7%;若将两个大厅的人数叠加,则航站楼出发层的最大室内人员满载率仅为 54.8%~64.4%。

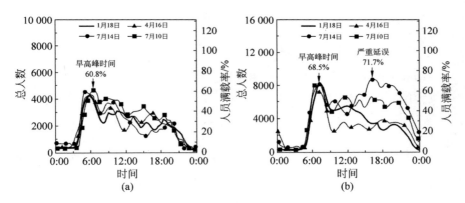

图 A.7　不同季节典型日值机大厅和候机大厅的室内总人数

(a) 值机大厅;(b) 候机大厅

以上室内总人数的调研方法对输入数据要求较高,需要同时获取 3 个节点处的人员通过数量,即 n_g、n_s 和 n_d。若实际中无法完整获得以上 3 组数据,可通过其中任意一组数据和 A.2 节得到的两个大厅的停留时间分布来预测室内总人数。图 A.8 给出了预测模型的基本原理。为了方便数学表达,后文将上述 3 组离散的人员通过数量($n(\tau - \Delta\tau, \tau)$)改写为连续的人员通过速率函数($PFI(\tau)$)。下文将以已知安检处的人员通过速率($PFI_s(\tau)$)

的情况为例详细说明模型计算方法。

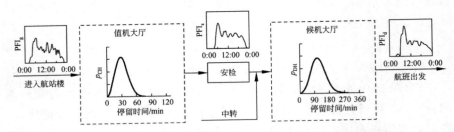

图 A.8　机场航站楼值机大厅和候机大厅室内总人数预测模型

旅客在值机大厅和候机大厅中的停留时间分布分别满足概率密度函数 $p_{CH}(t)$ 和 $p_{DH}(t)$，则可通过安检处的人员通过速率（$PFI_s(\tau)$）推得值机大厅入口处的人员通过速率（$PFI_g(\tau)$）和候机大厅登机口处的人员通过速率（$PFI_d(\tau)$），如式（A.4a）和式（A.4b）所示：

$$PFI_g(\tau) = \int_0^\tau PFI_s(x) p_{CH}(x-\tau) dx \tag{A.4a}$$

$$PFI_d(\tau) = \int_0^\tau PFI_s(x) p_{DH}(\tau-x) dx \tag{A.4b}$$

接下来即可通过 PFI_g、PFI_s 和 PFI_d 前后逐时作差来计算值机大厅与候机大厅的总人数，如式（A.5a）和式（A.5b）所示：

$$N_{CH}(\tau) = \int_0^\tau (PFI_g(x) - PFI_s(x)) dx + N_{CH}(0) \tag{A.5a}$$

$$N_{DH}(\tau) = \int_0^\tau (PFI_s(x) - PFI_d(x)) dx + N_{DH}(0) \tag{A.5b}$$

其中，$N(0)$ 为初始人数（一般取夜间 0:00 作为初始时刻），在没有严重航班延误的情况下可取为 0 或者取大厅中常在的工作人员人数。

笔者采用 M2 航站楼在 2017 年 4 月 16 日的调研人数数据作为输入来检验上述室内总人数的预测模型，计算和检验结果如图 A.9 所示。模型计算结果与实地调研结果趋势较为一致，且值机大厅和候机大厅的峰值人数偏差分别仅为 5.0% 和 3.2%。因此，除了采用完全基于调研人数数据的方法（见式（A.3a）和式（A.3b））来得到室内总人数外，还可通过图 A.8 所示基于停留时间分布的预测模型来计算得到室内总人数。

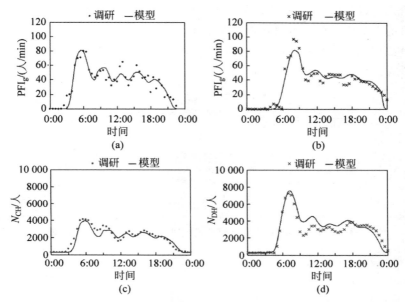

图 A.9　值机大厅和候机大厅室内总人数预测模型检验

(a) 值机大厅入口处的人员通过速率；(b) 登机口处的人员通过速率；

(c) 值机大厅的总人数；(d) 候机大厅的总人数

A.4　区域人员密度

区域人员密度是暖通空调设计中的重要参数，区域人员密度与该区域的功能相关，数值差异较大。机场航站楼中的主要功能区域一般包括入口门厅、通道、值机柜台、安检等候区、安检区、候机座椅区、登机门、商业区、餐饮区等。

最直接获取区域人员密度的方法是利用航站楼不同区域的监控视频，通过图像识别、人工计数等方式来获得最真实、最高分辨率的区域人员密度。此外，也可采用人员流动仿真软件(如 AnyLogic[221])搭建模型，并利用实地调研结果作为输入条件和检验数据，从而模拟计算得到区域人员密度，其基本原理如图 A.10 所示。笔者采用上述两种方法对 M2 航站楼的区域人员密度开展了详细调研。

图 A.11 对比了 M2 航站楼内典型区域的人员密度，图中包含通过监控录像得到的调研值、AnyLogic 软件计算得到的模拟值和暖通空调设计阶段给定的设计值。首先,调研值与模拟值较为接近,可以说明采用基于实地调研的人员流动模拟可以获得较为准确的区域人员密度。此外,设计值大于多数情况下的调研值或模拟值(上四分位数),且一般与调研或模拟所得的最大值相近。

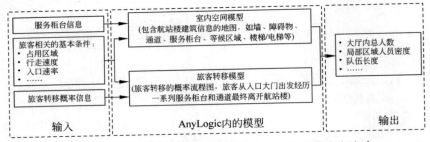

图 A.10　采用 AnyLogic 软件模拟机场航站楼内的旅客流动

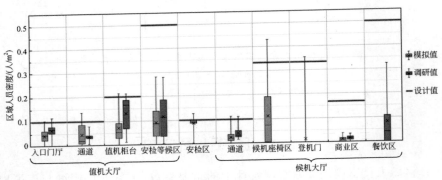

图 A.11　航站楼内区域人员密度对比:调研 vs.模拟 vs.设计

　　图 A.12 给出了典型日内 M2 航站楼不同区域的人员满载率模拟结果(模拟人员密度/设计最大人员密度)。各区域人员密度一般仅各自在短时间内达到或略超过设计值,在大部分时间内均远小于设计值。正是这样时空不均匀的室内人员分布造成了图 A.7 所示较低的室内人员满载率(室内总人数远小于设计值)。

　　图 A.13 对比了 7 座航站楼中典型区域的设计人员密度(调研案例详见表 2.2)。其中各案例中的安检区、商业区和办公区分别都比较相近;值机柜台、候机区和餐饮区分别都存在一定的差异,这可能是由建筑空间形式的特征及功能设计的差异导致的。图 A.13 中的区域人员密度数据可作为相关研究中的取值参考。

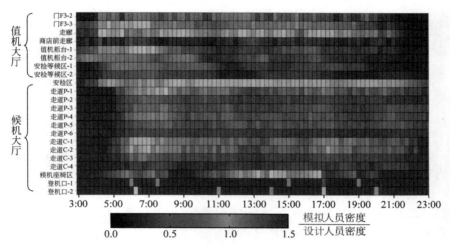

图 A. 12 典型日 M2 航站楼不同区域的人员满载率模拟结果（见文前彩图）

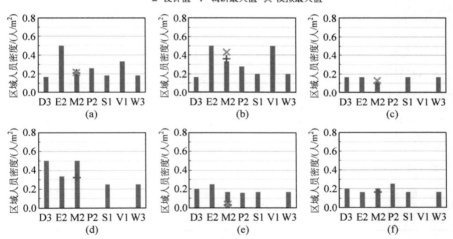

图 A. 13 不同机场航站楼的设计区域人员密度

（a）值机柜台；（b）候机区；（c）安检区；（d）餐饮区；（e）商业区；（f）办公区

附录 B 交通建筑高大空间室内环境测试方法

以实地调研案例 M2 航站楼为例说明本研究中对交通建筑高大空间室内环境的测试方法。

室内环境测试参数包括空气温度(T_a)、黑球温度(T_g)、相对湿度(φ)、空气流速(u)、CO_2 浓度(C)、太阳辐射强度(r)和室内外压差(Δp)。上述参数的测试仪器与测量精度详见表 B.1。

表 B.1 实地测试仪器与测量精度

测试参数	测试仪器	精度	量程
空气/水温度	Pt 电阻温度计	0.2 K	$-20\sim80℃$
黑球温度	Pt 电阻温度计	0.2 K	$-20\sim80℃$
空气相对湿度	LiCl 湿度传感器	3%	10%$\sim$90%
空气流速	热线风速仪	0.03 m/s	0$\sim$10 m/s
CO_2 浓度	红外吸收式 CO_2 传感器	50×10^{-6}	$0\sim5000\times10^{-6}$
空气压力	微压差计	0.5 Pa	0$\sim$3000 Pa
水流量	超声波流量计	1%$\times$读数	$0\sim3\times10^6$ m^3/h
太阳辐射	太阳辐射计	2%$\times$读数	0$\sim$2000 W/m^2
门窗开启状态	磁开关记录仪	—	开/关

为了能够表征交通建筑高大空间的非均匀室内环境,上述测量仪器在室内的水平和垂直方向上以非均匀的形式布置,如图 B.1 所示。其中水平方向测点主要布置在各楼层的人员活动区(距地面约 1 m),测量参数包括 T_a、T_g、φ、C 和 r。垂直方向测点(图 B.1 中的 A、B 和 C)主要布置在单体高大空间及跨层的垂直连通空间中,将多个测试仪器固定在绳索上(一般间隔 1$\sim$5 m 布置一个),并从空间顶部的马道或梁柱上悬挂而下(详见图 B.2),测量参数包括 T_a、φ 和 C。以 M2 航站楼为例,实地测试共布置了

73 个测点,每个测点均以 10 min 为间隔进行连续测量。

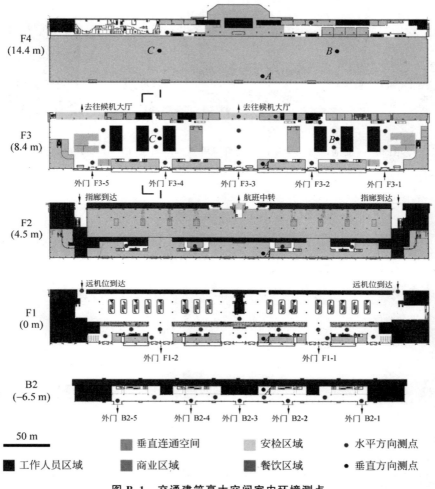

图 B.1　交通建筑高大空间室内环境测点
(以 M2 航站楼为例,见文前彩图)

　　另外,表 B.1 中的热线风速仪主要用于测量交通建筑高大空间中各类连接室外开口的断面空气流速(如外门、连接通道、天窗/侧窗、行李转盘开口、检修门、机械新/排风口等),其在测量空气流速大小的同时可记录空气流动的方向。详细的测试方法已在 2.2.1 节说明。

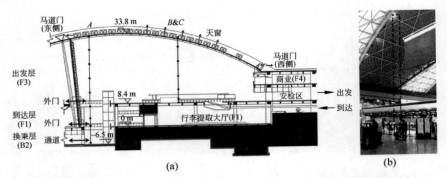

(a)

(b)

图 B.2   交通建筑高大空间室内环境垂直方向测点（以 M2 航站楼为例）

（a）纵剖面 I - I；（b）测点 B 照片

附录 C　单体高大空间交通建筑 CFD 模型

CFD 模型基于第 2 章实地调研的高铁客站 Y（详见图 2.4 和表 2.2），如图 C.1 所示，该建筑的室内空间形式较为简单，仅包含高大空间候车室（室内高 17.5 m）和安检区域（室内高 3.8 m）。模型采用暖通空调领域常用的 CFD 模拟软件 Airpak 3.0.16 建立[174]。基于建筑的对称性，模型仅包含一半室内空间，尺寸为长 83.0 m(x)×高 17.5 m(y)×宽 36.3 m(z)，其中垂直于 z 方向的东侧立面设为对称边界。同时模型包含了 10 m 长的室外空间用于更好地体现外门附近的空气流动。实测和模型均考虑候车室的登车门关闭的情景，因此室内和室外之间连通的通道仅为底部外门和顶部马道门，均处于常开状态。其中外门（一半尺寸：宽 3 m×高 3 m）是旅客

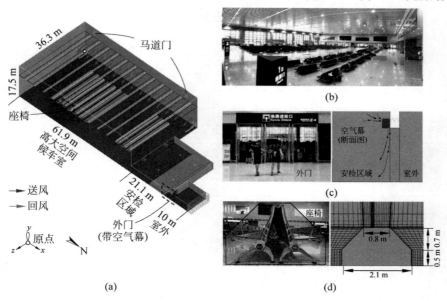

图 C.1　调研案例 Y 的 CFD 模型（见文前彩图）

(a) 半空间建筑模型；(b) 高大空间候车室照片；(c) 外门（含空气幕）；(d) 座椅

从室外进入该高铁客站候车室的唯一通道,外门内侧上边沿安装有空气幕(送风口长 3 m×宽 0.05 m,回风口长 3 m×宽 0.1 m),如图 C.1(c)所示;两扇马道门(宽 1 m×高 2 m×2)位于模型西侧立面 15 m 高处。高大空间候车室采用混合通风的气流形式,即通过模型西侧立面 4.2 m 高处的 33 个圆形喷口(直径 0.23 m)送风,通过位于模型西侧立面两个近地面角落的回风口(宽 1.7 m×高 1.7 m×2)回风。安检区域采用一套独立的风机盘管系统控制,室内热湿源主要为座椅区就座的人员,模型中简化如图 C.1(d)所示。

　　Y 案例 CFD 模拟的基本设定与边界条件如表 C.1 所示,包含基于实地测试的冬季供暖和夏季供冷案例。其中室外边界和顶部马道门均设为 0 Pa 压力边界,因而可以通过模型计算得到渗透风量。

表 C.1　Y 案例 CFD 模型的基本设定与边界条件

类别	具体元素	R-MV5-W 算例	R-MV5-S 算例
室外	空气参数	11.1℃,6.5 g/kg	34.7℃,19.3 g/kg
	开口边界	0 Pa ($\zeta=0$)[①]	
围护结构	17.5 m 处顶面	壁面温度 17.5℃,$\varepsilon=0.9$	壁面温度 65.0℃,$\varepsilon=0.9$
	12 m 处吊顶	20.6℃,$\varepsilon=0.35$	40.5℃,$\varepsilon=0.35$
		灯 9.9 kW	
	安检区 3.8m 处	灯 6.9 W/m²	
	北墙(内墙)	0 W/m²,$\varepsilon=0.75$	
	南墙(玻璃)[②]	$\alpha_c=23$ W/(m²·K),$K_g=2.5$ W/(m²·K),$\varepsilon=0.1$	
		$T_{sa,out}=11.1℃$	$T_{sa,out}=40℃$
	西墙(内墙)	0.9 W/m²,$\varepsilon=0.75$	
	东侧面	对称	
	地面	13.5℃,$\varepsilon=0.75$	28.1℃,$\varepsilon=0.75$
送风		28.2℃,10.4 g/kg,11.2 m/s	20.4℃,12.9 g/kg,14.9 m/s
回风		回风处空气,2.1 m/s	回风处空气,2.2 m/s
马道门		室外空气参数,开口边界 0 Pa ($\zeta=4.2$)[①]	
外门空气幕	送风口	0 m/s	回风处空气,12 m/s
	回风口	0 m/s	回风处空气,6 m/s
室内热湿源	座椅(10 个)	每个 1.7 kW,0.27 g/s	每个 1.6 kW,1.32 g/s
	安检(1 个)	4.8 kW,0.36 g/s	5.5 kW,2.80 g/s

　　① ζ 为空气流通通道的阻力系数,满足 $\Delta p=\zeta\rho u^2/2$。

　　② 南墙(玻璃)传热过程满足 $Q=\alpha_c F(T_{sa,out}-T_{env,out})=K_g F(T_{env,out}-T_{env,in})$,其中 α_c 为外墙室外侧对流换热系数,取值参考文献[196];$T_{sa,out}$ 为考虑太阳辐射和长波换热的室外综合温度[197],冬季测试工况为阴天即取室外空气温度。

　　笔者同样采用稳态雷诺平均模拟(RANS),湍流模型采用 RNG k-ε 模型,空气密度变化采用 Boussinesq 假设描述,各壁面采用标准壁面函数描述近壁面区域的空气流动(近壁面第一层网格高度设为 0.05 m,平均 y^+ 为 110),求解算法采用 SIMPLE 算法,辐射换热采用 DO 模型描述,能量和浓度的收敛条件为 10^{-6},其余收敛条件为 10^{-3},计算所得的质量和能量不平衡率均在 5% 以内。

　　经过网格无关性检验,笔者最终采用 223 万棱柱网格进行计算,模拟所得空气温度和室内外压差的垂直分布与实测数据的对比如图 C.2 所示。冬季供暖工况下的空气温度均方根偏差为 0.3℃(最大偏差为 0.7℃),夏季供冷工况下的空气温度均方根偏差为 0.5℃(最大偏差为 1.0℃)。冬季供暖工况下的室内外压差均方根偏差为 0.3 Pa(最大偏差为 0.4 Pa),夏季供冷工况下的室内外压差均方根偏差为 0.2 Pa(最大偏差为 0.2 Pa)。综上所述,模型可以计算得到较为准确的压力场和温度场。

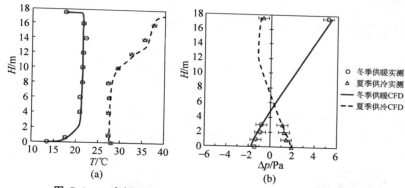

图 C.2　Y 案例 CFD 模型的实测数据检验(参数垂直分布)

$$\Delta p = p_{in} - p_{out}$$

(a) 空气温度;(b) 室内外压差

　　模拟所得的风量平衡结果与实测数据对比如图 C.3 所示,图 C.3 左侧给出的是采用风速测量法测得的各部分空气流量,其中风量正值表示空气流向室内。两个工况下的空气流动模式均满足第 2 章发现的热压主导流动,同时测试结果均基本满足流量平衡关系。图 C.3 右侧的箱线图对比了模拟和实测所得到的开口上空气流速分布,可以发现在两个工况下外门和马道门上的风速数据均吻合较好,尤其是可以模拟得到夏季供冷工况下外门空气幕开启时的双向流动现象。在冬季供暖工况下,模拟得到的外门和马道门上空气流量相对偏差分别为 5.0% 和 19.4%;在夏季冷暖工况下,模拟所得的外门和马道门上空气流量相对偏差分别为 22.5% 和 10.5%。冬夏季总渗透风量的相对偏差分别为 5.0% 和 10.5%。综上所述,模型可以计算得到较为准确的流速场和高大空间渗透风量。

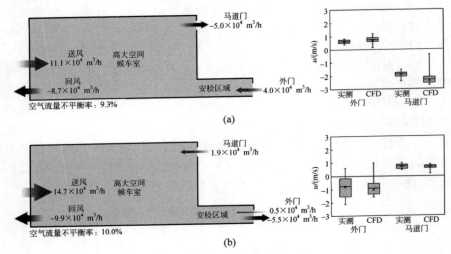

图 C.3　Y 案例 CFD 模型的实测数据检验(开口风速)

(a) 冬季供暖工况;(b) 夏季供冷工况

为了突出关键影响因素,笔者对上述基于调研案例 Y 的 CFD 模型进行了进一步的简化修改,得到了高大空间简化 CFD 模型,如图 C.4 所示。

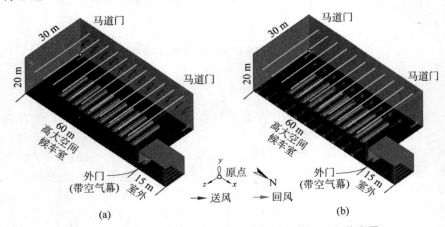

图 C.4　调研案例 Y 的高大空间简化 CFD 模型(见文前彩图)

(a) 混合通风子模型(MV);(b) 置换通风/辐射地板子模型(DV 或 RF+DV)

为了分析空调末端对垂直温度分布和渗透风量的影响,简化模型包含了两个子模型:混合通风子模型(见图 C.4(a))和置换通风/辐射地板子模型(见图 C.4(b))。在混合通风子模型中,可以通过调整喷口的高度来实现不同的射流送风形式,如全空间空调、分层空调等。在置换通风/辐射地板子模型中,可以通过调整地板和置换送风口参数实现置换通风和辐射地板两种空调末端方式。

上述高大空间简化 CFD 模型的基本设定与边界条件如表 C.2 所示。该模型中外墙(顶面、南墙、西墙)均通过给定换热系数和室外综合温度的方式计算,因此可计算得到不同末端作用下的围护结构传热量。该模型的求解设置与前文所述完全基于调研案例 Y 的 CFD 模型相同。

表 C.2　Y 案例高大空间简化 CFD 模型的基本设定与边界条件

类别	具体元素	MV 算例	DV 算例	RF+DV 算例
室外	空气参数	冬季:0℃,2.5 g/kg;夏季:35℃,20 g/kg		
	开口边界	0 Pa($\zeta=0$)		
围护结构	20 m 处顶面	$\alpha_c=23$ W/(m^2·K),$K_g=0.4$ W/(m^2·K),$\varepsilon=0.3$; 冬季:$T_{\text{sa,out}}=0$℃;夏季:$T_{\text{sa,out}}=60$℃		
	北墙(内墙)	0.5 W/m^2,$\varepsilon=0.7$		
	南墙(玻璃)	$\alpha_c=23$ W/(m^2·K),$K_g=2.5$ W/(m^2·K),$\varepsilon=0.1$; 冬季:$T_{\text{sa,out}}=0$℃;夏季:$T_{\text{sa,out}}=40$℃		
	西墙(内墙)	$\alpha_c=23$ W/(m^2·K),$K_g=0.4$ W/(m^2·K),$\varepsilon=0.7$; 冬季:$T_{\text{sa,out}}=0$℃;夏季:$T_{\text{sa,out}}=45$℃		
	东侧面	对称		
	地面①	$T_{\text{floor,0.4 m}}=20$℃ $\varepsilon=0.7$	$T_{\text{floor,0.4m}}=20$℃ $\varepsilon=0.7$	供暖:$T_{\text{RF,f}}=35$℃ 供冷:$T_{\text{RF,f}}=14$℃ $\varepsilon=0.7$
送风		0.2 m×0.2 m×29	0.8 m×1.0 m×22	0.8 m×1.0 m×22
回风		1.7 m×1.7 m×2		
马道门		2.0 m×1.0 m×2,室外空气参数,开口边界 0 Pa($\zeta=4.2$)		
外门空气幕	送风口	回风处空气,12 m/s		
	回风口	回风处空气,6 m/s		
室内热湿源	座椅(12 个)	冬季:每个 2 kW,0.33 g/s;夏季:每个 2.5 kW,0.37 kg/s		

① MV 算例和 DV 算例中为普通地板,传热过程满足 $Q=K_{\text{floor}}F(T_{\text{floor,0.4 m}}-T_{\text{floor}})$,其中 T_{floor} 为地板表面的平均温度;$T_{\text{floor,0.4 m}}$ 为地板以下 0.4 m 深处的平均温度,由于地下室采用恒温空调控制,故取为定值;K_{floor} 取为 2.5 W/(m^2·K)。RF+DV 算例中为辐射地板,传热过程满足 $Q=F(T_{\text{RF,f}}-T_{\text{RF}})/R_{\text{RF}}$,其中 T_{RF} 为辐射地板表面平均温度;$T_{\text{RF,f}}$ 为辐射地板中流体的平均温度;R_{RF} 为辐射地板热阻,参考文献[37]取值为 0.1 (m^2·K)/W。

　　笔者对图 C.4 所示高大空间简化 CFD 模型的两个子模型分别建立了两套网格用于网格无关性检验。其中混合通风子模型的普通网格为 163 万棱柱网格,加密网格为 278 万棱柱网格;置换通风/辐射地板子模型的普通网格为 171 万棱柱网格,加密网格为 269 万棱柱网格。图 5.8(c)和(d)给出了采用两套网格计算表 5.3 中算例 MV5 和 DV 得到的室内温度和室内外压差垂直分布,其中实线代表空间每个高度平面上参数的平均值,阴影区域代表空间每个高度平面内参数最大值和最小值之间的范围(均除去各壁面附近 1 m 内的区域)。在上述所有算例中,两套网格计算室内温度的均方根偏差为 0.1~0.4℃(最大偏差为 1.4℃),计算室内外压差的均方根偏差为 0.1~0.2 Pa(最大偏差为 0.3 Pa)基于上述对比结果,可以认为两个子模型的普通网格均可满足网格无关性要求。

附录 D　交通建筑高大空间冬季渗透风简化计算方法

简化计算方法考虑高大空间交通建筑的 3 种典型空间形式,即单体空间建筑、二层楼建筑和三层楼建筑,如图 7.1 所示。其原理与第 3 章中单体空间建筑的情况类似,假设条件相同,基本方程包含室内温度分布方程、空气流量平衡方程、能量平衡方程和渗透风驱动力方程(其中主要物理量可对照图 7.1),求解以上方程组可计算得到渗透风量、室内垂直温度分布和空调热负荷。笔者采用 Matlab 软件中的 fsolve 函数实现上述方程组的求解。下文将针对 3 种典型建筑分别描述基本方程和推导过程。

D.1　单体空间建筑

对于采用射流送风末端的高大空间,第 2 章中实测的冬季室内垂直温度分布表明(详见图 2.8):在渗透风影响下,射流送风口高度以下空间存在显著的热分层现象,而射流送风口高度以上空间的温度较为均匀。因此,室内垂直温度分布可由空间底部温度 $T_{in,b}$、空间上部温度 $T_{in,u}$ 和射流送风口高度 h_{AC} 确定。基于以上垂直温度分布规律,可用实测数据拟合得到供暖工况下单体高大空间室内温度经验垂直分布,如图 D.1(a)所示,拟合经验关系式如式(D.1a)所示:

$$\frac{T_{in}-T_{in,b}}{T_{in,u}-T_{in,b}}=\begin{cases}\left(\dfrac{h}{h_{AC}}\right)^{0.545}, & 0\leqslant h\leqslant h_{AC},R^2=0.93\\[2mm] 1, & h>h_{AC},R^2=0.91\end{cases} \tag{D.1a}$$

其中,室内温度 T_{in} 是高度 h 的函数;$T_{in,b}$ 和 $T_{in,u}$ 分别为空间底部温度和空间上部温度;h_{AC} 为射流送风口高度,若采用辐射地板供热,则 h_{AC} 取为 0 m。

式(D.1a)包含两个未知的特征温度($T_{in,b}$ 和 $T_{in,u}$),仅用式(D.1a)描述高大空间室内垂直温度分布无法实现方程组封闭,需增加方程用于建立 $T_{in,b}$ 和 $T_{in,u}$ 之间的关系。Partridge 和 Linden[137]曾研究自然通风单体空间的室内热分层（底部有点热源和均布热源），并给出上部流体密度（$\rho_{in,u}$）和底部流体密度（$\rho_{in,b}$）之间的解析表达式：$(\rho_{out}-\rho_{in,u})/(\rho_{out}-\rho_{in,b})=\psi^n/(1+\theta)$，其中 ψ 为均布热源强度与总热源强度（均布热源＋点热源）之比；θ 与从上层穿越热分层分界流向下层的流体流量相关，可通过水箱实验确定，一般取为 $0.05\sim0.20$；在文献的理论推导中，式（D.1a）的 n 严格取为 -1。考虑高大空间冬季渗透风的情景，其中局部的空调送热风与点热源类似，均布的人员设备发热与均布热源类似，因此借鉴上述表达式对高大空间冬季渗透风情景下的 $T_{in,b}$ 和 $T_{in,u}$ 进行拟合，如图 D.1（b）所示，拟合关系式如式（D.1b）所示：

$$\frac{\rho_{out}-\rho_{in,u}}{\rho_{out}-\rho_{in,b}}=\frac{\dfrac{1}{T_{out}}-\dfrac{1}{T_{in,u}}}{\dfrac{1}{T_{out}}-\dfrac{1}{T_{in,b}}}=0.604\psi^{0.845},R^2=0.92 \qquad (D.1b)$$

其中，温度 T 均取热力学温度（开氏温度，K）。由于实际高大空间中难以严格区分均布热源和点热源，因此式（D.1b）中 ψ 取为建筑内热源强度（人员设备发热）与总发热量（人员设备发热＋空调供热）之比。拟合所得 R^2 表明以上近似类比可被接受。综上所述，将式（D.1a）和式（D.1b）结合即构成了采用射流送风末端时的室内温度分布方程。

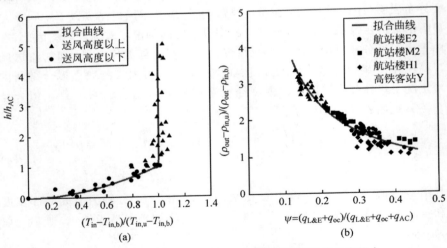

图 D.1　交通建筑高大空间供暖工况室内垂直温度分布拟合

(a) 无量纲垂直温度分布拟合；(b) $T_{in,u}$ 和 $T_{in,b}$ 的拟合关系

而对于采用辐射地板末端的高大空间,室内垂直温度分布均匀(详见第 5 章的分析结果),此时的室内温度分布方程如式(D.2)所示:

$$T_{in}(h) = T_{in,b} = T_{in,u} \qquad (D.2)$$

空气流量平衡方程(质量平衡方程)如式(D.3)所示:

$$m_1 + m_f = m_r + m_e \qquad (D.3)$$

其中,下标 1 表示 F1 层;下标 r 表示屋面;下标 f 和 e 分别表示机械新风和机械排风,实地测试表明冬季机械新风几乎关闭,因此 m_f 通常取为 0。

能量平衡方程如式(D.4)所示:

$$F_1(q_{AC} + q_{L\&E} + q_{oc}) = K_g F_g(T_{in,m} - T_{out}) + K_r F_r(T_{in,u} - T_{out}) +$$
$$c_p(m_r T_{in,u} + m_e T_{in,oc} - m_1 T_{out}) \qquad (D.4)$$

其中,F_1 为 F1 层的空调控制区域面积;K_g 和 K_r 分别为玻璃幕墙和屋面的围护结构传热系数;F_g 和 F_r 分别为玻璃幕墙和屋面的面积;$T_{in,m}$ 和 $T_{in,oc}$ 分别为室内平均温度和人员活动区温度(1.1 m 高),可采用式(D.1)或式(D.2)计算。上述所有字母下标在后文中类似采用。

类似第 3 章推导得到的式(3.9),将其中的顶部开口采用屋面开口流量系数($C_{d,r}$,定义如式(6.2)所示)描述,则可得渗透风驱动力方程,如式(D.5)所示:

$$\left(\frac{m_1}{\rho C_{d,1} A_1}\right)^2 + \left(\frac{m_r}{\rho C_{d,r} F_r}\right)^2 = 2gT \int_0^H \left(\frac{1}{T_{out}} - \frac{1}{T_{in}}\right) dh \qquad (D.5)$$

综上所述,对于单体空间建筑,共包含 4 个方程:式(D.1)或式(D.2)分别对应射流送风末端或辐射地板末端作用下的室内温度分布方程,式(D.3)为空气流量平衡方程,式(D.4)为能量平衡方程,式(D.5)为渗透风驱动力方程。求解上述方程组可得到 m_1、m_r、$T_{in,b}$ 和 $T_{in,u}$。其中空气质量流量 m(单位:kg/s)可转化为常用的换气次数 a(单位:h^{-1})或体积流量 G(单位:m^3/h)。

D.2　二层楼建筑

D.2.1　F1 层和 F2 层均为室外空气流入室内

首先考虑 F1 层和 F2 层均为室外空气流入室内的情景(图 7.1(b)所示情景),F2 层高大空间的室内温度分布方程与单体空间建筑相同,即式(D.1)和式(D.2)。由于二层楼建筑中的 F1 层和三层楼建筑中的 F1 层及 B1 层均为相对低矮的普通空间（室内高度 4～10 m），因此将该类空间的室内垂直温度分布数据一起拟合，如图 D.2 所示，拟合经验关系式（D.6）如式所示。

$$\frac{T_{\text{in},1}(h) - T_{\text{in},1b}}{T_{\text{in},2b} - T_{\text{in},1b}} = \left(\frac{h}{H_1}\right)^{0.712}, \quad 0 \leqslant h \leqslant H_1, R^2 = 0.89 \quad (\text{D}.6)$$

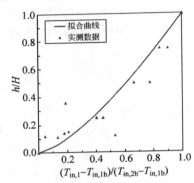

图 D.2　交通建筑低楼层普通空间供暖工况室内垂直温度分布拟合

式（D.6）以二层楼建筑中的 F1 层为例，其中 F1 层的室内温度 $T_{\text{in},1}$ 是高度 h 的函数；$T_{\text{in},1b}$ 和 $T_{\text{in},2b}$ 分别为 F1 层和 F2 层底部的空气温度；H_1 为 F1 层的室内高度。

空气流量平衡方程（质量平衡方程）如式（D.7）所示：

$$m_1 + m_2 + m_{\text{f},1} + m_{\text{f},2} = m_{\text{r}} + m_{\text{e},1} + m_{\text{e},2} \quad (\text{D}.7)$$

其中，下标 1 和 2 分别表示 F1 层和 F2 层；类似地，$m_{\text{f},1}$ 和 $m_{\text{f},2}$ 通常取为 0。

两个楼层的能量平衡方程分别如式（D.8a）和式（D.8b）所示：

$$F_1(q_{\text{AC},1} + q_{\text{L\&E},1} + q_{\text{oc},1}) = K_{\text{g}} F_{\text{g},1}(T_{\text{in},1m} - T_{\text{out}}) + \\ c_p m_1(T_{\text{in},1m} - T_{\text{out}}) \quad (\text{D}.8a)$$

$$F_2(q_{\text{AC},2} + q_{\text{L\&E},2} + q_{\text{oc},2}) = K_{\text{g}} F_{\text{g},2}(T_{\text{in},2m} - T_{\text{out}}) + \\ K_{\text{r}} F_{\text{r}}(T_{\text{in},2u} - T_{\text{out}}) + \\ c_p(m_{\text{r}} T_{\text{in},2u} + m_{\text{e},2} T_{\text{in},2oc} - \\ (m_1 - m_{\text{e},1}) T_{\text{in},1m} - m_2 T_{\text{out}}) \quad (\text{D}.8b)$$

二层楼建筑中渗透风驱动力方程的推导过程与单体空间建筑类似。由于二层楼建筑中有 3 个不同高度处的室内外空气流通通道（F1、F2 层和屋面），因此推导产生两个渗透风驱动力方程，分别如式（D.9a）和式（D.9b）所示：

$$\left(\frac{m_1}{\rho C_{d,1} A_1}\right)^2 + \left(\frac{m_r}{\rho C_{d,r} F_r}\right)^2 = 2gT \int_0^{H_1+H_2} \left(\frac{1}{T_{out}} - \frac{1}{T_{in}}\right) dh \quad (D.9a)$$

$$\left(\frac{m_1}{\rho C_{d,1} A_1}\right)^2 - \left(\frac{m_2}{\rho C_{d,2} A_2}\right)^2 = 2gT \int_0^{H_1} \left(\frac{1}{T_{out}} - \frac{1}{T_{in}}\right) dh \quad (D.9b)$$

综上所述，对于二层楼建筑，在 F1 层和 F2 层均为室外空气流入室内时，共包含 7 个方程：式(D.1)或式(D.2)分别对应射流送风末端或辐射地板末端作用下 F2 层高大空间的室内温度分布方程，式(D.6)为 F1 层普通空间的室内温度分布方程，式(D.7)为空气流量平衡方程，式(D.8a)和式(D.8b)为能量平衡方程，式(D.9a)和式(D.9b)为渗透风驱动力方程。求解上述方程组可得到 m_1、m_2、m_r、$T_{in,1b}$、$T_{in,1m}$、$T_{in,2b}$ 和 $T_{in,2u}$。其中空气质量流量 m（单位：kg/s）可转化为常用的换气次数 a（单位：h^{-1}）或体积流量 G（单位：m^3/h）。

D.2.2 F1 层为室外空气流入室内而 F2 层为室内空气流向室外

此外，二层楼建筑中还可能出现 F1 层为室外空气流入室内而 F2 层为室内空气流向室外的情景（用 D.2.1 节方程组计算出 $m_2 < 0$），具体分析如下。

由于在此情景下 F2 层没有室外冷空气流入室内，基于 5.3 节的理论分析（或者见图 7.3(b)实测案例中 F2 层的情况），因此室内热分层将会减弱，可近似认为垂直温度分布均匀，此时 F2 层的室内温度分布方程即为式(D.2)。而 F1 层的室内温度分布方程同样为式(D.6)。

空气流量平衡方程（质量平衡方程）如式(D.10)所示：

$$m_1 + m_{f,1} + m_{f,2} = m_r + m_{e,1} + m_{e,2} + m_2 \quad (D.10)$$

类似地，$m_{f,1}$ 和 $m_{f,2}$ 通常取为 0。

两个楼层的能量平衡方程分别如式(D.11a)和式(D.11b)所示。

$$F_1(q_{AC,1} + q_{L\&E,1} + q_{oc,1}) = K_g F_{g,1}(T_{in,1m} - T_{out}) + c_p m_1(T_{in,1m} - T_{out}) \quad (D.11a)$$

$$F_2(q_{AC,2} + q_{L\&E,2} + q_{oc,2}) = K_g F_{g,2}(T_{in,2m} - T_{out}) + K_r F_r(T_{in,2u} - T_{out}) + c_p(m_r T_{in,2u} + m_{e,2} T_{in,2oc} + m_2 T_{in,2b} - (m_1 - m_{e,1})T_{in,1m}) \quad (D.11b)$$

类似推导产生两个渗透风驱动力方程，分别如式(D.12a)和式(D.12b)所示。

$$\left(\frac{m_1}{\rho C_{d,1}A_1}\right)^2 + \left(\frac{m_r}{\rho C_{d,r}F_r}\right)^2 = 2gT\int_0^{H_1+H_2}\left(\frac{1}{T_{out}} - \frac{1}{T_{in}}\right)dh \quad \text{(D.12a)}$$

$$\left(\frac{m_1}{\rho C_{d,1}A_1}\right)^2 + \left(\frac{m_2}{\rho C_{d,2}A_2}\right)^2 = 2gT\int_0^{H_1}\left(\frac{1}{T_{out}} - \frac{1}{T_{in}}\right)dh \quad \text{(D.12b)}$$

综上所述,对于二层楼建筑,在 F1 层为室外空气流入室内而 F2 层为室内空气流向室外时,共包含 7 个方程:式(D.2)为 F2 层高大空间的室内温度分布方程,式(D.6)为 F1 层普通空间的室内温度分布方程,式(D.10)为空气流量平衡方程,式(D.11a)和式(D.11b)为能量平衡方程,式(D.12a)和式(D.12b)为渗透风驱动力方程。求解上述方程组可得到 m_1、m_2、m_r、$T_{in,1b}$、$T_{in,1m}$、$T_{in,2b}$ 和 $T_{in,2u}$。其中空气质量流量 m(单位:kg/s)可转化为常用的换气次数 a(单位:h^{-1})或体积流量 G(单位:m^3/h)。

D.3　三层楼建筑

D.3.1　B1、F1 层和 F2 层均为室外空气流入室内

首先考虑 B1、F1 层和 F2 层均为室外空气流入室内的情景(图 7.1(c)所示情景),F2 层高大空间的室内温度分布方程与单体空间建筑相同,即式(D.1)和式(D.2)。而 B1 层和 F1 层的室内温度分布方程同样为式(D.6)。

空气流量平衡方程(质量平衡方程)如式(D.13)所示:

$$m_B + m_1 + m_2 + m_{f,B} + m_{f,1} + m_{f,2} = m_r + m_{e,B} + m_{e,1} + m_{e,2}$$

$$\text{(D.13)}$$

其中,下标 B、1 和 2 分别表示 B1、F1 层和 F2 层;类似地,$m_{f,B}$、$m_{f,1}$ 和 $m_{f,2}$ 通常取为 0。

3 个楼层的能量平衡方程分别如式(D.14a)～式(D.14c)所示:

$$F_B(q_{AC,B} + q_{L\&E,B} + q_{oc,B}) = c_p m_B(T_{in,Bm} - T_{out}) \quad \text{(D.14a)}$$

$$F_1(q_{AC,1} + q_{L\&E,1} + q_{oc,1}) = K_g F_{g,1}(T_{in,1m} - T_{out}) + $$
$$c_p((m_B + m_1 - m_{e,B})T_{in,1m} - $$
$$(m_B - m_{e,B})T_{in,Bm} - m_1 T_{out}) \quad \text{(D.14b)}$$

$$F_2(q_{AC,2} + q_{L\&E,2} + q_{oc,2}) = K_g F_{g,2}(T_{in,2m} - T_{out}) + $$

$$K_r F_r (T_{in,2u} - T_{out}) +$$
$$c_p (m_r T_{in,2u} + m_{e,2} T_{in,2oc} -$$
$$(m_B + m_1 - m_{e,B} - m_{e,1}) T_{in,1m} - m_2 T_{out}) \qquad \text{(D.14c)}$$

三层楼建筑中渗透风驱动力方程的推导过程与二层楼建筑类似。由于三层楼建筑中有 4 个不同高度处的室内外空气流通通道（B1、F1、F2 层和屋面），因此推导产生 3 个渗透风驱动力方程，分别如式（D.15a）～式（D.15c）所示：

$$\left(\frac{m_B}{\rho C_{d,B} A_B}\right)^2 + \left(\frac{m_r}{\rho C_{d,r} F_r}\right)^2 = 2gT \int_0^{H_B + H_1 + H_2} \left(\frac{1}{T_{out}} - \frac{1}{T_{in}}\right) dh \qquad \text{(D.15a)}$$

$$\left(\frac{m_1}{\rho C_{d,1} A_1}\right)^2 - \left(\frac{m_2}{\rho C_{d,2} A_2}\right)^2 = 2gT \int_{H_B}^{H_B + H_1} \left(\frac{1}{T_{out}} - \frac{1}{T_{in}}\right) dh \qquad \text{(D.15b)}$$

$$\left(\frac{m_B}{\rho C_{d,B} A_B}\right)^2 - \left(\frac{m_1}{\rho C_{d,1} A_1}\right)^2 = 2gT \int_0^{H_B} \left(\frac{1}{T_{out}} - \frac{1}{T_{in}}\right) dh \qquad \text{(D.15c)}$$

综上所述，对于三层楼建筑，在 B1、F1 层和 F2 层均为室外空气流入室内时，共包含 10 个方程：式（D.1）或式（D.2）分别对应射流送风末端或辐射地板末端作用下 F2 层高大空间的室内温度分布方程，式（D.6）同时为 B1 层和 F1 层普通空间的室内温度分布方程，式（D.13）为空气流量平衡方程，式（D.14a）～式（D.14c）为能量平衡方程，式（D.15a）～式（D.15c）为渗透风驱动力方程。求解上述方程组可得到 m_B、m_1、m_2、m_r、$T_{in,Bb}$、$T_{in,Bm}$、$T_{in,1b}$、$T_{in,1m}$、$T_{in,2b}$ 和 $T_{in,2u}$。其中空气质量流量 m（单位：kg/s）可转化为常用的换气次数 a（单位：h^{-1}）或体积流量 G（单位：m^3/h）。

D.3.2　B1 层和 F1 层为室外空气流入室内而 F2 层为室内空气流向室外

此外，三层楼建筑中还可能出现 B1 层和 F1 层为室外空气流入室内而 F2 层为室内空气流向室外的情景（用 D.3.1 节方程组计算出 $m_2 < 0$），具体分析如下。

同样在此情景下 F2 层没有室外冷空气流入室内，可近似认为垂直温度分布均匀，此时 F2 层的室内温度分布方程即为式（D.2）。而 B1 层和 F1 层的室内温度分布方程同样为式（D.6）。

空气流量平衡方程（质量平衡方程）如式（D.16）所示：

$$m_B + m_1 + m_{f,B} + m_{f,1} + m_{f,2} = m_r + m_{e,B} + m_{e,1} + m_{e,2} + m_2$$
$$\text{(D.16)}$$

类似地，$m_{f,B}$、$m_{f,1}$ 和 $m_{f,2}$ 通常取为 0。

3 个楼层的能量平衡方程分别如式（D.17a）～式（D.17c）所示：

$$F_B(q_{AC,B} + q_{L\&E,B} + q_{oc,B}) = c_p m_B (T_{in,Bm} - T_{out}) \tag{D.17a}$$

$$\begin{aligned}F_1(q_{AC,1} + q_{L\&E,1} + q_{oc,1}) = & K_g F_{g,1} (T_{in,1m} - T_{out}) + \\ & c_p((m_B + m_1 - m_{e,B}) T_{in,1m} - \\ & (m_B - m_{e,B}) T_{in,Bm} - m_1 T_{out})\end{aligned} \tag{D.17b}$$

$$\begin{aligned}F_2(q_{AC,2} + q_{L\&E,2} + q_{oc,2}) = & K_g F_{g,2} (T_{in,2m} - T_{out}) + \\ & K_r F_r (T_{in,2u} - T_{out}) + \\ & c_p(m_r T_{in,2u} + m_{e,2} T_{in,2oc} + \\ & m_2 T_{in,2b} - (m_B + m_1 - m_{e,B} - m_{e,1}) T_{in,1m})\end{aligned} \tag{D.17c}$$

类似推导产生 3 个渗透风驱动力方程，分别如式（D.18a）～式（D.18c）所示：

$$\left(\frac{m_B}{\rho C_{d,B} A_B}\right)^2 + \left(\frac{m_r}{\rho C_{d,r} F_r}\right)^2 = 2gT \int_0^{H_B + H_1 + H_2} \left(\frac{1}{T_{out}} - \frac{1}{T_{in}}\right) \mathrm{d}h \tag{D.18a}$$

$$\left(\frac{m_1}{\rho C_{d,1} A_1}\right)^2 + \left(\frac{m_2}{\rho C_{d,2} A_2}\right)^2 = 2gT \int_{H_B}^{H_B + H_1} \left(\frac{1}{T_{out}} - \frac{1}{T_{in}}\right) \mathrm{d}h \tag{D.18b}$$

$$\left(\frac{m_B}{\rho C_{d,B} A_B}\right)^2 - \left(\frac{m_1}{\rho C_{d,1} A_1}\right)^2 = 2gT \int_0^{H_B} \left(\frac{1}{T_{out}} - \frac{1}{T_{in}}\right) \mathrm{d}h \tag{D.18c}$$

综上所述，对于三层楼建筑，在 B1 层和 F1 层为室外空气流入室内而 F2 层为室内空气流向室外时，共包含 10 个方程：式（D.2）为 F2 层高大空间的室内温度分布方程，式（D.6）同时为 B1 层和 F1 层普通空间的室内温度分布方程，式（D.16）为空气流量平衡方程，式（D.17a）～式（D.17c）为能量平衡方程，式（D.18a）～式（D.18c）为渗透风驱动力方程。求解上述方程组可得到 m_B、m_1、m_2、m_r、$T_{in,Bb}$、$T_{in,Bm}$、$T_{in,1b}$、$T_{in,1m}$、$T_{in,2b}$ 和 $T_{in,2u}$。其中空气质量流量 m（单位：kg/s）可转化为常用的换气次数 a（单位：h^{-1}）或体积流量 G（单位：m^3/h）。

D.3.3　B1 层为室外空气流入室内而 F1 层和 F2 层为室内空气流向室外

此外，三层楼建筑中还可能出现 B1 层为室外空气流入室内而 F1 层和 F2 层为室内空气流向室外的情景（用 D.3.2 节方程组计算出 $m_1 < 0$），具体分析如下。

同样在此情景下 F2 层没有室外冷空气流入室内，可近似认为垂直温度分布均匀，此时 F2 层的室内温度分布方程即为式（D.2）。而 B1 层和 F1 层的室内温度分布方程同样为式（D.6）。

空气流量平衡方程（质量平衡方程）如式（D.19）所示：

$$m_B + m_{f,B} + m_{f,1} + m_{f,2} = m_r + m_{e,B} + m_{e,1} + m_{e,2} + m_2 + m_1 \tag{D.19}$$

类似地，$m_{f,B}$、$m_{f,1}$ 和 $m_{f,2}$ 通常取为 0。

3 个楼层的能量平衡方程分别如式（D.20a）～式（D.20c）所示：

$$F_B(q_{AC,B} + q_{L\&E,B} + q_{oc,B}) = c_p m_B(T_{in,Bm} - T_{out}) \tag{D.20a}$$

$$\begin{aligned} F_1(q_{AC,1} + q_{L\&E,1} + q_{oc,1}) = &K_g F_{g,1}(T_{in,1m} - T_{out}) + \\ &c_p(m_B - m_{e,B})(T_{in,1m} - T_{in,Bm}) \end{aligned} \tag{D.20b}$$

$$\begin{aligned} F_2(q_{AC,2} + q_{L\&E,2} + q_{oc,2}) = &K_g F_{g,2}(T_{in,2m} - T_{out}) + \\ &K_r F_r(T_{in,2u} - T_{out}) + \\ &c_p(m_r T_{in,2u} + m_{e,2} T_{in,2oc} + \\ &m_2 T_{in,2b} - (m_B + m_1 - m_{e,B} - m_{e,1}) T_{in,1m}) \end{aligned} \tag{D.20c}$$

类似推导产生 3 个渗透风驱动力方程，分别如式（D.21a）～式（D.21c）所示：

$$\left(\frac{m_B}{\rho C_{d,B} A_B}\right)^2 + \left(\frac{m_r}{\rho C_{d,r} F_r}\right)^2 = 2gT \int_0^{H_B + H_1 + H_2} \left(\frac{1}{T_{out}} - \frac{1}{T_{in}}\right) dh \tag{D.21a}$$

$$\left(\frac{m_1}{\rho C_{d,1} A_1}\right)^2 - \left(\frac{m_2}{\rho C_{d,2} A_2}\right)^2 = 2gT \int_{H_B}^{H_B + H_1} \left(\frac{1}{T_{out}} - \frac{1}{T_{in}}\right) dh \tag{D.21b}$$

$$\left(\frac{G_B}{\rho C_{d,B} A_B}\right)^2 + \left(\frac{G_1}{\rho C_{d,1} A_1}\right)^2 = 2gT \int_0^{H_B} \left(\frac{1}{T_{out}} - \frac{1}{T_{in}}\right) dh \tag{D.21c}$$

综上所述，对于三层楼建筑，在 B1 层为室外空气流入室内而 F1 层和 F2 层为室内空气流向室外时，共包含 10 个方程：式（D.2）为 F2 层高大空间的室内温度分布方程，式（D.6）同时为 B1 层和 F1 层普通空间的室内温度分布方程，式（D.19）为空气流量平衡方程，式（D.20a）～式（D.20c）为能量平衡方程，式（D.21a）～式（D.21c）为渗透风驱动力方程。求解上述方程组可得到 m_B、m_1、m_2、m_r、$T_{in,Bb}$、$T_{in,Bm}$、$T_{in,1b}$、$T_{in,1m}$、$T_{in,2b}$ 和 $T_{in,2u}$。其中空气质量流量 m（单位：kg/s）可转化为常用的换气次数 a（单位：h^{-1}）或体积流量 G（单位：m^3/h）。

图 7.2 给出了简化计算方法的计算流程,其中 3 种典型建筑模块内部的流程如图 D.3 所示。

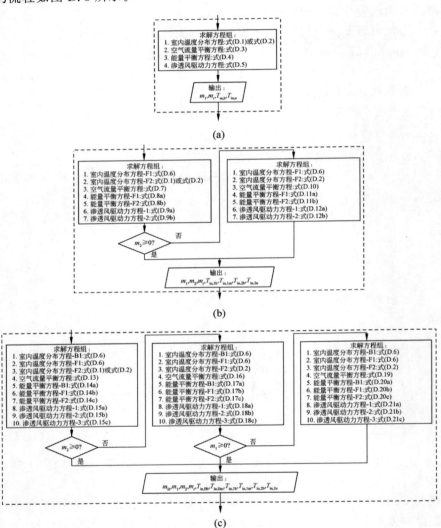

(a)

(b)

(c)

图 D.3　图 7.2 计算流程图中 3 种典型建筑模块内的详细流程

(a) 单体空间建筑;(b) 二层楼建筑;(c) 三层楼建筑

在学期间完成的相关学术成果

发表的学术论文

[1] **Liu X C**, Zhang T, Liu X H, et al. Energy saving potential for space heating in Chinese airport terminals: The impact of air infiltration[J]. Energy, 2021, 215: 119175. (SCI 索引: PC2JR)

[2] **Liu X C**, Zhang T, Liu X H, et al. Outdoor air supply for large-space airport terminals in winter: Air infiltration vs. mechanical ventilation[J]. Building and Environment, 2021, 190: 107545. (SCI 索引: QA6OI)

[3] **Liu X C**, Liu X H, Zhang T, et al. Winter air infiltration induced by combined buoyancy and wind forces in large-space buildings[J]. Journal of Wind Engineering and Industrial Aerodynamics, 2021, 210: 104501. (SCI 索引: QM2HF)

[4] **Liu X C**, Liu X H, Zhang T, et al. An investigation of the cooling performance of air-conditioning systems in seven Chinese hub airport terminals[J]. Indoor and Built Environment, 2021, 30(2): 229-244. (SCI 索引: JV2YF)

[5] **Liu X C**, Liu X H, Zhang T, et al. Comparison of winter air infiltration and its influences between large-space and normal-space buildings [J]. Building and Environment, 2020, 184: 107183. (SCI 索引: OD5QA)

[6] **Liu X C**, Liu X H, Zhang T. Theoretical model of buoyancy-driven air infiltration during heating/ cooling seasons in large space buildings [J]. Building and Environment, 2020, 173: 106735. (SCI 索引: LC4UB)

[7] **Liu X C**, Liu X H, Zhang T. Influence of air-conditioning systems on buoyancy driven air infiltration in large space buildings: A case study of a railway station [J]. Energy and Buildings, 2020, 210: 109781. (SCI 索引: KR9EG)

[8] **Liu X C**, Li L S, Liu X H, et al. Analysis of passenger flow and its influences on HVAC systems: An agent based simulation in a Chinese hub airport terminal[J]. Building and Environment, 2019, 154: 55-67. (SCI 索引: HT1XP)

[9] **Liu X C**, Liu X H, Zhang T, et al. On-site measurement of winter indoor environment and air infiltration in an airport terminal [J]. Indoor and Built Environment, 2019, 28(4): 564-578. (SCI 索引: HP0WZ)

[10] **Liu X C**, Lin L, Liu X H, et al. Evaluation of air infiltration in a hub airport

terminal：On-site measurement and numerical simulation［J］. Building and Environment,2018,143：163-177.（SCI 索引：GV3IH）

[11] **Liu X C**,Li L S,Liu X H,et al. Field investigation on characteristics of passenger flow in a Chinese hub airport terminal［J］. Building and Environment,2018,133：51-61.（SCI 索引：GC2RU）

[12] **Liu X C**,Liu X H,Zhang T,et al. Experimental analysis and performance optimization of a counter-flow enthalpy recovery device using liquid desiccant［J］. Building Services Engineering Research and Technology,2018,39：679-697.（SCI 索引：GW7WF）

[13] Lin L,Liu X H,Zhang T,et al. Energy consumption index and evaluation method of public traffic buildings in China［J］. Sustainable Cities and Society,2020,57：102132.（SCI 索引:LL5ET）

[14] Tang H D,Zhang T,Liu X H,et al. On-site measured performance of a mechanically ventilated double ETFE cushion structure in an aquatics center［J］. Solar Energy,2018,162：289-299.（SCI 索引:FY9WW）

[15] 刘效辰,张涛,梁媚,等.高大空间建筑冬季渗透风研究现状与能耗影响分析［J］.暖通空调,2019,49(8)：92-99.

[16] 张涛,刘效辰,刘晓华,等.机场航站楼空调系统设计、运行现状及研究展望［J］.暖通空调,2018,48(1)：53-59.

[17] 林琳,刘效辰,张涛,等.航站楼等高大空间建筑渗风测试计算方法研究［J］.建筑科学,2018,34(4)：10-18.

[18] 李凌杉,刘效辰,张涛,等.机场航站楼值机与候机区域人员密度特征分析［J］.暖通空调,2018,48(12)：91-97.

[19] **Liu X C**,Liu X H,Zhang T,et al. Investigating the variation of air infiltration rate in a winter/summer day：On-site measurement in a large space railway station ［C］. Indoor Air,virtual conference,2020.

[20] **Liu X C**,Li LS,Lin L,et al. Benchmarking performance of air-conditioning systems in Chinese hub airport terminals［C］. Harbin：ISHVAC,2019.

[21] Xiang X J,**Liu X C**,Zhang T,et al. On-site measurement and ventilation improvement of an aquatics center using double ETFE cushion structure［C］. Jinan：ISHVAC,2017.

[22] 刘效辰,张涛,刘晓华,等.机场航站楼冬季渗透风现状与供暖节能潜力分析［C］.太原：第二十二届暖通空调制冷学术年会,2020.（优秀青年论文）

[23] 林琳,刘效辰,张涛,等.机场航站楼等高大空间建筑不同季节渗透风特征研究［C］.三门峡：第二十一届暖通空调制冷学术年会,2018.（优秀青年论文）

专 利 申 请

[1] 王安东,**刘效辰**,关博文,等.交通场站能耗数据库软件 V1.0：2018SR516032［P］.2018.

参 编 著 作

[1] 刘晓华,张涛,戎向阳,等.交通场站建筑热湿环境营造[M].北京:中国建筑工业出版社,2019.
[2] 清华大学建筑节能研究中心.2018中国建筑节能年度发展研究报告[M].北京:中国建筑工业出版社,2018.

主要参与的科研项目

[1] 国家重点研发计划项目"公共交通枢纽建筑室内环境调控与节能的基础问题研究"(2018YFC0705001),主研人员.
[2] 国家重点研发计划项目"降低既有大型公共交通场站运行能耗关键技术研究与示范"(2016YFC0700704),主研人员.
[3] 国家自然科学基金面上项目"航站楼高大空间建筑中辐射地板换热特性与系统调控研究"(51878369),主研人员.
[4] 自治区重点研发计划项目"乌鲁木齐市新航站楼节能减排关键技术研究与应用"(2018B03020-1),主研人员.
[5] 北京市科技计划项目"国家游泳中心冰壶场地环境与节能关键技术研究"(D171100001117001),项目参与人员.

主要获奖情况

[1] 北京市优秀毕业生,2021-07
[2] 清华大学优秀博士学位论文,2021-06
[3] 清华大学研究生综合优秀奖学金(王补宣院士奖学金),2020-10
[4] 第二十二届全国暖通空调制冷学术年会优秀青年论文,2020-10
[5] 清华大学研究生综合优秀奖学金(潍柴董事长特别奖学金),2019-10
[6] 清华大学博士生短期出国访学奖学金,2019-07
[7] 第二十一届全国暖通空调制冷学术年会优秀青年论文,2018-10
[8] 清华大学研究生综合优秀奖学金(航天CASC奖学金),2018-10
[9] 清华大学博士生社会实践二等奖,2018-10
[10] 团中央中国电信奖学金,2016-10
[11] 清华大学博士生"未来学者"奖学金,2016-10
[12] 北京市三好学生,2016-02

致　　谢

　　清华九载,恍如弹指一挥间。回想五年博士求学生涯,诸多人与事涌现于脑海,美好岁月亦闪耀生辉。论文成稿之际,心中感念万千。

　　衷心感谢导师江亿教授。江老师学识渊博、高屋建瓴,为我的研究工作指明了方向;每当心中有惑,他耐心的答疑总令我如沐春风。江老师不仅在学术上传道授业解惑,也用立足我国国情、心系天下冷暖、解决实际问题的精神对我们言传身教。他强烈的社会责任感和积极的人生态度,值得我用一生去学习。

　　衷心感谢副导师刘晓华教授。在我加入课题组的七年间,她始终对我悉心指导、精心栽培,用精益求精的工作精神潜移默化地影响着我。在科研中她给予我很大的自由去不断学习和尝试,也敦促我将各种想法落到实处。尤其令我感动的是,她在我博士学位论文修改阶段投入了巨大精力,陪伴我这位学术新人走过这段重要的路途。

　　衷心感谢张涛助理研究员在课题具体内容上的耐心指导,以及在我论文撰写过程中提出的宝贵建议。每当科研遇到挫折,他总是不断给予我支持与鼓励。

　　感谢研究所朱颖心教授、李先庭教授、杨旭东教授、赵彬教授、魏庆芃副教授等各位老师在课题进展阶段给予的宝贵建议,以及平日对我各项课业的深入指导。

　　感谢大冈龙三教授和菊本英纪副教授在我于日本东京大学访学时的指导与关心,感谢研究室韩梦涛副教授以及林超、仲怀玉、贾鸿源等同学的帮助与照顾。

　　博士研究课题涉及国内外多座机场和高铁客站的测试调研。感谢中建西南院、中建西北院、华东院、首都机场集团、四川机场集团、西部机场集团、新疆机场集团等合作单位的大力支持。感谢日本名古屋大学中原信生教授和中部大学山羽基教授提供了宝贵的日本机场调研机会。感谢 CPG 集团宋夏女士提供了新加坡机场的资料。

　　感谢赵康副教授、梁超副教授、唐海达副教授等师兄、师姐在课题研究中的关心与指导。感谢谢瑛博士、柳珺博士、关博文博士、李凌杉、林琳、门异宇、许峥浩、蔺文钰等同学在实地测试中给予的帮助及平日学习生活中的温情陪伴。

感谢我的父母。养育之恩，无以为报，在二十余年的求学生涯中，小至衣食冷暖，大至人生选择，你们关心我甚于关心自己，永远是我最坚实的后盾。

感谢给予我关心、爱护、支持与鼓励的朋友们。尤其感谢清华大学"星火计划"的同学们，非常幸运能与你们相遇，你们的陪伴是我在学术道路上前行的不竭动力。

感谢我的祖国与这个时代，让我既能够在校园象牙塔里仰望星空、追寻诗与远方，也有机会在社会发展的大潮中脚踏实地、历练本领。惟愿以微薄之力为节能减排事业做出贡献！

本课题承蒙国家自然科学基金（52208112，52278114），国家重点研发计划（2016YFC0700704，2018YFC0705001），以及新疆维吾尔自治区重点研发计划（2018B03020-1）资助，特此致谢。